JavaScript 程序设计基础与实例教程

骆焦煌 编著

清华大学出版社
北 京

内容简介

本书理论与实践相结合，以培养应用技能为目标。全书内容循序渐进、图文并茂，包含丰富的上机案例。本书共有8章，内容包括JavaScript概述，JavaScript语法结构及数据类型，运算符与表达式，程序控制语句，数组，对象和事件，表单、表格与CSS，JavaScript应用与实践。

本书在内容上力求通俗易懂，配有实例演练，书中每个例题和习题都通过调试验证，易于读者学习与掌握。另外，本书配有教学课件、源代码、习题答案、课程教学大纲、教案等资源。

本书可以作为高等学校计算机相关专业的JavaScript语言课程的教材，也可以作为初学者的自学用书。

图书在版编目(CIP)数据

JavaScript程序设计基础与实例教程/骆焦煌编著. —北京：清华大学出版社，2021.3
ISBN 978-7-302-57140-7

Ⅰ. ①J… Ⅱ. ①骆… Ⅲ. ①JAVA语言－程序设计－教材 Ⅳ. ①TP312.8

中国版本图书馆CIP数据核字(2020)第260244号

责任编辑：颜廷芳
封面设计：常雪影
责任校对：袁　芳
责任印制：丛怀宇

出版发行：清华大学出版社
网　　址：http://www.tup.com.cn，http://www.wqbook.com
地　　址：北京清华大学学研大厦A座　　**邮　　编**：100084
社 总 机：010-62770175　　**邮　　购**：010-62786544
投稿与读者服务：010-62776969，c-service@tup.tsinghua.edu.cn
质量反馈：010-62772015，zhiliang@tup.tsinghua.edu.cn
课件下载：http://www.tup.com.cn，010-83470410
印 装 者：三河市铭诚印务有限公司
经　　销：全国新华书店
开　　本：185mm×260mm　　**印　　张**：17.25　　**字　　数**：417千字
版　　次：2021年5月第1版　　**印　　次**：2021年5月第1次印刷
定　　价：49.00元

产品编号：087496-01

前　言

JavaScript 是一种基于对象和事件驱动的、具有安全性能的直译式脚本语言，将它和 HTML 结合，可以开发出交互式的 Web 页面。它不仅可以直接应用在 HTML 页面中实现动态效果，也可以应用在服务器端完成访问数据库及读取文件等操作。

本书是一本针对零基础读者学习 JavaScript 程序设计语言而编写的教材，全书理论与实践相结合，以培养应用技能为目标。全书通过图文并茂的方式，并配以丰富实例编写而成。

本书以 Internet Explorer 11.0 浏览器和 Sublime Text 软件进行 JavaScript 语言的开发。全书详细介绍了 JavaScript 语言的基础知识和实践操作，在编写中注重理论与实践相结合，通过大量的实例，由浅入深、循序渐进地展开知识的讲解。

本书共分为 8 章，其内容如下。

第 1 章包括 JavaScript 简介、一个简单的 JavaScript 网页、JavaScript 开发工具、什么是脚本语言和在网页中嵌入 JavaScript 代码。

第 2 章包括 JavaScript 的基本语法、基本数据类型、函数和数据类型转换。

第 3 章包括表达式与运算符、算术运算符与算术表达式、关系运算符与关系表达式、逻辑运算符与逻辑表达式、位运算符与条件运算符、赋值运算符和其他运算符。

第 4 章包括 if 语句，switch 语句，while 语句，do...while 语句，for 语句， for...in 语句，break 语句，continue 语句和 return 语句，异常处理语句和 with 语句。

第 5 章包括数组概述、数组的创建和使用。

第 6 章包括对象概述、常用内置对象和事件。

第 7 章包括表单概述、表单元素、HTML5 表单新增属性、表格和 CSS。

第 8 章包括制作简单购物计算器、制作悬浮滚动窗口、制作新浪用户注册页面、制作复选框全选与取消页面、制作课程表添加与删除页面、制作图片水平滚动页面、制作列表导航页面、制作图片切换页面、制作模拟打字页面和制作随机抽选号码页面。

本书在内容上力求通俗易懂，图文并茂，循序渐进，便于教学与自学，书中每个例题源代码都通过调试验证，易于读者学习与掌握。

本书可以作为高等学校计算机相关专业的 JavaScript 语言课程的教材，也可以作为初学者的自学用书。为方便教学，本书配有教学课件、源代码、习题答案、课程教学大纲、教案等。

本书由骆焦煌编著，清华大学出版社为本书的出版提供了大力支持，在此表示感谢。本书在编写过程中参考了部分书籍，也向其作者表示衷心的感谢！

由于编著者水平有限，书中难免有不当之处，敬请广大同行和读者批评、指正。

编著者

2021 年 3 月

目 录

第 1 章

JavaScript 概述

1.1 JavaScript 简介

网景公司(NetScape)在 1995 年发布了名为 JavaScript 的脚本语言。最初的 JavaScript 的作用是减轻服务器压力,提高用户体验。在早期的 HTML 中,要验证一个用户的账号或密码是否正确(这里指格式的正确性,比如不能少于 10 位),都需要发送到服务器去请求验证。这对于服务器来说是一项没有必要的开销,而用户也增加了等待和刷新的时间。JavaScript 的出现解决了此类问题,目前所有的网站都使用 JavaScript 来进行此类页面的验证。

JavaScript 是一种基于对象和事件驱动时、具有安全性能的直译式脚本语言,将它和 HTML 结合,可以开发出交互式的 Web 页面。JavaScript 不仅可以直接应用在 HTML 页面中实现动态效果,也可以应用在服务器端完成访问数据库及读取文件系统等操作。

JavaScript 具有如下特点。

1. 直译式脚本语言

JavaScript 是一种直译式脚本语言,它采用小程序段的方式实现编程。和其他脚本语言一样,JavaScript 是一种解释性语言,提供了一个简易的开发过程。

JavaScript 的基本结构形式与 C、C++ 很相似,但它不像这些语言运行程序时需要先编译,而是在运行程序过程中逐行地解释。JavaScript 与 HTML 结合在一起,方便了用户的使用操作。

2. 基于对象和事件驱动的语言

JavaScript 是一种基于对象和事件驱动的脚本语言,它能运用自己已经创建的对象。

3. 简单性

JavaScript 的变量类型采用弱类型,并未使用严格的数据类型。

4. 安全性

JavaScript 是一种安全性语言,它不允许访问本地的磁盘,不能将数据存入服务器,不允许网络文档进行修改和删除,只能通过浏览器实现信息浏览或动态的交互,从而可以有效防止数据的丢失。

5. 动态性

JavaScript 是动态的,它可以直接对用户输入的数据做出相应的响应,无须请求 Web 服务器程序。JavaScript 对用户的响应采用事件驱动的方式来进行。在网页中执行了某种操作所产生的动作，即称为事件，如按下鼠标左键，按下键盘回车键，移动窗口，选择菜单等都可以视为事件。当事件发生后，可能会引起相应的事件响应。

6. 跨平台性

JavaScript 依赖于浏览器本身，与操作环境无关。只要能运行浏览器的计算机，就可以正确执行 JavaScript 程序（这里所说的正确执行 JavaScript 程序是指没有任何的语法或语句编写错误）。

1.2 一个简单的 JavaScript 网页

例 1-1 在浏览器中显示“你好！很高兴认识你。”

```
<!DOCTYPE html>                                       <!--HTML5 文档开始-->
  <head>                                              <!--文档头部开始-->
    <title>                                           <!--文档头部标题开始-->
      JavaScript 示例 1-1                             <!--文档头部标题内容-->
    </title>                                          <!--文档头部标题结束-->
   </head>                                            <!--文档头部结束-->
  <body>                                              <!--文档主体开始-->
    <script type="text/javascript">                   //指定开始嵌入 JavaScript 脚本语言类型
      document.write("你好！很高兴认识你。");          //输出“你好！很高兴认识你。”
    </script>                                         //指定结束嵌入 JavaScript 脚本
  </body>                                             <!--文档主体结束-->
</html>                                               <!--HTML 文档结束-->
```

程序运行结果如图 1-1 所示。

图 1-1 嵌入 JavaScript 示例 1

1. 超文本文件的结构

一个超文本文件以<html>标签开始，用</html>标签结束，其标记的内容分为头部和主体两部分。头部以<head>标签开始，用</head>标签结束，在这两个标签之间是用于描述网页属性的各种标记，例如 title、style、link 等标记。主体以<body>标签开始，用</body>标签结束，在这两个标签之间是网页的主体内容。

2. HTML 注释与 JavaScript 注释

(1) HTML 注释。<!--注释内容-->是 HTML 注释，“<!--”是注释的起始符号，“-->”是注释的结束符号，在这两个符号之间的内容是注释。浏览器在加载 HTML 文件时会忽略其中的注释。

(2) JavaScript 注释。JavaScript 注释有两种方式：单行注释和多行注释。"//"表示单行注释，从"//"开始到当前行的末尾都是注释的内容。"/ * "和" * /"表示多行注释，从"/ * "开始到" * /"结束，中间的内容都是注释。

无论是 HTML 注释，还是 JavaScript 注释，被注释的内容都不会被执行，但是能够提高程序的可读性。

1.3 JavaScript 开发工具

开发 JavaScript 的工具有很多，如 Visual Studio.Net 2012、记事本、Editplus、Sublime 等。因为 JavaScript 不是一种编译型语言，所以不需要特定的开发环境或特殊工具，运行 JavaScript 也无须特殊的服务器软件。本书以 Internet Explorer 11.0 浏览器和 Sublime Text 软件为背景对 JavaScript 开发进行介绍。

浏览器是运行 JavaScript 的载体，不管是通过文本方式还是通过伪协议直接在地址栏输入 JavaScript 代码，都需要一个浏览器的支持。当 JavaScript 代码不需要获取互联网资源的时候，浏览器可以做单机运行。

Sublime Text 是一款流行的代码编辑器软件，也是 HTML 的文本编辑器，可运行在 Linux、Windows 和 Mac OS X 上，也是许多程序员都喜欢使用的一款文本编辑器软件。Sublime Text 运行界面如图 1-2 所示。

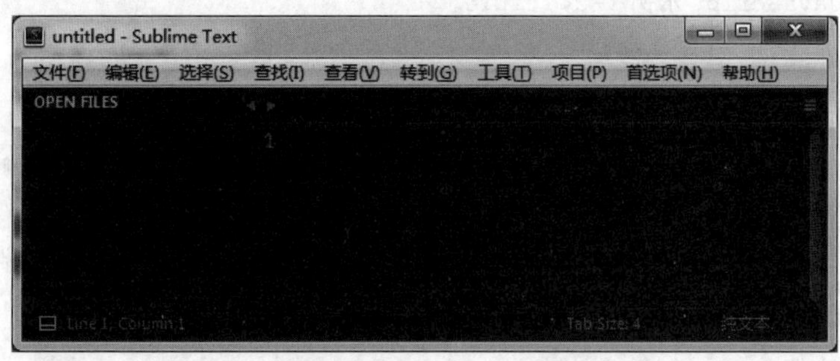

图 1-2 Sublime Text 运行界面

1.4 什么是脚本语言

脚本语言是一种为了缩短传统的编写—编译—链接—运行过程而创建的计算机编程语言。虽然许多脚本语言都超越了计算机简单任务自动化的领域，成熟到可以编写精巧的程序，但还是被称为脚本。几乎所有计算机系统的各个层次都有一种脚本语言，包括操作系统层，如计算机游戏、网络应用程序、文字处理文档、网络软件等。在许多情况下，高级编程语言和脚本语言之间互相交叉，二者之间没有明确的界限。一个脚本可以使得本来要用键盘进行的交互式操作自动化。脚本主要由原本需要在命令行输入的命令组成，或在一个文本编辑器中，用户可以使用脚本把一些常用的操作组合成一组序列，主要用来书写这种脚本的语言叫作脚本语言。脚本语言通常都具有简单、易学、易用的特性。一个脚本通常是解释执行而非编译执行。

1.5 在网页中嵌入 JavaScript 代码

在网页中嵌入 JavaScript 代码有两种方式：一种是使用 script 标记在网页中直接嵌入 JavaScript 代码；另一种是把 JavaScript 程序代码写在一个单独的文件中，然后通过 script 标记把这个 JavaScript 文件引入网页中。

1. 直接嵌入方式

在网页中直接嵌入 JavaScript 程序代码的格式如下。

```
<script type="text/javascript">
    JavaScript 程序代码
</script>
```

其中的 type 属性表示脚本的类型，其值为 text/javascript。JavaScript 程序代码位于<script>和</script>两个标签之间，这些代码由浏览器解释执行。

例 1-2 在浏览器中显示“让我们一起来学习 javascript 吧！”，并弹出一个显示“欢迎欢迎！”的对话框。

```
<html>
<head>
  <title>JavaScript 示例 1-2</title>
</head>
<body>
  <script type="text/javascript">
    /* Document.write()是文档对象的输出函数，用于将括号中的字符或变量输出到窗口 */
       document.write(“让我们一起来学习 javascript 吧！”);
    /* alert()是 JavaScript 的窗口对象方法，用于弹出一个具有“确定”按钮的对话框并显示括
       号中的内容 */
    alert(“欢迎欢迎！”)
  </script>
</body>
</html>
```

程序运行结果如图 1-3 所示。

例 1-3 在浏览器中显示一个“单击显示内容”的按钮，单击该按钮弹出一个显示“你好！欢迎调用。”的对话框。

```
<html>
  <head>
    <title>JavaScript 示例 1-3</title>
    <script type="text/javascript">
      function hello_click()              /* JavaScript 函数 */
    {
      alert("你好！欢迎调用。")
```

图 1-3 嵌入 JavaScript 示例 2

```
    }
    </script>
  </head>
  <body>
    /* onclick是单击事件,单击"单击显示内容"按钮调用 hello_click()函数 */
    <input type="button" value="单击显示内容" onclick="hello_click()">
  </body>
</html>
```

程序运行结果如图 1-4 所示。

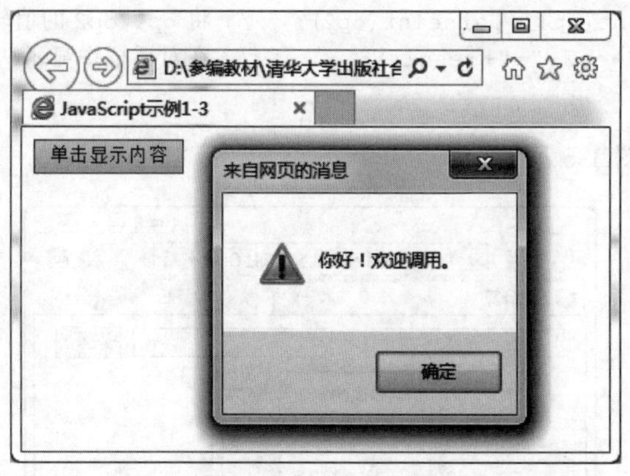

图 1-4 嵌入 JavaScript 示例 3

说明:<script>…</script>的位置并不是固定的,可以包含在<head>…</head>之间,也可以包含在<body>…</body>之间。若将 JavaScript 程序放在<head>…</head>之间,使其在主页和其余部分代码之前装载,可使代码的功能更强大;若将 JavaScript 程序放在<body>…</body>之间可以实现某些部分动态地创建文档。

2. 使用外部 JavaScript 文件方式

在网页中引入 JavaScript 文件的格式如下。

```
<script language="JavaScript" src="JavaScript 文件的 URL"></script>
```

其中 src 属性表示要引入的 JavaScript 文件，其值为 JavaScript 文件的 URL。这个 URL 既可以是相对地址，也可以是绝对地址。JavaScript 程序代码位于 JavaScript 文件中，这些代码由浏览器解释执行。

例 1-4 计算两数之和。

```
/*例 1-4.html 文件*/
<html>
  <head>
    <title>加法计算</title>
  </head>
    /*在当前目录下引入外部 JavaScript 文件例 1-4.js*/
    <script type="text/javascript" src="./例 1-4.js"></script>
  <center>
    <body>
      <input type="text" id="op1">+<input type="text" id="op2" >
      <input type="button" value="等于" onclick="AddOnClick()">
    </body>
  </center>
</html>
/*例 1-4.js 文件，该文件可以使用文本文件或 sublime 编辑器编写*/
  function AddOnClick() {
   var op1, op2;                                   /*定义两个变量 op1, op2*/
   op1=document.getElementById("op1").value;     /*获取文档中 id 名称为 op1 对象的值*/
   op2=document.getElementById("op2").value;     /*获取文档中 id 名称为 op2 对象的值*/
   var result;                                     /*定义一个变量 result */
   result=parseInt(op1)+parseInt(op2);             /*将 op1、op2 的值转换为整型并相加*/
   alert(op1+"+"+op2+"="+result);                  /*在对话框中显示两数相加和的式子*/
}
```

程序运行结果如图 1-5 所示。

图 1-5 引入外部 JavaScript 文件示例

说明：

(1) 外部 js 文件在编写时不能包含<script>、</script>标签。

(2) ./表示当前目录，../表示上一级目录。

1.6 习　题

1. 填空题

(1) JavaScript 是一种基于________和________驱动且具有安全性能的________脚本语言。

(2) JavaScript 脚本语言具有简单性、________、________和跨平台性。

(3) 在网页中嵌入 JavaScript 代码有两种方式,一种是在 HTML 中直接嵌入;另一种是________。

(4) JavaScript 注释有两种方式:一种是单行注释,用"//"表示;另一种是________。

(5) 脚本语言是为了缩短传统的编写、________、________、运行过程而创建的计算机编程语言。

2. 选择题

(1) 超文本文件以(　　)标签作为文件的开始和结束。

A. <body>...</body>　　B. <head>...</head>

C. <script>...</script>　　D. <html>...</html>

(2) 超文本文件的扩展名为(　　)。

A. .html　　B. .docx　　C. .txt　　D. .js

(3) JavaScript 的扩展名为(　　)。

A. .html　　B. .docx　　C. .txt　　D. .js

(4) script 标记的 type 属性值为(　　)。

A. javascript　　B. text　　C. javascript/text　　D. text/javascript

(5) document.write 是文档对象的(　　)。

A. 输入函数　　B. 类型转换函数　　C. 求和函数　　D. 输出函数

3. 编程题

(1) 计算两数之积,通过引入外部 JavaScript 文件的方式实现,效果如图 1-6 所示。

图 1-6　弹出显示内容为两数之积对话框

(2) 在浏览器中显示一个按钮,按钮内容为"访问百度",单击该按钮弹出一个显示"百度网址: https://www.baidu.com"的对话框,效果如图 1-7 所示。

图 1-7 弹出显示内容为"百度网址: https://www.baidu.com"的对话框

第 2 章

JavaScript 语法结构及数据类型

2.1 JavaScript 的基本语法

每种程序设计语言都有自己的基本组成元素，JavaScript 基本的组成元素有标识符、关键字、常量和变量等。

1. 标识符

在 JavaScript 中，标识符是指代码中用来标识变量、函数或属性的字符序列。JavaScript 标识符必须以字母、下画线(_)或美元符($)开头，后续的字符可以是字母、数字、下画线或美元符(数字不允许作为首字符出现)。

合法的标识符，如 my_variable_name、v13、_dummy、$str、m。

不合法的标识符，如 512、this、for、8my。

2. 关键字

JavaScript 中的关键字具有一定的含义，不可以作为变量名或函数名使用，否则在加载脚本时会产生编译错误。

JavaScript 的保留关键字如表 2-1 所示。

表 2-1　JavaScript 中的保留关键字

abstract	delete	function	null	throws
arguments	do	goto	package	transient
boolean	double	if	private	true
break	else	implements	protected	try
byte	enum*	import*	public	typeof
case	eval	in	return	var
catch	export*	instanceof	short	void
char	extends*	int	static	volatile
class*	false	interface	super*	while
const	final	let	switch	with
continue	finally	long	synchronized	yield
debugger	float	native	this	
default	for	new	throw	

3. 常量

常量指程序运行过程中不可以改变的量。JavaScript 中的常量类型主要有：字符串类型、数值类型、逻辑类型、空类型和未定义类型等。

4. 变量

变量指程序运行过程中可以发生改变的量。JavaScript 是一种弱类型语言，在对变量进行定义时，不需要明确指定是何种类型，变量的类型由赋给变量的值决定。

JavaScript 中变量的命名需要遵循以下规则。

(1) 第一个字母必须是字母或下画线，不能以数字开头。

(2) 变量名不能包含空格、百分号或括号等特殊符号。

(3) 不能使用保留关键字。

(4) 严格区分大小写。

变量的定义使用 var 关键字，语法格式如下。

```
var 变量名
var name;          //name 是被定义的变量名，其类型为 underfined
var Name;          //Name 是被定义的变量名，其类型为 underfined，它与 name 不是同一个变量
var a,b,c;         //a,b,c 同时被定义为变量名，其类型为 underfined
var a=5,b=10,c=20;   //a,b,c 被定义为变量名的同时赋值，其类型都为数值型
var n;             //n 是被定义的变量名，其类型为 underfined
n=100;             //通过"="给 n 赋值，其类型为数值型
```

说明：在 JavaScript 中，变量也可以不做声明，而是在使用时根据数据的类型来确定其所属类型。

例如：

```
X=50;
Y="80";
Z=False;
Pi=3.14;
```

其中，X 为数值型；Y 为字符串型；Z 为布尔型；Pi 为实型。建议在程序编写时先对变量进行定义，以便能及时发现代码中的错误。

变量分为局部变量和全局变量。局部变量是指只能在一段程序中发挥作用的变量，而全局变量是指在整个 JavaScript 程序代码中都可以发挥作用的变量。通常来讲，在函数之内声明的变量是局部变量，在函数之外声明的变量是全局变量。局部变量和全局变量可以同名，局部变量的优先级高于全局变量，即在函数体内，同名的全局变量被忽略。若在函数体内同名的变量没有使用 var 关键字进行声明，该变量则会被自动定义为全局变量，函数体内使用同名变量的值将会被同名的全局变量所修改。

2.2 基本数据类型

JavaScript 提供了 5 种常用的基本数据类型，分别为空类型(null)、未定义类型(underfined)、数值类型(number)、字符串类型(string)、逻辑类型(boolean，也称布尔型，使用 true 或 false 表示)。

2.2.1　未定义类型

underfined 是未定义类型。这个类型只有一个值 underfined。任何未被赋值过的变量，也就是只声明过的变量，都有一个 underfined 值，如图 2-1 所示。typeof()方法用于查看一个变量所属的类型。

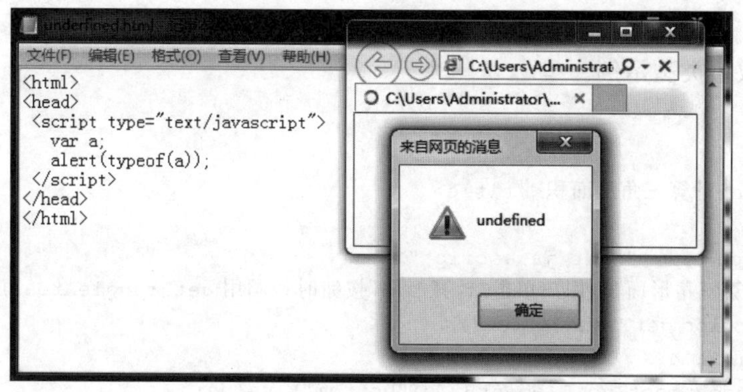

图 2-1　只对变量 a 进行定义但未赋值

如果程序引用了未定义的变量，也会显示 underfined。但通常使用未定义的变量会造成程序错误。

2.2.2　空类型

null 是空类型。这个类型只有一个值 null。null 是一个占位符，表示一个变量已有值，但值为空。不同于 underfined，null 值通常产生在程序运行中。当变量不再被使用时，将变量赋值为 null，以释放存储空间。

说明：

(1) 未定义值。未定义类型的变量值是 underfined，表示变量还没有赋值。

(2) 空值。JavaScript 中的空值由关键字 null 表示，用于定义空的或不存在的引用。这里必须要注意的是 null 不等同于空的字符串" "或 0，空的字符串" "或 0 表示该变量存在的值，null 同样不等同于 underfined，underfined 表示该变量还没有被赋值。

2.2.3　数值类型

JavaScript 数值型的表示形式有以下几种。

1. 十进制数值

十进制数由 0～9 的数字序列组成，如：3、8、−1。

2. 八进制数值

八进制数由 0～7 的数字序列组成，且以 0 开头，如：023、04。

3. 十六进制值

十六进制数由 0～9 的数字以及 a(A)～f(F)序列组成，且以“0x”或“0X”开头，如：0x1a、0X54。

4. 浮点数据值

浮点数据值分为传统记数法和科学记数法。

传统记数法将数据分为整数部分、小数点和小数位数三部分，如：5.6、－123.5。若整数部分为0，那么0可以省略不写，如：.94。

科学记数法将数据分为浮点数据、e或E、指数（正或负）三部分，如：1.23e5、9.1e＋2、5.32E－2。

例 2-1 数值类型示例。

```
<html>
  <head>
    <title>计算三角形面积</title>
  </head>
    <script type="text/javascript">
     /*计算三角形面积,用户单击"计算面积"按钮时将调用getTrangleArea()方法*/
      function getTrangleArea() {
        var b, h;
        b=document.getElementById("bottom").value;
        h=document.getElementById("height").value;
        var area;
        area=b*h / 2;
        document.getElementById("area").value=area;
      }
    </script>
  <center>
   <body>
    <script type="text/javascript">
       document.write("计算三角形面积<br>");   //在网页上输出文本
    </script>
    <br>
    三角形底: <input type="text" id="bottom" ><br><br>
    三角形高: <input type="text" id="height" ><br><br>
    三角形面积: <input type="text" id="area" readonly="readonly" ><br><br>
    <input type="button" value="计算面积" onclick="getTrangleArea()">
   </body>
  </center>
</html>
```

程序运行结果如图2-2所示。

图 2-2 求三角形面积界面

2.2.4　字符串类型

字符串指排列在一起的零个或多个字符(字母、数字和标点符号)。字符串用来表示 JavaScript 中的文本,这些字符串文本放在一对匹配的单引号或双引号中。字符串中可以包含双引号,该双引号两边需加上单引号;也可以包含用引号,该单引号两边需要加上双引号,如:'javascript'、"abcdef"、" "、"认真学习 javascript"、'"快乐学习"javascript'、"学习'javascript 很快乐'"。

说明:包含字符串的引号必须成对匹配出现,否则字符串是错误的,如"快乐学习 javascript'、'认真学习 javascript"。

JavaScript 中的转义字符是“\”,通过转义字符可以在字符串中添加不可显示的特殊字符(如\n、\t),或者解决引号匹配混乱的问题(\'、\")。表 2-2 列出了 JavaScript 中具有特殊含义的转义字符。

表 2-2　JavaScript 中具有特殊含义的转义字符

序列	代表字符	序列	代表字符
\b	退格符	\n	换行符
\t	水平制表符	\"	双引号
\f	换页符	\r	回车符
\'	单引号	\\	反斜线符

例 2-2　字符串类型示例。

```
<html>
  <head>
    <title>输出字符串内容</title>
  </head>
  <center>
   <body bgcolor="red">
    <script type="text/javascript">
      var message1="我还在上学,\"上大学\"。";
      document.write(message1+"<br />");
      var message2='我和我高中同学"上同一所学校"。';
      document.write(message2+"<br />");
      var tv="mnust.avi";
      var fpath="d:\\mnust\\学校视频\\";
      document.write('"'+tv+'"文件的路径为: '+fpath);
    </script>
   </body>
  </center>
</html>
```

程序运行结果如图 2-3 所示。

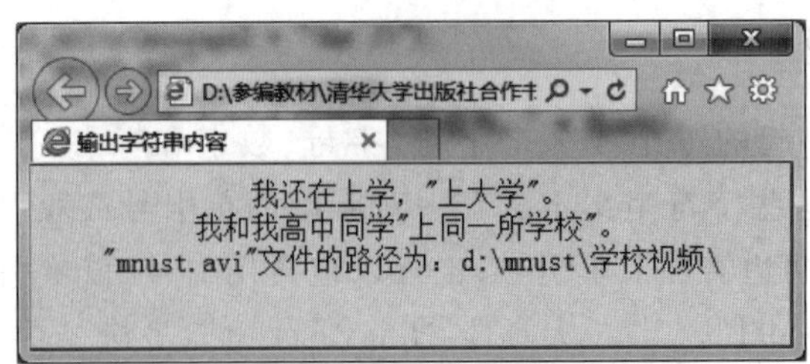

图 2-3 输出字符串内容

2.2.5 逻辑类型

逻辑类型也称为布尔型，是一种只含有 true 和 false 这两种值的数据类型。逻辑类型中的 true 表示真，false 表示假。在实际应用中，逻辑类型数据常用在比较运算或逻辑运算中，运算的结果不是 true，就是 false，只能两者取一。

例如，比较两个数字的大小。

```
2>3     //数字 2 小于 3,所以 2>3 的逻辑运算结果为 false
5==5    //数字 5 等于 5,所以 5==5 的逻辑运算结果为 true
8<9     //数字 8 小于 9,所以 8<9 的逻辑运算结果为 true
```

在 JavaScript 中，逻辑类型数据常常用于控制结构语句中，根据逻辑类型数据的值来决定执行哪些相应的语句。例如：

```
if(条件表达式 1)
  {语句 1}
else if(条件表达式 2)
  {语句 2}
else
  {语句 3}
```

执行条件表达式 1 后将返回一个逻辑类型数据，如果返回的值为 true，就执行语句 1；如果返回的值为 false，则执行条件表达式 2，如果执行条件表达式 2 后返回的值为 true，就执行语句 2；反之执行语句 3。关于如何使用控制语句将在后面章节进行详细介绍。

例 2-3 逻辑类型示例。

```
<html>
  <head>
    <title>判断 3 个数是否能构成三角形</title>
  </head>
  <center>
    <body>
     第一个数：<input type="text" id="aa"/><br/>
     第二个数：<input type="text" id="bb"/><br/>
     第三个数：<input type="text" id="cc"/><br/>
    <input type="button" value="判断" onclick="getTrangleArea()">
    <script type="text/javascript">
    function getTrangleArea()
    {
```

```
        var a,b,c;
        a=parseInt(document.getElementById("aa").value);
        b=parseInt(document.getElementById("bb").value);
        c=parseInt(document.getElementById("cc").value);
          if(a+b>c&&a+c>b&&b+c>a)
          {
            alert("能构成三角形");
          }
          if(a+b<=c||a+c<=b||b+c<=a)
          {
            alert("不能构成三角形");
          }
        }
        </script>
      </body>
    </center>
</html>
```

程序运行后，输入 3 个数，单击“判断”按钮，结果如图 2-4 所示。

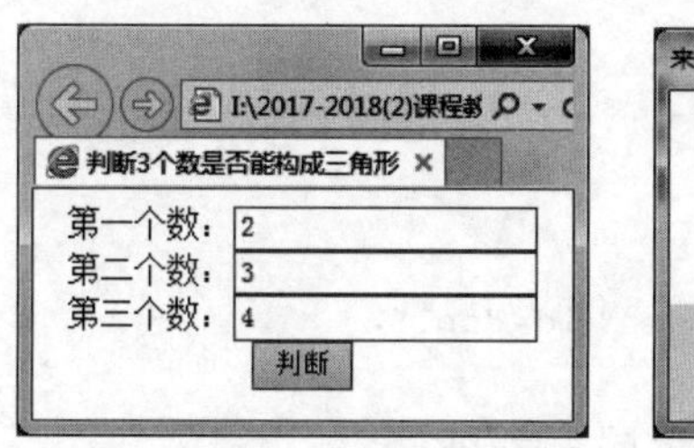

图 2-4　判断 3 个数是否能构成三角形

2.3　函　　数

函数是指能够实现特定功能的代码块。与其他计算机语言类似，JavaScript 中的函数可以一次定义，多处调用，从而提高代码的可复用性。但与其他计算机语言不同的是，函数在 JavaScript 中也是一种数据类型。因此，JavaScript 中的函数可以被存储在变量、数组以及对象的属性中，甚至可以作为参数在其他函数之间进行传递。函数包含函数名、若干参数和返回值。

2.3.1　函数的声明及调用

1. 函数声明

函数声明分为普通函数声明、匿名函数声明和构造函数声明三种。

(1) 普通函数声明。普通函数声明包括函数头和函数体两部分，其语法格式如下。

```
function 函数名([参数 1,参数 2,参数 3,...,参数 n]){
    语句
    [return 表达式]
}
```

函数头由关键字 function、函数名和由小括号"()"括起来的一些参数组成。

函数名后括号中的参数称为形式参数，简称形参。形参的个数根据使用情况而定，多个形参之间用逗号分隔，形参在本函数体内有效。如果函数没有参数，那么函数名后括号里为空，即一对小括号"()"里面为空，但是小括号不能省略。

函数头之后的一对大括号"{ }"以及大括号内的内容称为函数体，函数体的内容由合法的 JavaScript 语句构成，实现特定的功能；return 表示返回。

例如：

```
function sub(op1,op2){
    var cha=op1-op2;
    return cha;
}
```

例 2-4 求两数之差。

```
<html>
  <head>
    <title>
      减法计算
    </title>
  </head>
  <center>
  <body>
    输入第一个数：<input type="text" id="op1">
    <br><br>
    输入第二个数：<input type="text" id="op2">
    <br><br>
    两数相减之差：<input type="text" id="op3">
    <br><br>
    <input type="button" value="两数相减" onclick="subt()">
    <input type="button" value="清空" onclick="clear1()">
    <script type="text/javascript">
     function subt() {
      var op1,op2,result;
      op1=document.getElementById("op1").value;
      op2=document.getElementById("op2").value;
      result=op1-op2;
      document.getElementById("op3").value=result;
     }
     function clear1() {
       document.getElementById("op1").value="";
       document.getElementById("op2").value="";
       document.getElementById("op3").value="";
     }
    </script>
  </body>
  </center>
</html>
```

程序运行后，输入两个数，单击"两数相减"按钮，结果如图 2-5 所示。

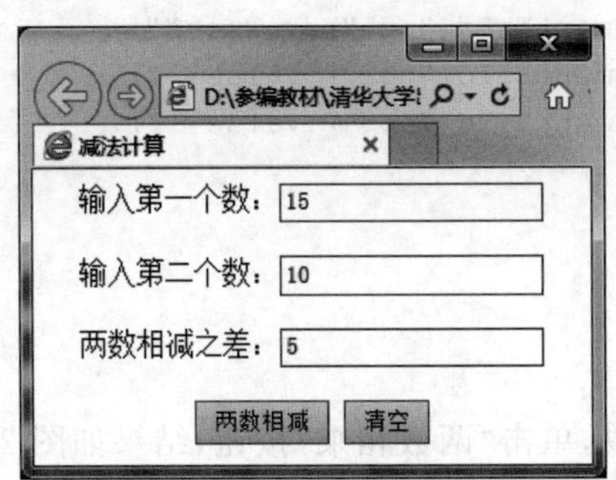

图 2-5　减法计算

(2) 匿名函数声明。匿名函数声明是指没有函数名，整体赋值给一个变量，在随后的程序中以变量作为函数名进行调用，其语法格式如下。

```
var 变量名=function(参数 1,参数 2,参数 3,...,参数 n){
    函数体
}
```

例如：

```
var mul=function(x,y){                        //函数声明
  alert(x*y);
}
mul(10,15)                                    //函数调用
```

例 2-5　求两数之积。

```
<html>
  <head>
    <title>
      乘法计算
    </title>
  </head>
  <center>
  <body>
    输入第一个数：<input type="text" id="op1">
    <br><br>
    输入第二个数：<input type="text" id="op2">
    <br><br>
    两数相乘之积：<input type="text" id="op3">
    <br><br>
    <input type="button" value="两数相乘" onclick="mul(op1.value,op2.value)">
    <input type="button" value="清空" onclick="clear1()">
     <script type="text/javascript">
       var mul=function(x,y){
           document.getElementById("op3").value=parseInt(x*y);
        }
     </script>
     <script type="text/javascript">
     function clear1() {
```

```
        document.getElementById("op1").value="";
        document.getElementById("op2").value="";
        document.getElementById("op3").value="";
      }
      </script>
    </body>
    </center>
</html>
```

程序运行后，输入两个数，单击“两数相乘”按钮，结果如图 2-6 所示。

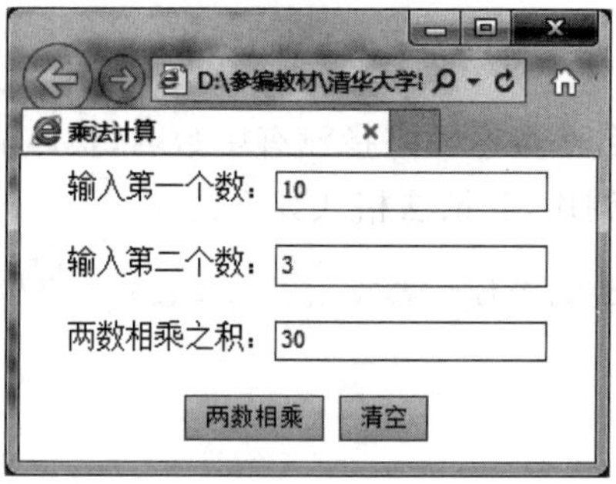

图 2-6　乘法计算

(3) 构造函数声明

构造函数声明是利用 function 关键字来创建构造函数，其语法格式如下。

```
var 变量名=new Function("参数 1","参数 2","参数 3",...,"参数 n","函数体")
```

可见，利用 function 关键字创建的构造函数也是匿名函数。构造函数的调用方法和匿名函数相同，两者的不同之处是 function 关键字声明构造函数时，所带的参数及函数体需要用单引号或双引号括起来。

例如：

```
var sum=new Function("x","y","alert(x+y)"); //函数声明,Function()首字母必须是大写
um(5,7)                                     //函数调用
```

例 2-6　求两数相除之商。

```
<html>
  <head>
    <title>
      除法计算
    </title>
  </head>
  <center>
  <body>
    输入第一个数：<input type="text" id="op1">
    <br><br>
    输入第二个数：<input type="text" id="op2">
    <br><br>
    两数相除之商：<input type="text" id="op3">
```

```
    <br><br>
    <input type="button" value="两数相除" onclick="sum(op1.value,op2.value)">
    <input type="button" value="清空" onclick="clear1()">
    <script type="text/javascript">
      var sum=new Function("x","y","document.getElementById('op3').value=
      parseInt(x)/parseInt(y)");
    </script>
    <script type="text/javascript">
    function clear1() {
      document.getElementById("op1").value="";
      document.getElementById("op2").value="";
      document.getElementById("op3").value="";
    }
    </script>
  </body>
  </center>
</html>
```

程序运行后,输入两个数,单击"两数相除"按钮,结果如图 2-7 所示。

2. 函数的调用

函数声明后说明函数已经存在,但并不能执行函数体中的语句。如果想要执行函数体中的语句,就必须调用函数。

函数的调用有三种形式,即简单的函数调用、事件响应中调用函数和链接调用函数。

(1) 简单的函数调用。简单的函数调用语法格式如下。

```
函数名([参数 1,参数 2,参数 3,...,参数 n]);
```

例 2-7 简单的函数调用。

```
<script type="text/javascript">
  function add(a,b){
    alert(a+b);
  }
  add(10,20);
</script>
```

程序运行结果如图 2-8 所示。

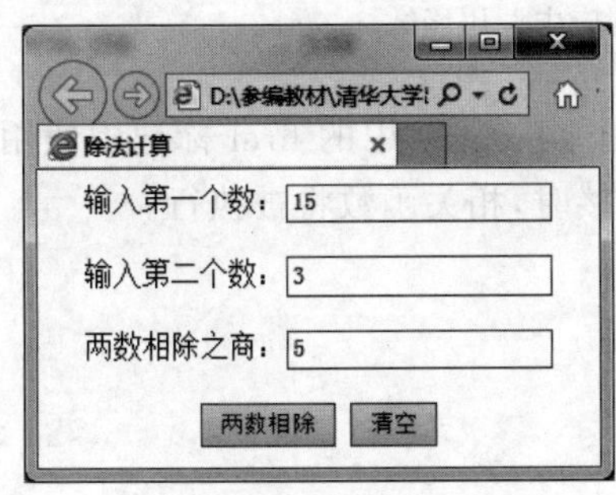

图 2-7 除法计算

图 2-8 简单的函数调用

(2) 事件响应中调用函数。当用户单击某个按钮,或按下键盘回车键,或选择某个复选框时,都将触发事件。通过编写程序事件做出反应的行为称为响应事件。在 JavaScript 语言中,将函数与事件相关联就完成了响应事件的过程。

例 2-8 事件响应中调用函数。

```
<html>
  <head>
    <title>
      事件响应中调用函数
    </title>
    <script type="text/javascript">
    function testClick(){
      alert("单击事件调用函数");
    }
    </script>
  </head>
<center>
  <body>
    <input type="button" value="单击测试" onClick="testClick()">
  </body>
</center>
</html>
```

程序运行后,单击“单击测试”按钮,结果如图 2-9 所示。

图 2-9 事件响应中调用函数

(3) 链接调用函数。链接调用函数是指在标签<a>中的 href 标记中使用“javascript:函数名();”格式调用函数,当用户单击这个链接时,相关函数将被执行。

例 2-9 链接调用函数。

```
<html>
  <head>
    <title>
      链接调用函数
    </title>
    <script type="text/javascript">
      function linkClick(){
```

```
            alert("你真棒!");
        }
    </script>
  </head>
  <center>
    <body>
      <a href="javascript:linkClick();">请单击我</a>
    </body>
  </center>
</html>
```

程序运行后,单击“请单击我”按钮,结果如图 2-10 所示。

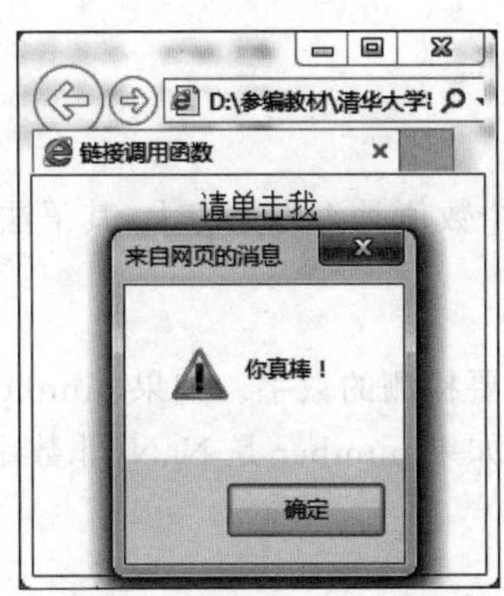

图 2-10 链接调用函数

2.3.2 内置函数

在使用 JavaScript 语言时,除了可以自定义函数之外,还可以使用 JavaScript 语言中的内置函数,这些内置函数是由 JavaScript 语言自身提供的。JavaScript 语言中的内置函数如表 2-3 所示。

表 2-3 JavaScript 语言中的内置函数

函 数	说 明
eval()	求字符串中表达式的值
isFinite()	判断一个数值是否为无穷大
isNaN()	判断一个数值是否为 NaN
parseInt()	将字符串型转换为整型
parseFloat()	将字符串型转换为浮点型
encodeURI()	将字符串转换为有效的 URL
decodeURI()	对 encodeURI()编码的文本进行解码

1. eval()

eval()函数可计算某个字符串,并执行其中的 JavaScript 代码。其语法格式如下。

```
eval(string)
```

其中，string 为必填项，是要计算的字符串，含有要计算的 JavaScript 表达式或要执行的语句。

例如：

```
<script type="text/javascript">
  eval("x=10;y=20;document.write(x*y)");          //程序运行后输出 200
  document.write(eval("2+2"));                    //程序运行后输出 4
  var x=10;
  document.write(eval(x+17));                     //程序运行后输出 27
</script>
```

程序运行结果如图 2-11 所示。

2. isFinite()

isFinite()函数用于判断一个数值是否为无穷大，其语法格式如下。

```
isFinite(number)
```

其中，number 为必填项，是要检测的数字。如果 number 是有限数字(或可转换为有限数字)，那么函数返回值为 true；如果 number 是 NaN(非数字)，或者是正、负无穷的数，则函数返回值为 false。

例如：

```
<script type="text/javascript">
  document.write(isFinite(250)+"<br>");                //程序运行后输出 true
  document.write(isFinite(-5.20)+"<br>") ;             //程序运行后输出 true
  document.write(isFinite(9-3)+"<br>") ;               //程序运行后输出 true
  document.write(isFinite(0)+"<br>");                  //程序运行后输出 true
  document.write(isFinite("Hi")+"<br>") ;              //程序运行后输出 false
  document.write(isFinite("2019/12/18")+"<br>")        //程序运行后输出 false
</script>
```

程序运行结果如图 2-12 所示。

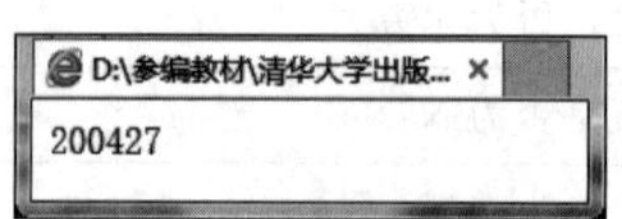

图 2-11 eval()函数应用

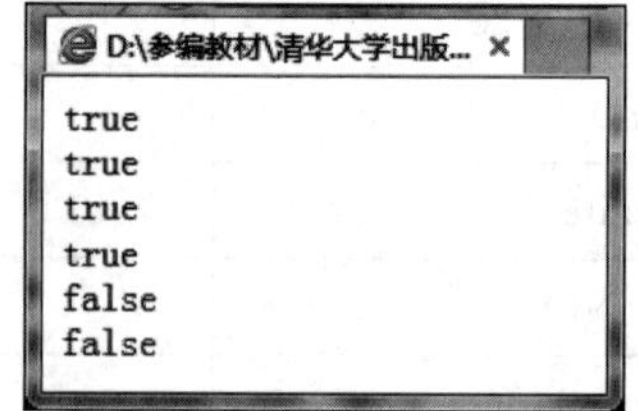

图 2-12 isFinite()函数应用

3. isNaN()

isNaN()函数用于判断其参数是否是非数字值，其语法格式如下。

```
isNaN(x)
```

其中，x 为必填项，是要检测的值。如果 x 是特殊的非数字值 NaN(或者能被转换为这样的值)，函数返回值是 true；如果 x 是其他值，则函数返回值是 false。

例如：

```
<script type="text/javascript">
  document.write(isNaN(223)+"\v");            //程序运行后输出 false
  document.write(isNaN(-2.23)+"\v");          //程序运行后输出 false
  document.write(isNaN(7-2)+"\v");            //程序运行后输出 false
  document.write(isNaN(0)+"\v");              //程序运行后输出 false
  document.write(isNaN("Hello")+"\v");        //程序运行后输出 true
  document.write(isNaN("2019/12/18")+"\v");   //程序运行后输出 true
</script>
```

程序运行结果如图 2-13 所示。

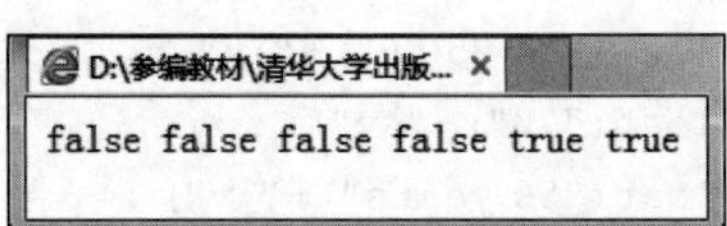

图 2-13　isNaN()函数应用

4. parseInt()

parseInt()函数用于将字符串型数据转换为整型数据，返回值为转换后的整型数。基语法格式如下。

```
parseInt(string, radix)
```

其中，string 为必填项，是要被转换的字符串。radix 为可选项，表示要转换的数字的基数，该值介于 2～36 之间。如果省略 radix 或其值为 0，则将以 10 为基数来进行转换。如果 radix 以 0x 或 0X 开头，将以 16 为基数进行转换。如果该参数小于 2 或者大于 36，则 parseInt()将返回 NaN。

例如：

```
<script type="text/javascript">
  document.write(parseInt("15")+"\v");        //程序运行后输出 10
  document.write(parseInt("18",10)+"\v");     //程序运行后输出 19 (10+9)
  document.write(parseInt("17",2)+"\v");      //程序运行后输出 3 (2+1)
  document.write(parseInt("16",8)+"\v");      //程序运行后输出 15 (8+7)
  document.write(parseInt("2f",16)+"\v");     //程序运行后输出 31 (16+15)
  document.write(parseInt("013")+"\v");       //程序运行后输出 10 或 8,未定义基数
</script>
```

程序运行结果如图 2-14 所示。

D:\参编教材\清华大学出版...

15 18 1 14 47 13

图 2-14　parseInt()函数应用

5. parseFloat()

parseFloat()函数用于将字符串型数据转换为浮点型数据，函数返回值为转换后的数字。其语法格式如下。

```
parseFloat(string)
```

其中，string 为必填项，是要被转换的字符串。

例如：

```
<script type="text/javascript">
  document.write(parseFloat("150")+"\v");              //程序运行后输出 150
  document.write(parseFloat("21.00")+"\v");            //程序运行后输出 21
  document.write(parseFloat("15.44")+"\v");            //程序运行后输出 15.44
  document.write(parseFloat("24 35 46")+"\v");         //程序运行后输出 24
  document.write(parseFloat("70")+"\v");               //程序运行后输出 70
  document.write(parseFloat("50 years")+"\v") ;        //程序运行后输出 50
  document.write(parseFloat("He was 43")+"\v") ;       //程序运行后输出 NaN
</script>
```

程序运行结果如图 2-15 所示。

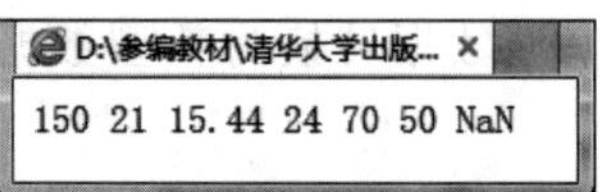

图 2-15　parseFloat()函数应用

说明：该函数首先判断字符串中的首个字符是否是数字。如果是，则对字符串中的每一位字符依次进行转换，直到遇到非数字字符为止，然后以数值型数据返回该函数。

6. encodeURI()

encodeURI()函数用于将字符串转换为有效的 URL，其语法格式如下。

```
encodeURI(URIstring)
```

其中，URIstring 为必填项，是一个字符串，含有 URI 或其他要编码的文本。

例如：

```
<script type="text/javascript">
  document.write(encodeURI("http://www.w3school.com.cn")+"<br/>");
  document.write(encodeURI("http://www.w3school.com.cn/My first/"));
  document.write(encodeURI(",/?:@&=+$#"));
</script>
```

说明：该函数不会对 ASCII 字母和数字进行编码，也不会对具有特殊含义的 ASCII 标点符号进行编码，如：- _ . ! ～ * '()。

例如：

```
<script type="text/javascript">
```

```
  document.write(encodeURI("http://www.mnust.cn")+"<br/>");
  document.write(encodeURI("http://www.mnust.cn/My first/"));
  document.write(encodeURI(",/?:@&=+$#"));
</script>
```

程序运行结果如图 2-16 所示。

图 2-16　encodeURI()函数应用

7. decodeURI()

decodeURI()函数用于对 encodeURI()编码的文本进行解码,其语法格式如下。

```
decodeURI(URIstring)
```

其中,URIstring 为必填项,是一个字符串,含有要解码的 URI 或其他要解码的文本。

例如:

```
<script type="text/javascript">
  var test1=http://www.mnst.cn/My first/;
  document.write(encodeURI(test1)+"<br/>");
  var test2=encodeURI(test1);
  document.write(decodeURI(test2));
</script>
```

程序运行结果如图 2-17 所示。

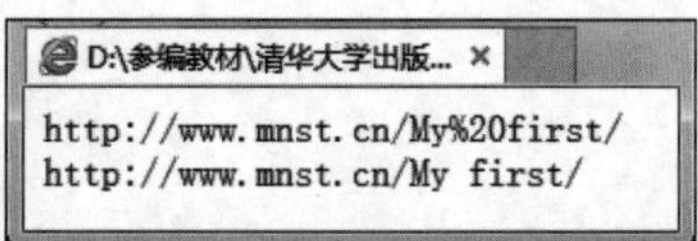

图 2-17　decodeURI()函数应用

2.3.3　函数属性

每个函数都包含两个属性,即 length 和 prototype。

1. length 属性

每个函数都有一个 length 属性(函数名.length),表示要接收的参数个数(而不是实际接收的参数个数),与 arguments 不同。arguments.length 表示函数实际接收的参数个数。

例如:

```
<script type="text/javascript">
   function test(a,b,c){ }
   alert(test.length);          //程序运行后弹出输出 3 的对话框
```

```
</script>
```

程序运行结果如图 2-18 所示。

2. prototype 属性

每个函数都有一个 prototype 属性，这个属性指向一个对象的引用，这个对象称作原型对象。每一个函数都包含不同的原型对象，将函数用作构造函数时，新创建的对象会从原型对象上继承属性。

例如：

```
<script type="text/javascript">
  function sum(a,b){
    alert(a+b);              //程序运行后弹出输出 7 的对话框
  }
  var obj=new sum(3,4);
  sum.prototype.a=10;        //程序运行后弹出输出 10 的对话框
  alert(obj.a)
</script>
```

程序运行结果如图 2-19 所示。

图 2-18　length 属性应用

图 2-19　prototype 属性应用

例 2-10　函数属性的应用。

```
<script type="text/javascript">
  function man(name,age,xingbie){
    this.name=name;
    this.age=age;
    this.xingbie=xingbie;
    alert(this.name+","+this.age+","+this.xingbie+"\n"+"man 函数有"+man.
    length+"个参数")
  }
  man.prototype.gender="我要好好学习,";
  man.prototype.study="天天向上!"
  var x=new man("我是小明","今年 10 岁","性别男");
  alert(x.gender+x.study);
</script>
```

程序运行结果如图 2-20 所示。

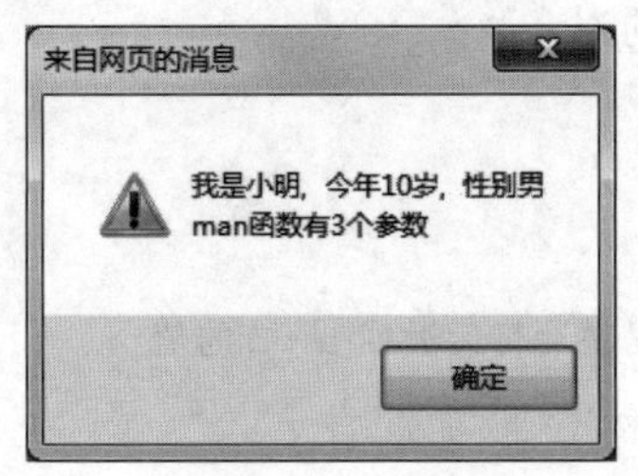

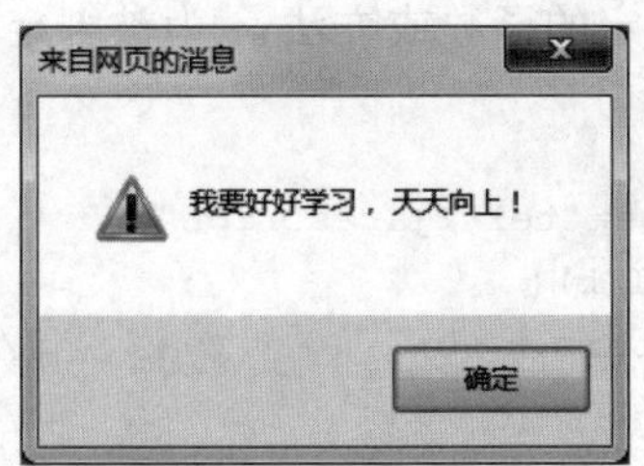

图 2-20 函数 length 属性和 prototype 属性应用

2.3.4 函数方法

函数的主要方法有 call()、bind()、toString()。

1. call()

call()用于调用所有者对象作为参数的方法，其语法格式如下。

```
f.call(o);
```

其中，f 为被调用的方法或函数，o 为被调用的对象。

例如：

```
<script type="text/javascript">
  window.color="red";
  var o={color:"green"};
  function selectColor(){
    alert(this.color)
  }
  selectColor.call(this);          //程序运行后弹出输出 red 的对话框
  selectColor.call(window);        //程序运行后弹出输出 red 的对话框
  selectColor.call(o);             //程序运行后弹出输出 green 的对话框
</script>
```

程序运行结果如图 2-21 所示。

图 2-21 call()方法应用

2. bind()

bind()方法用于将函数绑定到某个对象上，其语法格式如下。

```
f.bind(o)
```

其中,f 为绑定的函数或方法,o 为被绑定的对象。

例如:

```
<script type="text/javascript">
  function f(b){
    return this.a * b;                 //程序运行后返回 a * b 的值
  }
  var d,e;
  d={a:2};                             //创建一个键值对对象
  e=f.bind(d);                         //将 f 函数绑定到 d 对象上
  alert(e(2));                         //程序运行后输出 4 的对话框
</script>
```

程序运行结果如图 2-22 所示。

3. toString()

toString()用于把一个逻辑值转换为字符串,并返回结果为 true 或 false。其语法格式如下。

```
booleanObject.toString()
```

其中,booleanObject 为被转换的逻辑值。

例如:

```
<script type="text/javascript">
  var boo1=new Boolean(true);              //创建一个带有 true 值的 Boolean 对象
  var boo2=new Boolean(false);
  document.write(boo1.toString()+"\v");    //输出字符串 true
  document.write(boo2.toString());
</script>
```

程序运行结果如图 2-23 所示。

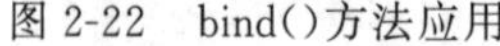

图 2-22　bind()方法应用

图 2-23　toString()方法应用

2.4　数据类型转换

在 JavaScript 语言中,不同类型值之间的相互转换非常频繁。比如从网页输入框获取数据进行数学运算,需将获得的值先进行类型转换,才能进行数学运算,因为所有从网页中获取的文本数据都是字符串类型。

1. 转换成数值类型

数据类型转换有两种方式:隐式转换和显式转换。

(1) 隐式转换。在运算过程中,系统自动把不同的数据类型转换成相同的类型再进行运算。

例如：

```
<script type="text/javascript">
  alert("95"-5);          //自动将字符串型数据转换成数值型数据,再进行数学运算
</script>
```

程序运行结果如图 2-24 所示。

例如：

```
<script type="text/javascript">
  alert("95"+5);          //自动将数值型数据转换成字符串型数据,再进行字符串连接运算
</script>
```

程序运行结果如图 2-25 所示。

图 2-24　自动将字符串型数据转换成数值型数据

图 2-25　自动将数值型数据转换成字符串型数据

例如：

```
<script type="text/javascript">
  alert("95"+null);     //自动将 null 型数据转换成字符串型数据,再进行字符串连接运算
</script>
```

程序运行结果如图 2-26 所示。

例如：

```
<script type="text/javascript">
  alert("95"-null);     //自动将 null 型数据转换成数值型数据,再进行数学运算
</script>
```

程序运行结果如图 2-27 所示。

图 2-26　自动将 null 型数据转换成字符串型数据

图 2-27　自动将 null 型数据转换成数值型数据

例如：

```
<script type="text/javascript">
  alert("95"+true);       //自动将布尔型数据转换成字符串型数据,再进行字符串连接运算
</script>
```

程序运行结果如图 2-28 所示。

例如：

```
<script type="text/javascript">
  alert("95"-true);       //自动将布尔型数据转换成数值型数据,再进行数学运算
</script>
```

程序运行结果如图 2-29 所示。

图 2-28 自动将布尔型数据转换成字符串型数据

图 2-29 自动将布尔型数据转换成数值型数据

(2) 显式转换。JavaScript 语言提供了两种将字符串型数据直接转换为数值型数据的函数：parseInt()和 parseFloat()。

① parseInt()。parseInt()是将数字字符串型数据转换成整数的函数。parseInt()只能对字符串类型的数据进行转换,其他数据类型使用此函数转换将得到 NaN(值不是数字)。

parseInt()的转换过程是,从字符串的第一个字符开始依次进行判断,如果发现字符不是数字字符,就停止转换。

例如：

```
<script type="text/javascript">
  alert(parseInt("789b4"));              //转换结果为 789
</script>
```

程序运行结果如图 2-30 所示。

如果字符串的第一个字符是除了减号(表示负数)外的任何非数字字符,那么将得到 NaN 的结果。例如：

```
<script type="text/javascript">
  alert(parseInt("b4789"));              //转换结果为 NaN
</script>
```

程序运行结果如图 2-31 所示。

图 2-30　parseInt()函数示例 1

图 2-31　parseInt()函数示例 2

② parseFloat()。parseFloat()是将数字字符串型数据转换成小数的函数，除了转换结果是浮点数外，也无法指定转换进制格式，其他特性与 parseInt()相同。

例如：

```
<script type="text/javascript">
  alert(parseFloat ("2.54"));                    //转换结果为 2.54
</script>
```

程序运行结果如图 2-32 所示。

2. 转换成字符串类型

在 JavaScript 语言中，可以通过两种方式将数值类型数据转换成字符串类型数据。一种是将数值型数据与空字符串相加(＋)。

例如：

```
<script type="text/javascript">
  var a=3.8;
  a=a+""                                         //将 3.8 和空字符串连接起来
  alert(a+","+typeof(a));
</script>
```

程序运行结果如图 2-33 所示。

图 2-32　parseFloat()函数示例

图 2-33　转换成字符串类型数据示例 1

另一种是利用 toString()方法实现。

例如：

```
<script type="text/javascript">
  var a=3.8;
  alert("a 是: "+typeof(a));                              //a 是数值型
  alert("a 是: "+typeof(a.toString())+"类型"); //转换后 a 是字符串型
```

```
</script>
```

程序运行结果如图 2-34 所示。

图 2-34 转换成字符串类型数据示例 2

2.5 习　　题

1. 填空题

(1) JavaScript 语言的组成元素有标识符、________、________等。

(2) 任何未被赋值过的变量,也就是只声明过的变量,都有一个________值。

(3) ________方法用于查看一个变量所属的类型。

(4) Null 是空类型。这个类型只有一个值即________。

(5) 科学计数法将数据分为三部分:________、________和________。

(6) ________是利用 function 关键字来创建构造函数。

(7) 函数的调用有三种形式,即简单函数的调用、________和________。

(8) ________是指在标签<a>中的 href 标记中使用"javascript:函数名();"格式调用函数,当用户单击这个链接时,相关函数将被执行。

(9) ________函数用于判断一个数值是否为 NaN。

(10) 每个函数都包含两个属性,分别是________和________。

2. 选择题

(1) 以下(　　)是 JavaScript 语言的合法变量。

A. stud_name　　B. 2stud_name　　C. function　　D. stu@name

(2) 以下关于类型转换函数的说法,正确的是(　　)。

A. parseInt("5.98")的返回值为 5

B. parseInt("5.98")的返回值为 NaN

C. parseFloat("59aabb98")的返回值为 59aabb98

D. parseFloat("59aabb98")的返回值为 5998

(3) 以下数值类型常量表示错误的是(　　)。

A. 019　　B. 0xab　　C. 0x159　　D. 065

(4) 以下科学计算法表示错误的是(　　)。

A. −30.25E23　　B. 3.6E−3　　C. −5E3.2　　D. 6E2

(5) 以下函数头定义正确的是(　　)。

A. Function sum(a,b)　　　　B. var function sum(a,b)

C. function sum(var x,var y)　　　　D. function sum(a,b)

(6) 已知下列代码：

```
var pig;
```

变量 pig 的类型是(　　)。

A. 对象类型　　　　B. 数值类型

C. Underfined 类型　　　　D. 逻辑类型

(7) 已知下列代码：

```
var bag=35;
```

变量 bag 的类型是(　　)。

A. 对象类型　　　　B. 数值类型

C. Underfined 类型　　　　D. 逻辑类型

(8) 已知下列代码：

```
<script type="text/javascript">
  Var a=("95"+null);
</script>
```

程序运行后的结果是(　　)。

A. 95null　　B. 95　　C. 94　　D. "95"+null

(9) 已知下列代码：

```
<script type="text/javascript">
  var x="10",y="20";
  z=eval(x*y);
  document.write(z);
</script>
```

程序运行后输出的结果是(　　)。

A. 200　　B. 1020　　C. 10　　D. 20

(10) 以下(　　)不属于 JavaScript 语言提供的常用数据类型。

A. null　　B. underfined　　C. boolean　　D. char

3. 编程题

(1) 编写一个求矩形面积的函数和一个求矩形周长的函数。

(2) 创建一个构造函数和一个匿名函数。构造函数有三个属性，主要实现属性的初始化；匿名函数主要实现三个属性参数的相加。

第 3 章

运算符与表达式

3.1 表达式与运算符

1. 表达式

表达式是由一个或几个数字或变量和运算符组成的一行代码，通常会返回一个计算结果。

例如：

```
var a,b,sum;                //变量表达式,即定义变量
a=10,b=15;                  //赋值表达式
sum=a+b                     //算术运算与赋值表达式
```

上面三行代码组成一个求两数之和的简单程序。其中，第一行“var a,b,sum”表示变量定义表达式；第二行“a＝10,b＝15”表示赋值表达式，通过赋值符号“＝”将 10 赋给变量 a，15 赋给变量 b；第三行是算术运算表达式，把 a 和 b 的值进行相加，然后通过赋值符号“＝”将a＋b 的和赋给变量 sum。

JavaScript 语言中还有许多复杂的表达式，将在本章中进行详细介绍。

2. 运算符

运算符用于执行程序代码运算，会针对一个以上的操作数项目来进行运算。例如 2＋3，其操作数是 2 和 3，运算符是“＋”。在 JavaScript 语言中运算符大致可以分为 6 种类型：算术运算符、关系运算符、逻辑运算符、位运算符、赋值运算符和其他运算符。

3.2 算术运算符与算术表达式

由变量、常量、算术运算符和括号连接起来的符合 JavaScript 语法规则的式子称为算术表达式。

JavaScript 语言中提供的算术运算符如表 3-1 所示。

1. 加、减运算符：＋、－

＋、－运算符是二元运算符，连接两个操作数，例如 5＋15、50－35 等。加减运算符的结合方向是从左至右，例如 15＋12－20，先计算 15＋12 等于 27，然后再计算 27－20，结果等于 7。加减运算符的优先级如表 3-7 所示。

表 3-1 算术运算符

运算符	说 明
＋	加法运算符,执行加法操作。例如:“var x,y＝5;x＝y＋2;”的 x 值等于 7
－	减法运算符,执行减法操作。例如:“var x,y＝5;x＝y－2;”的 x 值等于 3
*	乘法运算符,执行乘法操作。例如:“var x,y＝5;x＝y * 2;”的 x 值等于 10
/	除法运算符,执行除法操作。例如:“var x,y＝5;x＝y/2;”的 x 值等于 2.5
%	模运算符,执行取余操作。例如:“var x,y＝5;x＝y%2;”的 x 值等于 1
＋＋	自增运算符,执行增量操作。例如:“var x,y＝5;x＝＋＋y;”的 x 值等于 6。“var x,y＝5;x＝y＋＋;”的 x 值等于 5
－－	自增运算符,执行增量操作。例如:“var x,y＝5;x＝－－y;”的 x 值等于 4。“var x,y＝5;x＝y－－;”的 x 值等于 5

2. 乘、除和求模运算符:*、/、%

*、/、%运算符是二元运算符,连接两个操作数,例如 5 * 15、50/5、22%5 等。乘、除、求模运算符的结合方向是从左至右,例如 5 * 15/3,先计算 5 * 15 等于 75,然后再计算 75/3,结果等于 25。乘、除和求模运算符的优先级如表 3-7 所示。

3. 自增、自减运算符

＋＋、－－运算符是单元运算符,可以放在操作数(变量)之前,也可以放在操作数(变量)之后,操作数必须是一个数值类型的变量。自增、自减运算符的作用是使变量本身自加 1 或自减 1。

＋＋x(－－x):表示在使用变量 x 之前,先使 x 的值加(减)1,然后再参加运算。

自增、自减运算符的优先级如表 3-7 所示。

例如:

```
var x,y;
  x=6,y=7;
  z1=++x;        //z1 的值为 7
  z2=--y;        //z2 的值为 6
```

“z1＝＋＋x;”是先执行＋＋x,即 x＝x＋1,x 的值为 7;再将 x 的值赋给 z1,z1 的值为 7。

“z2＝－－y;”是先执行－－y,即 y＝y－1,y 的值为 6;再将 y 的值赋给 z2,z2 的值为 6。

x＋＋(x－－):表示先使用 x 的值参加运算,然后再使 x 的值加(减)1。

例如:

```
var x,y;
  x=6,y=7;
  z1=x++;        //z1 的值为 6
  z2=y--;        //z2 的值为 7
```

“z1＝x＋＋;”是先执行 z1＝x,即先将 x 的值赋给 z1,z1 的值为 6;再将 x 的值自增 1,即 x＝x＋1,x 的值为 7。

“z2＝y－－;”是先执行 z2＝y,即先将 y 的值赋给 z2,z2 的值为 7;再将 y 的值自减 1,

即 y=y−1,y 的值为 6。

例 3-1 小猴子采松果,晴天一天可以采 18 个,雨天每天只能采 10 个。小猴子连续 15 天共采了 246 个松果,请编写程序计算 15 天里有几天晴天、几天雨天。

```
<script type="text/javascript">
    var fineDayNum,rainDayNum;
    fineDayNum=(246-10*15)/(18-10);
    rainDayNum=15-fineDayNum;
    alert("猴子连续 15 天采了 246 个松果,其中"+"\n"+"晴天采了"+fineDayNum+"天,"+"
    共"+fineDayNum*18+"个"+"\n"+"雨天采了"+rainDayNum+"天,"+"共"+rainDayNum*
    10+"个")
</script>
```

程序运行结果如图 3-1 所示。

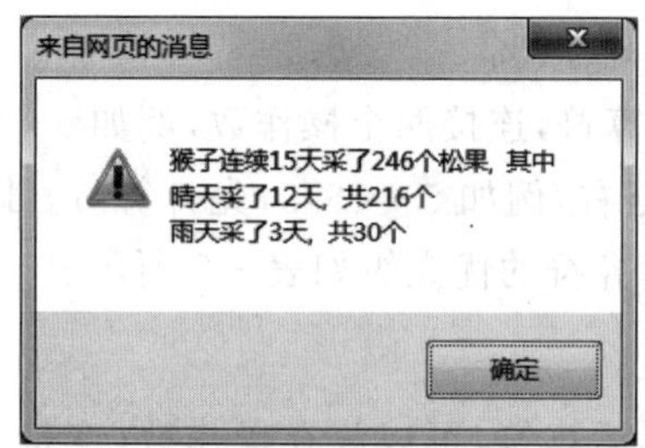

图 3-1 算术运算符与算术表达式示例

3.3 关系运算符与关系表达式

由变量、常量、关系运算符连接起来的符合 JavaScript 语法规则的式子称为关系表达式。

JavaScript 语言中提供的关系运算符如表 3-2 所示。

表 3-2 关系运算符

运算符	说　明
>	大于运算符,执行大于比较操作。例如:"var x=6,y=5;x>y"的值为真(true);反之,"x>y"的值为假(false)
>=	大于或等于运算符,执行大于或等于比较操作。例如:"var x=5,y=5;x>=y"的值为真(true);反之,"x>=y"的值为假(false)
<	小于运算符,执行小于比较操作。例如:"var x=5,y=6;x<y"的值为真(true);反之,"x<y"的值为假(false)
<=	小于或等于运算符,执行小于或等于比较操作。例如:"var x=5,y=5;x<=y"的值为真(true);反之,"x<=y"的值为假(false)
==	等于运算符,执行等于比较操作。例如:"var x=5,y=5;x==y"的值为真(true);反之,"x==y"的值为假(false)
!=	不等于运算符,执行不等于比较操作。例如:"var x=5,y=6;x!=y"的值为真(true);反之,"x!=y"的值为假(false)

续表

运算符	说　明
===	严格等于运算符，执行严格等于比较操作。例如：“var x="5",y=5;x===y”的值为假(false)；“var x="5",y="5",x===y”的值为真(true)
!===	严格不等于运算符，执行严格不等于比较操作。例如：“var x="5",y=5;x!==y”的值为真(true)；“var x="5",y="5",x!==y”的值为假(false)

关系运算符都是二元运算符，用来比较两个操作数的关系。关系运算符的运算结果是布尔型的值。当运算符对应的关系成立时，运算结果为 true，反之结果为 false。

1. 大于运算符：>

>运算符用于两个操作数的比较，如果第一个操作数大于第二个操作数，那么计算的结果返回 true；否则返回 false。例如：6>4 结果为 true，6>7 结果为 false。

2. 小于运算符：<

<运算符用于两个操作数的比较，如果第一个操作数小于第二个操作数，那么计算的结果返回 true；否则返回 false。例如：4<6 结果为 true，7<6 结果为 false。

3. 大于等于：>=

>=运算符用于两个操作数的比较，如果第一个操作数大于或者等于第二个操作数，那么计算的结果返回 true；否则返回 false。例如：6>=4 结果为 true，6>=7 结果为 false。

4. 小于等于：<=

<=运算符用于两个操作数的比较，如果第一个操作数小于或者等于第二个操作数，那么计算的结果返回 true；否则返回 false。例如：4<=6 结果为 true，7<=6 结果为 false。

5. 等于运算符：==

==运算符用于两个操作数的比较，如果第一个操作数等于第二个操作数，那么计算的结果返回 true；否则返回 false。例如：4==4 结果为 true，7==6 结果为 false。

对于==运算符需要注意以下三个问题。

(1) 操作数的类型转换。如果被比较的操作数是相同类型，那么==运算符将直接对操作数进行比较。如果被比较的操作数类型不同，那么==运算符在比较两个操作数之前会自动对其进行类型转换。转换规则如下。

① 如果操作数中既有数字又有字符串，那么 JavaScript 将把字符串转换为数字，然后再进行比较。

② 如果操作数中有布尔值，那么 JavaScript 将把 true 转换为 1，把 false 转换为 0，然后再进行比较。

③ 如果操作数有一个是对象，一个是字符串或数字，那么 JavaScript 将把对象转换成与另一个操作数类型相同的值，然后再进行比较。

(2) 两个对象、数组或者函数的比较。只有当两者都是引用同一个对象、数组或函数时，它们才是相等的，反之两者的比较都是不相等的。

(3) 特殊的比较。

① 如果一个操作数是 NaN,另一个操作数是数字或者 NaN,那么它们是不相等的。

② 如果两个操作数是 null,那么它们是相等的。

③ 如果两个操作都是 underfined 类型,那么它们是相等的。

④ 如果一个操作数是 null,一个操作数是 underfined 类型,那么它们是相等的。

6. 不等于运算符:!=

!=运算符与==运算符的比较规则相反。如果两个操作数不相等,则结果返回 true;如果两个操作数相等,则结果返回 false。对于!=运算符,操作数的类型转换规则与==运算符操作数的类型转换规则相似,在此不再进行介绍。

7. 严格等于运算符:===

===也用来判断两个操作数是否相等。===与==运算符的不同之处在于,它在比较之前不会对操作数的类型进行自动转换。也就是说,如果两个操作数没有进行类型转换便是相等的,结果返回 true,否则返回 false。对于===运算符需要注意以下两点。

(1) ===运算符不进行数据类型转换,所以不同类型的操作数进行比较都是不相等的。例如,字符串"1"和数值型 1,在==运算符比较下,结果是 true;而用===运算符进行比较时,结果是 false。

(2) 特殊值的比较,在===运算符比较下,null 和 underfined 类型的数据是不相等的。

8. 严格不等于运算符:!==

!==运算符与===运算符的比较规则相反,如果两个没有经过类型转换的操作数完全相等,则结果返回 false;否则返回 true。其他情况与===运算符相似,在此不再进行介绍。

例 3-2 计算下列关系表达式的值,并将表达式和结果显示在网页上。

```
0<"",35>24,25<"25",35>="35luo",tuple<="people",15==="15",15==15,15==15==15,
15===15===15,125!="125",125!=="125"
<html>
<head>
  <title>
    关系运算符与关系表达式
  </title>
</head>
<center>
  <body>
   <script type="text/javascript">
     document.write('0<"":');
     document.write(0<"");
     document.write("<br>");
     document.write('35>24:');
     document.write(35>24);
     document.write("<br>");
     document.write('25>="25:"');
     document.write(25>="25");
```

```
      document.write("<br>");
      document.write('35>="35luo:"');
      document.write(35>="35luo");
      document.write("<br>");
      document.write('tuple<=people:');
      document.write(tuple<=people);
      document.write("<br>");
      document.write('15==="15":');
      document.write(15==="15");
      document.write("<br>");
      document.write('15==15:');
      document.write(15==15);
      document.write("<br>");
      document.write('15==15==15:');
      document.write(15==15==15);
      document.write("<br>");
      document.write('15===15===15:');
      document.write(15===15===15);
      document.write("<br>");
      document.write('125!="125":');
      document.write(125!="125");
      document.write("<br>");
      document.write('125!=="125":');
      document.write(125!=="125");
      </script>
  </body>
 </center>
</html>
```

程序运行结果如图 3-2 所示。

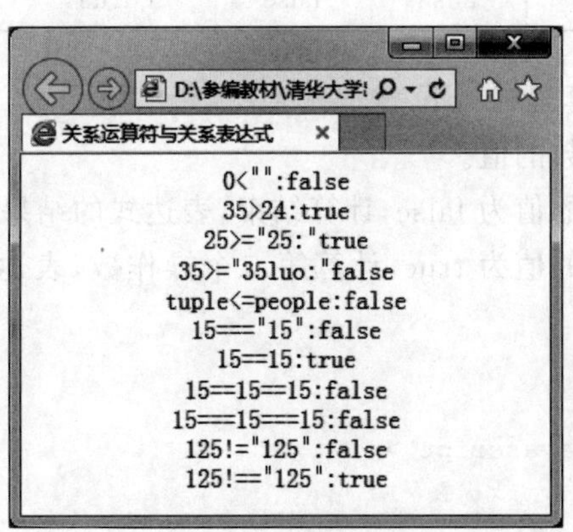

图 3-2　关系运算符与关系表达式示例

关系运算符的结合方向是从左至右，关系运算符的优先级如表 3-7 所示。

3.4 逻辑运算符与逻辑表达式

由变量、常量和逻辑运算符连接起来的符合 JavaScript 语法规则的式子称为逻辑表达式。

JavaScript 语言中提供的逻辑运算符如表 3-3 所示。

表 3-3 逻辑运算符

<table>
<tr><th>运算符</th><th>说明</th></tr>
<tr><td>&&</td><td>逻辑与运算符,执行与运算操作。例如:“var x=5,y=5; (x<10 && y>1)”的值为真(true);“(x>10 && y>1)”的值为假(false);“(x>10 && y<1)”的值为假(false);“(x<10 && y<1)”的值为假(false)</td></tr>
<tr><td>||</td><td>逻辑或运算符,执行或运算操作。例如:“var x=5,y=5; (x<10||y>1)”的值为真(true);“(x>10||y>1)”的值为真(true);“(x>10||y<1)”的值为假(false);“(x<10||y<1)”的值为真(false)</td></tr>
<tr><td>!</td><td>逻辑非运算符,执行非运算操作。例如:“var x=5,y=5; !(x==y)”的值为假(false);“! (x !=y)”的值为真(true)</td></tr>
</table>

1. 逻辑与、逻辑或运算符:&&、||

&&、||运算符是二元运算符,连接两个操作数,操作数的值为逻辑类型。如果操作数是其他数据类型,则将会自动转换为逻辑类型的值。表 3-4 列出了其他数据类型的值转换为逻辑值的对应关系。

表 3-4 其他数据类型的值转换为逻辑值的对应关系

非逻辑值转换前	"ok"	""	Null	非空对象	0	非零数字
非逻辑值转换后	true	false	false	true	false	true

(1) && 运算符的运算规则如下。

① 首先计算一个操作数的值。

② 如果第一个操作数的值为 false,计算结束,表达式的结果为第一个操作数的值。

③ 如果第一个操作数的值为 true,计算第二个操作数,表达式的结果为第二个操作数的值。

例如:

```
<script type="text/javascript">
  var x=9;
  var y=8;
  alert("(x<10 && y>1)的值为"+(x<10 && y>1)+"\n"+"(x<10 && y<1)的值为"+(x<10 &&
  y<1));
</script>
```

程序运行结果如图 3-3 所示。

(2) ||运算符的运算规则如下。

① 首先计算一个操作数的值。

② 如果第一个操作数的值为 true,计算结束,表达式的结果为第一个操作数的值。

③ 如果第一个操作数的值为 false,计算第二个操作数,表达式的结果为第二个操作数的值。

例如:

```
<script type="text/javascript">
  var x=9;
  var y=8;
  alert("(x<10 || y>1)的值为"+(x<10 || y>1)+"\n"+"(x>10 || y<1)的值为"+(x>10 ||
  y<1));
</script>
```

程序运行结果如图 3-4 所示。

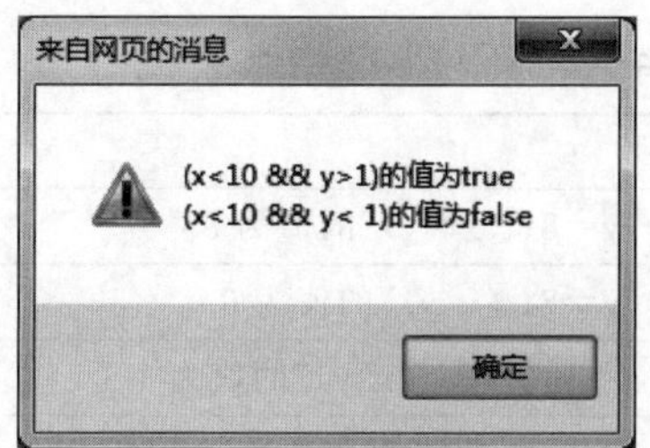

图 3-3　逻辑与运算符示例

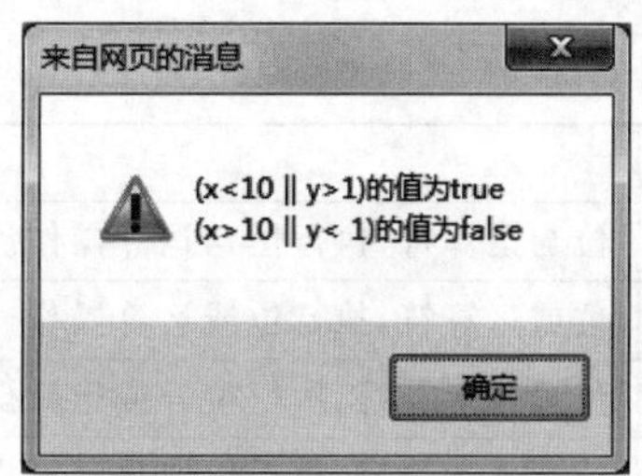

图 3-4　逻辑或运算符示例

2. 逻辑非运算符:!

!是一元运算符,表示逻辑非,操作数的值为逻辑型。如果操作数是其他数据类型,在 JavaScript 语言中将会自动转换为逻辑类型的值,然后再进行非运算,转换规则如表 3-4 所示。

!运算符的运算规则如下。

(1) 首先计算操作数的值。

(2) 如果操作数的值为 true,则表达式的结果 false;反之表达式的结果为 true。

例如:

```
<script type="text/javascript">
  var x=9;
  var y=8;
  alert("!(x<10 || y>1)的值为"+!(x<10 || y>1)+"\n"+"!(x>10 || y<1)的值为"+!(x>10
  || y<1));
</script>
```

程序运行结果如图 3-5 所示。

逻辑运算符中的 &&、||的结合方向是从左至右,逻辑运算符中的!的结合方向是从右至左;逻辑运算符的优先级如表 3-7 所示。

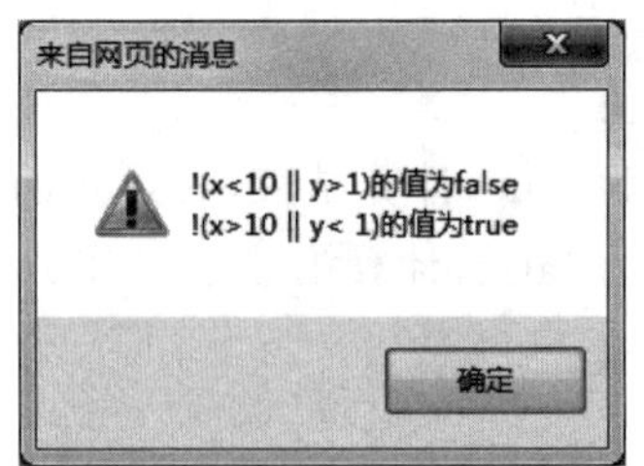

图 3-5 逻辑非运算符示例

3.5 位运算符与条件运算符

位运算符分为按位逻辑运算符和移位运算符。位运算符可以对整数进行逐位运算。表 3-5列出了 JavaScript 语言中的按位运算符。

表 3-5 位运算符

运算符	说明
&	位与运算符,执行位与运算操作。例如:"var x=9,y=8;(x&y)"的值为 8
|	位或运算符,执行位或运算操作。例如:"var x=9,y=8;(x|y)"的值为 9
^	位异或运算符,执行位异或运算操作。例如:"var x=9,y=8;(x^y)"的值为 1
~	位取反运算符,执行位取反运算操作。例如:"var x=5;~x"的值为-6
<<	零填充位左移运算符,执行位左移运算操作。例如:"var x=5;x<<1"的值为 10
>>	有符号位右移运算符,执行有符号位右移运算操作。例如:"var x=-5;x>>1"的值为-3
>>>	零填充位右移运算符,执行位右移动算操作,例如:"var x=5;x>>>1"的值为 2

1. 按位逻辑算符:&、|、^、~

按位逻辑运算符中的 & 表示按位与、| 表示按位或、^表示按位异或、~表示按位取反。其中,~是一元运算符,其余的是二元运算符。按位逻辑运算符的操作数和结果都是整数。

例如:

```
x=00000111       //二进制整数
y=00001001       //二进制整数
z=x&y            //运行结果为 00000001
  00000111
& 00001001
  00000001
```

```
x=00000111       //二进制整数
y=00001001       //二进制整数
 z=x|y           //运行结果为 00001111
  00000111
| 00001001
  00001111
```

例如:

```
x=00000111       //二进制整数
y=00001001       //二进制整数
z=x^y            //运行结果为 00001110
  00000111
^ 00001001
  00001110
```

```
x=00000111       //二进制整数
z=~x             //运行结果为 11111000
~00000111
 11111000
```

2. 按位移运算符：<<、>>、>>>

按位移运算符中的<<表示按零填充位左移、>>表示按位右移、>>>表示按零填充位右移，按位移运算符都是二元运算符。按位移运算符的操作数和结果都是整数。

例如：

```
x=00001011          //二进制整数
z=x<<3              //运行结果为 01011000
00001011<<3---->01011000
```

```
x=11111000          //二进制整数
z=x>>1              //运行结果为 11111100
11111000>>1---->11111100
```

```
x=11111000          //二进制整数
z=x>>>1             //运行结果为 01111100
```

零填充位右移运算符(>>>)与位右移运算符(>>)的运算过程基本一致，不同的是零填充位右移在运算过程中，总是用 0 填充左端数字被右移而空缺的空位，而不考虑原始操作数的符号。

3. 条件运算符：?:

?:运算符是三元运算符，有 3 个操作数，语法格式如下。

```
op1?op2:op3
```

第一个操作数 op1 的值必须是布尔型值(逻辑值)，通常是由一个表达式计算而来。第二个操作数和第三个操作数可以是任意类型的数据，或者任何形式的表达式。条件运算符的运算规则是：如果第一个操作数的值为 true，那么条件表达式的值就是第二个操作数的值；如果第一个操作数的值为 false，那么条件表达式的值就是第三个操作数的值。

例如：

```
<script type="text/javascript">
  var x=5,y=6,z;
  z=x>y?x:y;
  alert("z=x>y?x:y 的值为"+z);
</script>
```

程序运行结果如图 3-6 所示。

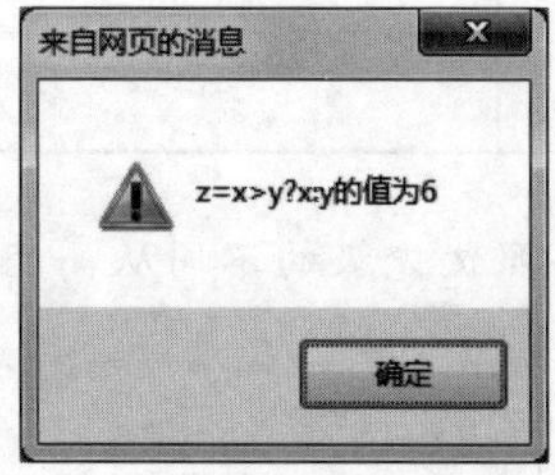

图 3-6　条件运算符示例

位运算符的结合方向是从左至右，条件运算符的结合方向是从右至左，位运算符与条件运算符的优先级如表 3-6 所示。

3.6 赋值运算符

1. 简单的赋值运算符

=运算符有两个操作数，左边的操作数必须是一个变量，右边的操作数可以是常量、变量、表达式等。简单赋值运算符把右边操作数的值赋给左边的变量。简单赋值运算符的结合方向是从右至左，优先级如表 3-6 所示。

表 3-6 JavaScript 运算符优先级

优先级	运算符	说明	结合性
1	[]、.、()	字段访问、数组索引、函数调用和表达式分组	从左向右
2	++、--、-、~、!、delete、new、typeof、void	一元运算符、对象创建、返回数据类型、未定义的值	从右向左
3	*、/、%	相乘、相除、求余数	从左向右
4	+、-	相加、相减、字符连接	从左向右
5	<<、>>、>>>	左位移、右位移、无符号右移	从左向右
6	<、<=、>、>=、instanceof	小于、小于或等于、大于、大于或等于、是否为特定类的实例	从左向右
7	==、!=、===、!==	相等、不相等、全等，不全等	从左向右
8	&	按位与	从左向右
9	^	按位异或	从左向右
10	|	按位或	从左向右
11	&&	逻辑与	从左向右
12	||	逻辑或	从左向右
13	?:	条件运算符	从右向左
14	=、+=、-=、*=、/=、%=、&=、|=、^=、<、<=、>、>=、>>=	复合赋值运算符	从右向左
15	,	逗号运算符	按优先级计算，然后从左向右

说明：表 3-6 将所有运算符按照优先级的不同从高(1)到低(15)排列。

例如：

```
<script type="text/javascript">
  var x=5,y=6,z;
  z=x+y;
  alert("z=x+y 的值为"+z);
</script>
```

程序运行结果如图 3-7 所示。

图 3-7　简单的赋值运算符示例

2. 复合赋值运算符

在 JavaScript 语言中，除了简单的赋值运算符以外，还提供了一些带有操作的赋值运算符，如表 3-7 所示。

表 3-7　复合赋值运算符

运算符	说　明
+=	将运算符左边的变量加上右边表达式的值赋给左边的变量。例如 a+=b 等同于 a=a+b
-=	将运算符左边的变量减去右边表达式的值赋给左边的变量。例如 a-=b 等同于 a=a-b
*=	将运算符左边的变量乘以右边表达式的值赋给左边的变量。例如 a*=b 等同于 a=a*b
/=	将运算符左边的变量除以右边表达式的值赋给左边的变量。例如 a/=b 等同于 a=a/b
%=	将运算符左边的变量用右边表达式的值求模，并将结果赋给左边的变量。例如 a%=b 等同于 a=a%b
<<=	将运算符左边的变量按右边表达式的值左移，并将结果赋给左边的变量。例如 a<<=b 等同于 a=a<<b
>>=	将运算符左边的变量按右边表达式的值右移，并将结果赋给左边的变量。例如 a>>=b 等同于 a=a>>b
>>>=	将运算符左边的变量按右边表达式的值右移并填充符号位，并将结果赋给左边的变量。例如 a>>>=b 等同于 a=a>>>b
&=	将运算符左边的变量与右边表达式的值进行与运算，并将结果赋给左边的变量。例如 a&=b 等同于 a=a&b
|=	将运算符左边的变量与右边表达式的值进行或运算，并将结果赋给左边的变量。例如 a|=b 等同于 a=a|b
^=	将运算符左边的变量与右边表达式的值进行异或运算，并将结果赋给左边的变量。例如 a^=b 等同于 a=a^b

例 3-3　某员工的月薪为 7500 元，扣除各项保险费用共 1350 元，个人所得税起征点是 5000 元，税率为 3%，计算该员工的实际收入是多少？

```
<script type="text/javascript">
  var salary=7500;
  var insurance=1350;
  var threshold=5000;
  var tax=0.03;
  salary-=insurance;
```

```
  var salary1=salary;
  salary1-=threshold;
  salary1*=tax;
  salary-=salary1;
  alert("该员工的实际收入为"+salary+"元");
</script>
```

程序运行结果如图 3-8 所示。

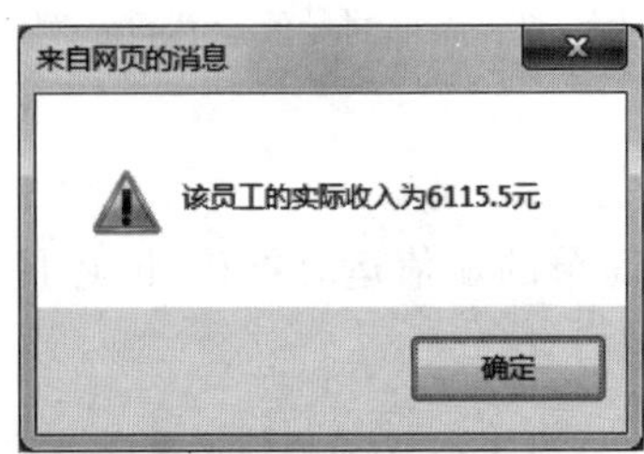

图 3-8 复合赋值运算符示例

简单的赋值运算符和复合赋值运算符的结合方向是从右至左，简单的赋值运算符和复合赋值运算符的优先级如表 3-6 所示。

3.7 其他运算符

1. 逗号运算符：,

,运算符是一种二元运算符，其运算规则是首先计算其左边表达式的值，然后计算其右边表达式的值，运算的结果是舍弃左边表达式的值，返回右边表达式的值。

例如：

```
<script type="text/javascript">
  var number;
  number=(3*5, 7*5);
  alert ("number="+number);
</script>
```

程序运行结果如图 3-9 所示。

图 3-9 逗号运算符示例

上面程序中的语句 number=(3*5,7*5)，首先计算 3*5，然后计算 7*5，最后将 7*5 的计算结果 35 赋给变量 number。

逗号运算符的结合方向是从左至右，逗号运算符的优先级如表 3-6 所示。

2. 新建运算符：new

new 运算符是一元运符，用于创建 JavaScript 对象实例。如可以使用 new 运算符创建数组和对象。例如：

```
var object1,time1;
object1=new Object();
time1=new Date();
```

新建运算符的结合方向是从右至左，新建运算符的优先级如表 3-6 所示。

3. 数据类型运算符：typeof

typeof 运算符是一元运算符，用于返回变量的数据类型。

例如：

```
<script type="text/javascript">
  var a,b,c;
  a=10;
  b="hello";
  c=true;
  alert("a 的数据类型是"+typeof a+"\n"+"b 的数据类型是"+typeof b+"\n"+"c 的数据类
  型是"+typeof c);
</script>
```

程序运行结果如图 3-10 所示。

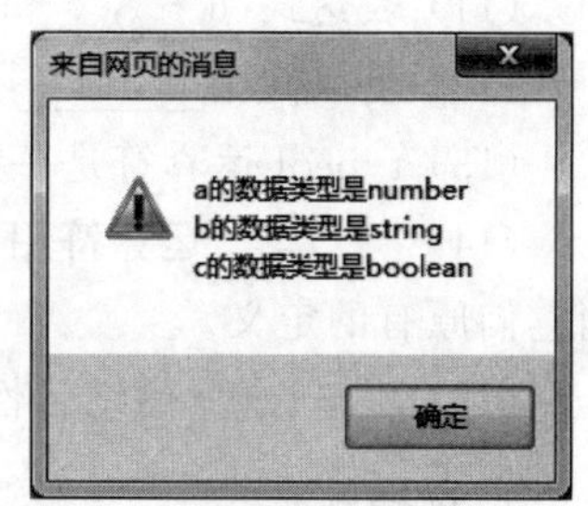

图 3-10　数据类型运算符示例

数据类型运算符的结合方向是从右至左，数据类型运算符的优先级如表 3-6 所示。

4. 测试对象实例的数据类型运算符：instanceof

instanceof 运算符用于测试对象实例的具体类型，是二元运算符。如变量 boy 是 people 对象的实例，那么表达式 boy instanceof people 的结果为 true，反之结果为 false。

在 JavaScript 语言中，Object 是系统预定义的对象，所有其他的对象都扩展自 Object 对象，所以 boy instanceof Object 的结果也是 true。

测试对象实例的数据类型运算符的结合方向是从左至右，测试对象实例的数据类型运算符的优先级如表 3-6 所示。

5. 删除运算符：delete

delete 运算符用于删除一个对象的属性或一个数组的某个元素，也可以用于取消它们原有的定义。不是所有的对象属性和数组元素都可以被删除，例如 JavaScript 内置对象的属性是不能被删除的。另外，如果访问已经被删除了的对象属性和数组元素，得到的结果将是未定义的值。

例如：

```
delete arrayExample(5); //删除数组中的第 6 个元素
delete object1.myboy;    //删除 object1 中的属性 myboy,假设 object1 存在此 myboy 属性
```

删除运算符的结合方向是从右至左，删除运算符的优先级如表 3-6 所示。

3.8　习　　题

1. 填空题

(1) ________是由一个或几个数字或变量和运算符组成的一行代码，通常会返回一个计算结果。

(2) ________用于执行程序代码运算，会针对一个以上操作数项目来进行运算。

(3) var x,y=8;x=y−2;x 值等于________;var x,y=7;x=y%3;x 值等于________。

(4) 对于运算符===,如果两个操作数没有进行类型转换便是相等的,结果返回________。

(5) 在===运算符的比较中,null 和 underfined 类型的数据是________。

(6) 对于 && 运算符,如果第一个操作数的值为 false,计算结束,表达式的结果为________操作数的值。

(7) 对于||运算符,如果第一个操作数的值为 false,计算第二个操作数,表达式的结果为________操作数的值。

(8) ________可以对整数进行逐位运算。

(9) ?:运算符是________运算符,有 3 个操作数。

(10) 表达式 a%=b 等同于________。

(11) 表达式(6*5, 7*5,8*5)的值是________。

(12) 可以使用________运算符来创建数组和对象。

(13) typeof 运算符是一元运算符,用于返回变量的________。

(14) ________运算符用于删除一个对象的属性或一个数组的某个元素,也可以用于取消它们原有的定义。

(15) ++、−−的结合性是________。

2. 选择题

(1) 已知变量 y 的值为 10,下面语句:

```
alert(y++);
```

输出的值为(　　)。

A. 10　　B. 11　　C. 9　　D. 8

(2) 已知变量 y 的值为 8,下面语句:

```
alert(--x);
```

输出的值为(　　)。

A. 7　　B. 11　　C. 9　　D. 8

(3) 表达式 20−6*(9−6) 的值为(　　)。

A. 2　　B. 52　　C. 14　　D. 8

(4) 表达式"200">200 和"200"==200 的值分别为(　　)。

A. true,false　　B. true,true　　C. false,true　　D. false,false

(5) 表达式"11"!==11 和"11"!=11 的值分别为(　　)。

A. true,false　　B. true,true　　C. false,true　　D. false,false

(6) 表达式 4>3 和 4<5 的值分别为(　　)。

A. true,false　　B. true,true　　C. false,true　　D. false,false

(7) 表达式!(10>20)||(10=="10")和 1==="1"的值分别为(　　)。

A. true,false　　B. true,true　　C. false,true　　D. false,false

(8) 条件表达式 5>2?1:−1 和 5<2?1:−1 的值分别为(　　)。

A. 1,1　　B. 1,−1　　C. −1,−1　　D. −1,1

(9) 表达式 4<<2 的结果是(　　)。

A. 16　　B. 12　　C. 24　　D. 32

(10) 已知 a=20,b=6,c=4 求 a^b、a^c 和 b^c 的值分别是(　　)。

A. 18,16,2　　B. 18,16,4　　C. 18,12,4　　D. 16,18,4

(11) 已知代码:

```
function aa(){
  this.a=20;
}
var b=newaa();
var c=new Object();
var d=b instance Object;
var e=c instance aa;
```

下面正确的是(　)

A. d 的值是 true,e 的值是 true

B. d 的值是 true,e 的值是 false

C. d 的值是 false,e 的值是 true

D. d 的值是 false,e 的值是 false

(12) 在网页上输出"How are you!"的正确 JavaScript 语法是(　　)。

A. document.write("How are you!")

B. "How are you!"

C. alert.write("How are you!")

D. response.write("How are you!")

3. 编程题

已知 x=200,y=50,将下列表达式及计算的结果编程显示在网页上,效果如图 3-11 所示。

x+y,x−y,x*y,x/y,x%y,++x,y−−,x+=y,x−=y,x*=y,x/=y,x%=y

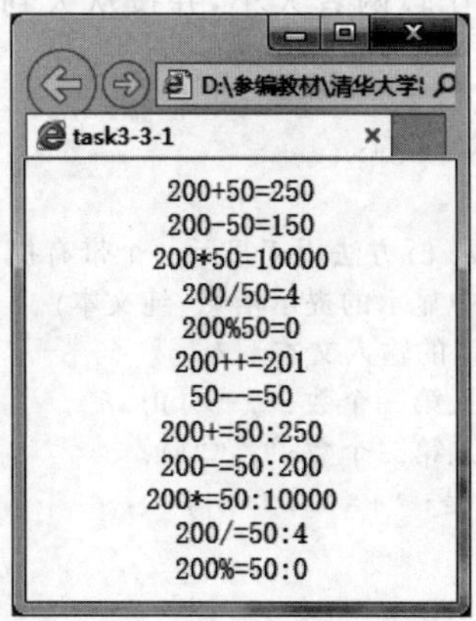

图 3-11　表达式应用

第 4 章

程序控制语句

4.1 if 语句

if 语句是 JavaScript 语言中最基本的控制语句之一，它通过判断表达式是否成立来选择要执行的语句。常用的 if 语句有三种形式，分别为简单的 if 语句、if...else 语句以及 if...else 多条件语句。

1. 简单的 if 语句

简单的 if 语句的语法格式如下。

```
if(表达式)
{
  语句;
}
```

其中，表达式结果为 true 或 false，一对大括号"{ }"表示语句块，语句块中可以是一条语句或多条语句，如果语句块只是一条语句，则大括号可以省略。

只有当表达式为 true 时，才会执行大括号里面的每条语句，if 语句的执行流程如图 4-1 所示。

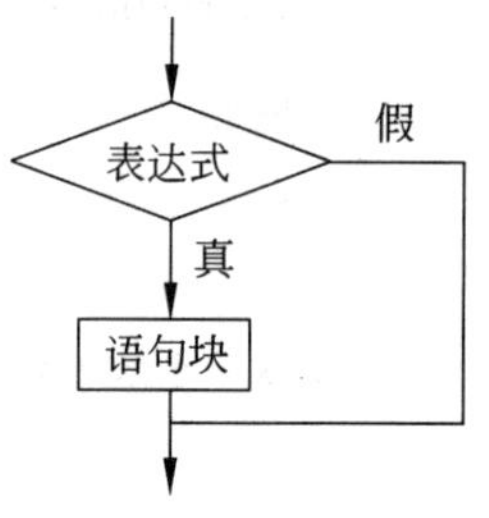

图 4-1　简单 if 语句流程图

例 4-1　输入两个数 a 和 b，比较两者大小，并按从大到小的顺序输出。

```
<script type="text/javascript">{
  var a,b,t;
  /* prompt(text,defaultText)方法用于显示一个带有提示信息，并且用户可以输入的对话框。
   text: 可选项。要在对话框中显示的提示信息(纯文本)。
   defaultText: 可选项。默认的输入文本 */
  a=parseInt(prompt("请输入第一个数:", ""));
  b=parseInt(prompt("请输入第二个数:", ""));
  alert("您输入的两个数分别是: "+a+","+b);
  if(a<b){
    t=a;
    a=b;
    b=t;
  }
```

```
    alert("您输入的两个数从大到小的排序为："+a+","+b)
}
```

程序运行时，弹出第一个对话框，如图 4-2 所示。输入第一个数，如输入 11，如图 4-3 所示，单击“确定”按钮。接着弹出第二个对话框，如图 4-4 所示。输入第二个数，如输入 15，如图 4-5 所示，单击“确定”按钮，程序运行结果如图 4-6 和图 4-7 所示。

图 4-2　弹出第一个对话框

图 4-3　输入第一个数

图 4-4　弹出第二个对话框

图 4-5　输入第二个数

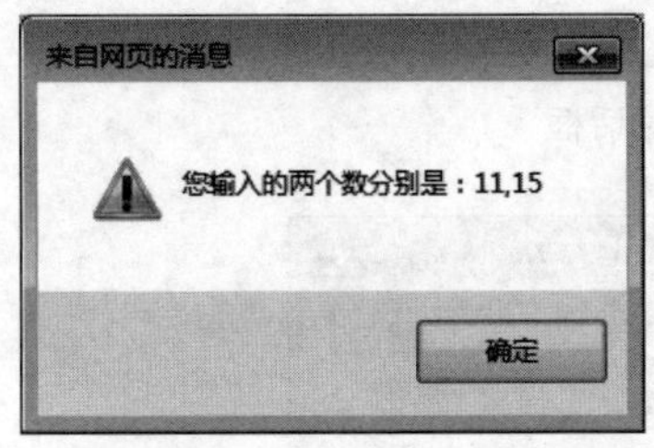

图 4-6　输入的两个数

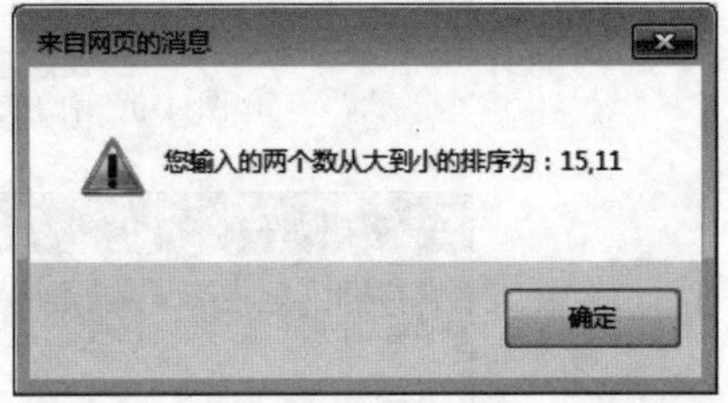

图 4-7　输入的两个数从大到小排序

2. if...else 语句

if...else 语句可以进行两种情况的分支判断，指在表达式不满足条件时也可以执行对应的语句，其语法格式如下。

```
if(表达式){
   语句 1;
}
else{
   语句 2;
}
```

当表达式结果为 true 时，执行 if 语句体中的语句 1；反之，执行 else 语句体中的语句 2。if...else 语句的执行流程如图 4-8 所示。

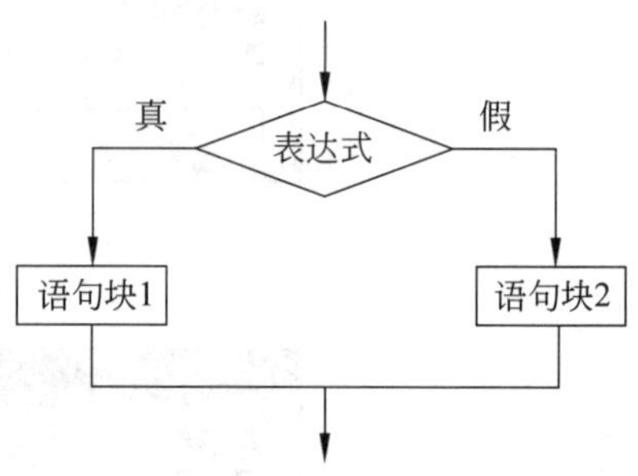

图 4-8　if...else 语句流程图

例 4-2　判断某一年是否为闰年，是则输出“是闰年”，否则输出“不是闰年”。判断闰年的条件是：能被 4 整除，但不能被 100 整除，或能被 400 整除。

```
<script type="text/javascript">{
  var a;
  a=parseInt(prompt("请输入年份: ",""));
  if(a%4==0 && a%100!=0 || a%400==0){
    alert(a+"是闰年");
  }
  else{
    alert(a+"不是闰年");
  }
}
</script>
```

程序运行时，弹出如图 4-9 所示的对话框。输入某年份，如输入 2020，如图 4-10 所示，单击“确定”按钮，程序运行结果如图 4-11 所示。若输入 2019，单击“确定”按钮，程序运行结果如图 4-12 所示。

图 4-9　弹出请输入年份对话框

图 4-10　输入 2020

图 4-11　显示 2020 是闰年

图 4-12　显示 2019 不是闰年

3. if…else if 语句

if…else if 语句指当 if 语句不满足判断条件时，可以利用 else if 续写多个条件进行判断，其语法格式如下。

```
if(表达式){
   语句 1;
}
else if {
   语句 2;
}
else if{
   语句 3;
}
...
else{
   语句 n
}
```

if…else if 语句可以包含多个 else if 语句，其执行流程如图 4-13 所示。

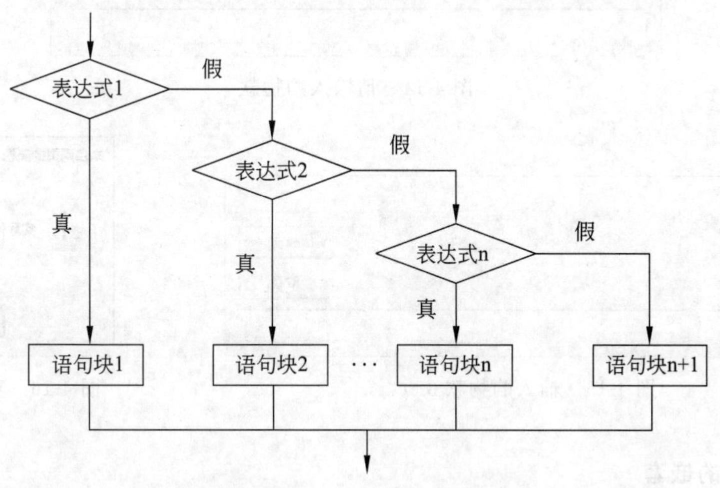

图 4-13　if…else if 语句流程图

例 4-3　某商场开展购物打折活动，若购物款 x 在以下范围内，则所付款 y 按对应折扣支付。

$$y=\begin{cases}0 & x\leqslant 200\\ 0.85x & 200<x\leqslant 400\\ 0.8x & 400<x\leqslant 600\\ 0.75x & x>600\end{cases}$$

```
<script type="text/javascript">{
  var x,y;
  x=parseInt(prompt("请输入购物款:",""));
  if(x>0 && x<=200){
     y=x;
  }
  else if(x>200 && x<=400){
     y=0.85 * x;
  }
  else if(x>400 && x<=600){
     y=0.8 * x;
  }
  else{
     y=0.75 * x;
  }
  alert("实际付款为: "+y);
}
</script>
```

程序运行时,弹出如图 4-14 所示的对话框,输入购物款,如输入 300,如图 4-15 所示,单击“确定”按钮,程序运行结果如图 4-16 所示。

图 4-14　请输入购物款

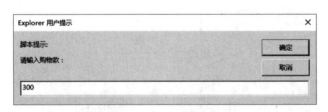

图 4-15　输入购物款 300

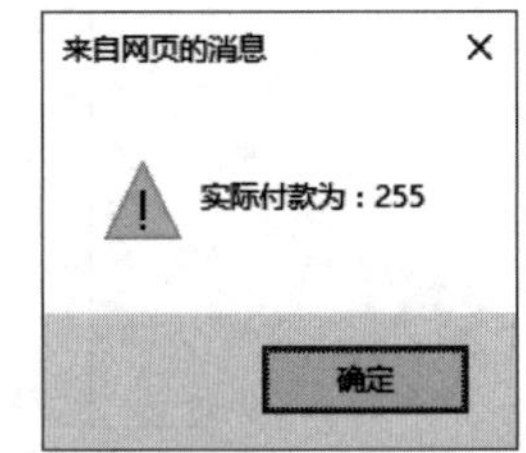

图 4-16　实际付款额

4. if 语句的嵌套

除了上面介绍的三种形式外,if 语句还可以嵌套使用,构成更加复杂的条件选择控制逻辑。if 语句的嵌套不受层数的限制,其语法格式如下。

```
if(表达式 1){
      if(表达式 2){
```

```
            语句 1;
        }
        else{
            语句 2;
        }
}
else{
        if(表达式 2){
            语句 1;
        }
        else{
            语句 2;
        }
}
```

例 4-4 输入一个数,并判断它是正数、负数或零。

```
<script type="text/javascript">{
  var num;
  num=parseInt(prompt("请输入一个数字: ",""))
  if(num>=0){
        if(num==0){
            alert("这个数是零");
        }
        else{
            alert("这个数是正数")
        }
  }
  else{
    alert("这个数是负数")
  }
}
</script>
```

程序运行时,弹出如图 4-17 所示的对话框。输入一个数字,如输入－23,如图 4-18 所示,单击"确定"按钮,程序运行结果如图 4-19 所示。

图 4-17 请输入一个数字

图 4-18 输入－23

图 4-19 这个数是负数

4.2 switch 语句

switch 语句是多路分支语句，与 if...else 语句基本相同，当所有的选择都依赖于同一个变量时，使用 switch 语句更加简单、清晰，其语法格式如下。

```
switch(表达式){
  case 值 1:
      语句 1;
      break;
  case 值 2:
      语句 2;
      break;
  case 值 3:
      语句 3;
      break;
  ...
  default:
      语句 n
}
```

在执行 switch 语句时，首先计算表达式的值，然后查找和这个值相匹配的 case 标签，如果找到，就开始执行这个 case 里面的语句，如果没有找到与表达式的值相匹配的 case 标签，就执行 default 标签里的语句。default 可省略，如果 switch 语句不含有 default 标签，而且找不到存在任何与表达式的值相匹配的 case 标签，那将跳过整个 switch 语句。break 的作用是退出 switch 语句。switch 语句的执行流程如图 4-20 所示。

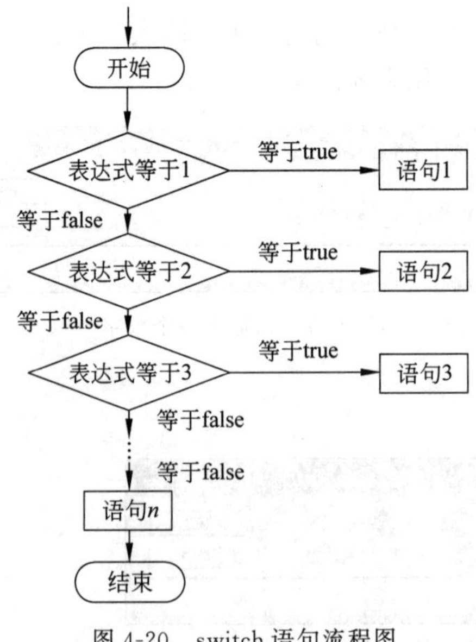

图 4-20　switch 语句流程图

例 4-5　输入一个数字,根据下列规则输出其相应的问候信息。

6—7 为"早上好!",8—10 为"上午好!",11—2 为"中午好!",3—5 为"下午好!"。

```
<script type="text/javascript">{
    var num;
    num=parseInt(prompt("请输入一个整数: ",""));
    switch(num){
      case 6:
      case 7:
          alert("早上好!");
      break;
      case 8:
      case 9:
      case 10:
          alert("上午好!");
      break;
      case 11:
      case 12:
      case 1:
      case 2:
          alert("中午好!");
      break;
      case 3:
      case 4:
      case 5:
          alert("下午好!");
      default:
          alert("您输入的数字没有问候语,请重新输入!");
    }
}
</script>
```

程序运行时,弹出如图 4-21 所示的对话框。输入一个整数,如输入 10,如图 4-22 所示,单击"确定"按钮,程序运行结果如图 4-23 所示。

图 4-21　请输入一个整数

图 4-22　输入 10

图 4-23 输出上午好

4.3 while 语句

while 语句是 JavaScript 语言中的循环语句之一。循环语句是指只要满足条件表达式，则反复地执行某一段代码。其语法格式如下。

```
while(条件表达式){
    循环体语句;
}
```

当条件表达式的值为 true 时，循环执行循环体语句，直到条件表达式的值为 false 时，才不再执行循环体语句，而是跳过 while 语句，执行其后面的代码。while 语句的执行流程如图 4-24 所示。

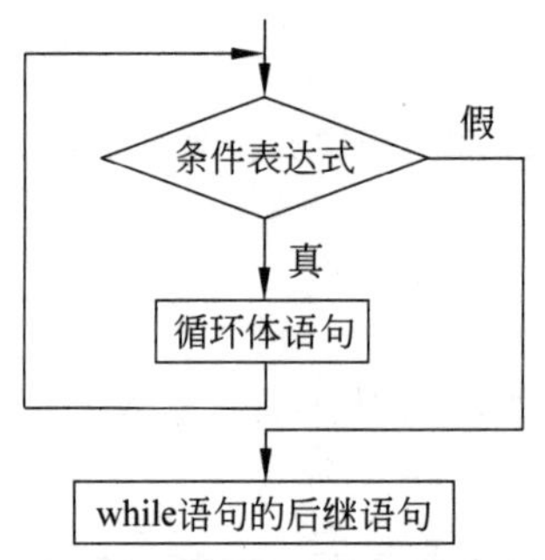

图 4-24 while 语句的执行流程

例 4-6 输出 0 到 9 的数字。

```
<script type="text/javascript">
  var i=0;
  alert("从现在开始，请您耐心单击 10 次确定按钮，谢谢！");
  while(i<10){
    alert("这是"+i);
    i++;
  }
</script>
```

程序运行如图 4-25 所示，单击“确定”按钮，弹出如图 4-26 所示的对话框。用相同的方法依次单击弹出对话框中的“确定”按钮，依次显示数字 0 到 9 的提示信息。

图 4-25　弹出单击 10 次提醒信息

图 4-26　弹出“这是 0”的对话框

例 4-7　输出 1 到 100 的奇数和。

```
<script type="text/javascript">
    var i=1,sum=0;
    while(i<100){
      sum+=i;
      i+=2;
    }
   alert("1 到 100 的奇数和是"+sum);
</script>
```

程序运行结果如图 4-27 所示。

例 4-8　输出 1～100 能被 3 和 5 整除的数。

```
<script type="text/javascript">
   var i=1,num="";
   while(i<100){
     if (i%3==0 && i%5==0){
          num=num+i+",";
     }
      i++;
   }
   alert("1~100 能被 3 和 5 整除的数分别是: "+num);
</script>
```

程序运行结果如图 4-28 所示。

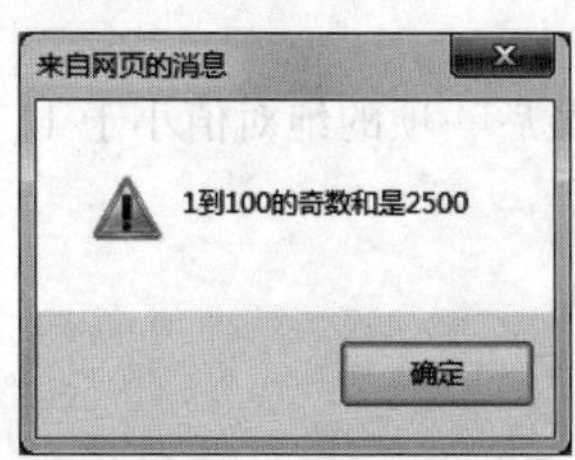

图 4-27　1 到 100 的奇数和

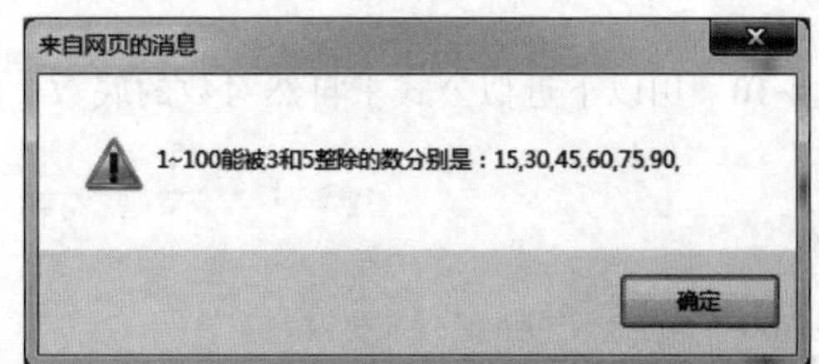

图 4-28　1～100 能被 3 和 5 整除的数

4.4　do...while 语句

do...while 语句和 while 语句非常相似，也是用于满足条件表达式时，重复执行某一段代码。和 while 语句唯一不同的是，do...while 语句先执行循环体语句，然后再判断条件表达式是否成立。如果条件表达式成立则继续执行循环体语句，反之执行 while 后面的语句。其语法格式如下。

```
do{
    循环体语句;
}
while(条件表达式);
```

do...while 语句的执行流程如图 4-29 所示。

注意：do...while 语句中的 while 语句是以"；"结尾。

例 4-9 使用 do...while 循环语句计算 1+2+…+100。

```
<script type="text/javascript">
  var sum=0, i=1;
  do{
     sum+=i;
     i+=1;
  }
  while(i<=100);
  alert("1+2+...+100="+sum);
</script>
```

程序运行结果如图 4-30 所示。

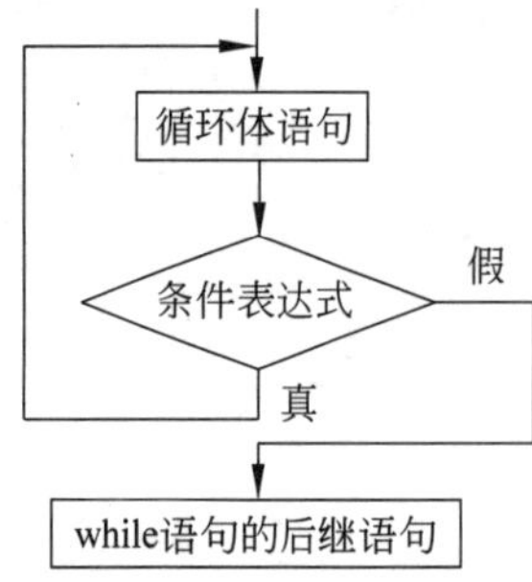

图 4-29 do...while 循环语句的执行流程

图 4-30 计算 1+2+…+100 的和

例 4-10 用以下近似公式求自然对数的底数 e 的值，直到最后一项的绝对值小于 10^{-6} 为止。

$$e \approx 1 + \frac{1}{1!} + \frac{1}{2!} + \cdots + \frac{1}{n!}$$

```
<script type="text/javascript">
  var i=1,e=1,t=1,f,g;
  do{
     t*=i;
     e+=1/t;
     i+=1;
     f=1/t;
     g=Math.pow(10,-6);
  }
  while(f>=g);
  alert("1+2+...+100="+e);
```

```
</script>
```

程序运行结果如图 4-31 所示。

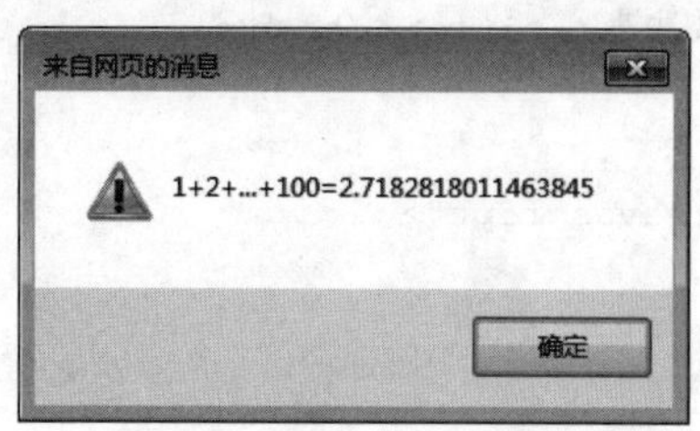

图 4-31 自然对数 e 的近似值

4.5 for 语句

for 语句是一种结构更加简单、清晰，使用频率较高的循环控制语句，它由三个表达式来决定是否执行循环体语句，其语法格式如下。

```
for(表达式 1;表达式 2;表达式 3){
   循环体语句;
}
```

其中，表达式 1 是初始表达式，起到初始化变量的作用；表达式 2 是条件判断表达式，用于判断是否进入循环体语句；表达式 3 是步长表达式，用于改变变量的值。

例 4-11 输出 100～999 中所有的水仙花数。水仙花数是指一个三位数，其各位数字立方和等于该数本身。例如：153 是一个“水仙花数”，因为 $153=1^3+5^3+3^3$。

```
<script type="text/javascript">
   var i,j,k,n,num="";
   for(n=100;n<=999;n++){
    i=parseInt(n/100);
    j=parseInt(n/10)%10;
    k=n%10;
    if (n==i*i*i+j*j*j+k*k*k){
      num=num+n+",";
    }
   }
   ("100~999 中所有的水仙花数:"+num);
</script>
```

程序运行结果如图 4-32 所示。

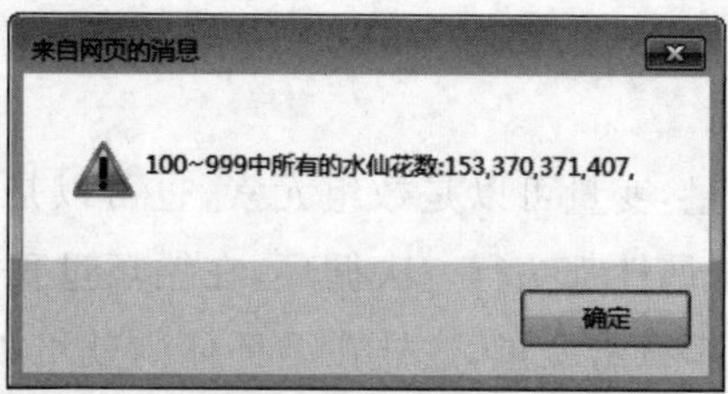

图 4-32 输出 100～999 中所有的水仙花数

例 4-12 使用循环嵌套输出九九乘法表。

```
<html>
<head><title>输出九九乘法表</title></head>
    <center>
    <body>
    <script type="text/javascript">
    var i=1,j=1,s;
    for (i=1;i<=9;i++){
      for(j=1;j<=i;j++){
        document.write(j+" * "+i+"="+i * j+"     ");
     }
      document.write("<br>");
    }
     </script>
     </body>
  </center>
</html>
```

程序运行结果如图 4-33 所示。

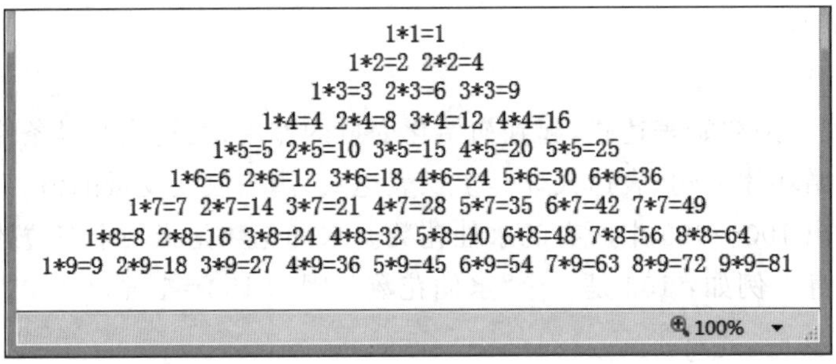

1*1=1
1*2=2 2*2=4
1*3=3 2*3=6 3*3=9
1*4=4 2*4=8 3*4=12 4*4=16
1*5=5 2*5=10 3*5=15 4*5=20 5*5=25
1*6=6 2*6=12 3*6=18 4*6=24 5*6=30 6*6=36
1*7=7 2*7=14 3*7=21 4*7=28 5*7=35 6*7=42 7*7=49
1*8=8 2*8=16 3*8=24 4*8=32 5*8=40 6*8=48 7*8=56 8*8=64
1*9=9 2*9=18 3*9=27 4*9=36 5*9=45 6*9=54 7*9=63 8*9=72 9*9=81
100%

图 4-33 输出九九乘法表

4.6 for...in 语句

在 JavaScript 语言中，除了 for 循环以外，还有一种形式的 for 语句，即 for...in 语句。for...in 语句用于遍历数组或者对象的属性(对数组或者对象的属性进行循环操作)，其语法格式如下。

```
for(变量 in 对象){
    循环体语句
}
```

变量用来指定循环的变量，变量可以是数组元素，也可以是对象的属性。在 for...in 循环中，将对数组元素或对象的属性都执行一次循环，在循环过程中，首先将数组的一个元素或对象的一个属性作为字符串赋给变量，这样在循环体内就可以使用变量访问该数组元素或对象属性，循环的次数和访问顺序由 JavaScript 本身决定。

注意：在 for...in 循环控制语句中不能设置循环变量和循环条件。

例 4-13　使用 for...in 语句输出数组元素。

```
<html>
 <body>
   <script type="text/javascript">
    var i;
    var mybooks=new Array();
    mybooks[0]="Python 程序设计基础教程";
    mybooks[1]="网站设计与管理项目化教程";
    mybooks[2]="Premiere 视频编辑与应用实践教程";
    mybooks[3]="计算机网络技术与应用实践";
    for (i in mybooks) {
      document.write(mybooks[i]+"<br />")
    }
   </script>
  </body>
</html>
```

程序运行结果如图 4-34 所示。

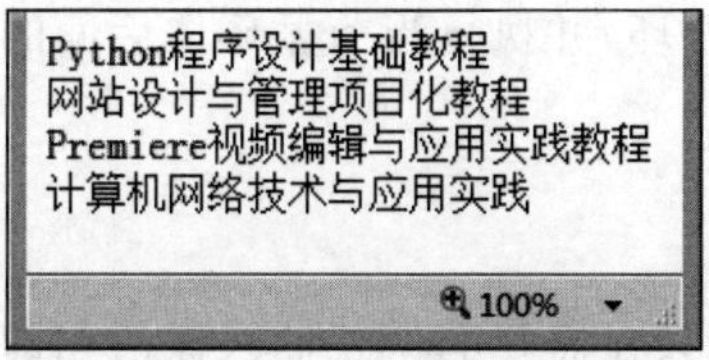

Python程序设计基础教程
网站设计与管理项目化教程
Premiere视频编辑与应用实践教程
计算机网络技术与应用实践

100%

图 4-34　输出 mybooks 数组元素

例 4-14　使用 for...in 语句输出对象属性。

```
<html>
  <body>
    <script type="text/javascript">
      var i=1;
      for (name in document) {
        document.write ("第"+i+"个属性名称:" +name+";"+"属性的值:"+document
        [name]+"<br />")
        i++;
      }
    </script>
  </body>
</html>
```

程序运行结果如图 4-35 所示。

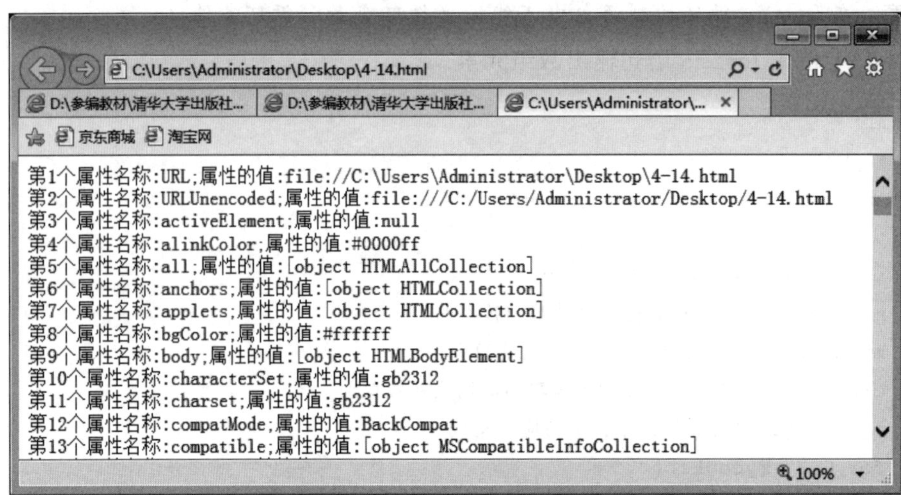

图 4-35　输出 document 对象元素

4.7　break、continue 和 return 语句

1. break 语句

break 语句的作用是跳出循环，并执行当前循环体后面的代码，或者退出一个 switch 语句，其语法格式如下。

```
break;
```

break 语句相对比较简单，只在需要的位置插入该语句即可。

例 4-15　将数字 512 表示成两个数的和，这两个数分别为 15 和 13 的倍数，只需找到一个解即可。

```
<script type="text/javascript">
  var i=1;
  while(i<=512){
    if(!((512-i*15)%13)){
      break;
    }
    ++;
  }
  alert("135+"+(512-i*15)+"="+512);;
</script>
```

程序运行结果如图 4-36 所示。

例 4-16　使用 switch 语句输出当天是星期几。

```
<script type="text/javascript">
  var day;
  //newDate()获取系统当前时间,getDay()获取当前星期几(0-6,0代表星期天)
  switch(new Date().getDay()) {
```

图 4-36　数字 512 表示成两个数的和

```
      case 0:
          day="Sunday";
          break;
      case 1:
          day="Monday";
          break;
      case 2:
          day="Tuesday";
          break;
      case 3:
          day="Wednesday";
          break;
      case 4:
          day="Thursday";
          break;
      case 5:
          day="Friday";
          break;
      case 6:
          day="Saturday";
          break;
    }
    alert("今天是"+day);
</script>
```

程序运行结果如图 4-37 所示。

图 4-37　显示当天是星期二

2. continue 语句

continue 语句和 break 语句相似，用于中断循环。不同的是，continue 语句不是退出循环，而是退出当前本次循环，进入下一次新的循环，其语法格式如下。

```
continue;
```

continue 语句相对比较简单，只在需要的位置插入该语句即可。

例 4-17 输出 0～20 不能被 3 整除的数。

```
<script type="text/javascript">
  var i,str="";
  for(i=0; i <=20; i++) {
      if (i%3==0){
        continue;
      }
      str+=i+",";
  }
  alert("不能被 3 整除的数有"+str);
</script>
```

程序运行结果如图 4-38 所示。

3. return 语句

return 语句的作用是在调用函数中返回函数值，其语法格式如下。

```
return [表达式];
```

表达式是可选项，可以是常量、变量和任意形式的表达式。

例 4-18 计算两数的和，并返回结果。

```
<script type="text/javascript">
  var x;
  x=myfunction(135,377);          //调用函数，将返回值赋给变量 x
  alert("两数之和为"+x);
  function myfunction(a,b){
    var sum=0;
    sum=a+b;
    return sum;                   //函数返回 a 和 b 的和
  }
</script>
```

程序运行结果如图 4-39 所示。

图 4-38　输出 0～20 不能被 3 整除的数

图 4-39　输出两数之和

注意： return 语句只能用在函数中，用在函数体以外的任何位置都是错误的。

4.8　异常处理语句和 with 语句

1. 异常处理语句

JavaScript 中的异常处理语句用于程序中的错误处理，以避免程序因为发生错误而无法运行，其语法格式如下。

```
try{
    尝试执行语句;
}
catch(err){
    捕获错误的语句;
}
finally{
    始终要执行的语句;
}
```

其中：

try 语句是指程序执行时进行错误测试或尝试执行的语句。

catch 语句是指当 try 中的测试语句或尝试执行的语句发生错误时，所要执行的语句，且 JavaScript 会停止执行，并生成一个错误信息。如果 try 中的语句没有发生错误，则该 catch 中的语句不会被执行。

err 参数是指 try 语句中发生异常时，由系统自动创建并传递的错误信息。

finally 语句在 try 和 catch 之后，无论 try 和 catch 中的语句是否有异常都会被执行。

例 4-19　try...catch...finally 异常捕获示例。

```
<script type="text/javascript">
   var str1="",j;
   try{
       str1+="上午";
       j=i;                        //i 未定义的变量，发生异常
       alert(typeof(j));           //i 未定义发生异常，使得 alert(typeof(j))语句没被执行
   }catch(err){                    //异常信息传递给参数 err
    alert(err.message);            //弹出捕获到 j=i 的异常信息
    str1+=",中午"
   }
   finally{
     str1+=",下午和晚上";
   }
   alert(str1);
</script>
```

程序运行时如图 4-40 所示，结果如图 4-41 所示。

从图 4-40 和图 4-41 可看出异常出现后 try...catch 语句的执行顺序。

(1) 错误语句之后的语句不被执行。

(2) 抛出的错误被 try...catch 语句捕获后进入 catch 子句，catch 子句可以获取发生异常的具体信息。

图 4-40 弹出错误信息

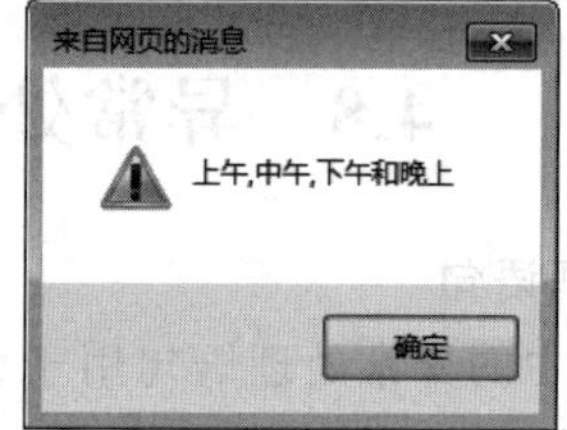

图 4-41 try...catch...finally 应用示例

(3) 无论异常是否发生,最后 finally 子句都会被执行。finally 语句可以省略。

读者可以将例 4-19 中的 j=i 语句注释掉,运行程序,观察其程序的执行过程。

2. with 语句

with 语句用于设置代码在特定对象中的作用域。通过 with 表达式可以使用对象的属性和方法,而不需要每一次都输入对象的名称,其语法格式如下。

```
with(对象){
    语句;
}
```

例如:

```
var screenwidth=window.screen.width;
var screenheight=window.screen.height;
```

上面两条语句等价于:

```
with(window.screen){
  var screenwidth=width;
  var screenheight=height;
}
```

例 4-20 输出当前屏幕的宽度和高度。

```
<script type="text/javascript">
  with(window.screen){
    var screenwidth=width;
    var screenheight=height;
  }
  alert("当前屏幕的宽度: "+screenwidth+","+"当前屏幕的高度: "+screenheight);
</script>
```

程序运行结果如图 4-42 所示。

图 4-42 with 语句示例

4.9　习　　题

1. 填空题

(1) ________语句的作用是在调用函数中返回函数值。

(2) ________语句不是退出循环，而是退出当前本次循环，进入下一次新的循环。

(3) ________语句的作用是跳出循环，并执行当前循环体后面的代码，或者退出一个 switch 语句。

(4) 在 JavaScript 语言中，除了 for 循环以外，还有一种形式的 for 语句，即________语句用于遍历数组或者对象的属性。

(5) ________方法用于显示一个带有提示信息，并且用户可以输入的对话框。

(6) 常用的 if 语句有________种形式。

(7) JavaScript 语句 var x=0;y=1;alert(x>=y && 'A'<'B')的运行结果是________。

(8) JavaScript 程序设计中跳出循环的两种方式是________和________。

(9) JavaScript 程序设计中常见的控制结构有________、________和________。

(10) JavaScript 语句 var x="你好";y="我好";z="大家好!";alert(x+y+z)的运行结果是________。

2. 选择题

(1) 已知下面代码：

```
var x=5,y=3;
switch(x-y){
   case 0:
      x=x+10;
      y=y+5
      break;
   case 1:
      x=x+5
      y=y+10;
      break;
   case 2:
      x=x*5;
      y=y*5;
      break;
   case 3:
      x=x-5;
      y=y-5;
      break;
}
```

程序运行后，x 和 y 的值分别是(　　)。

A. 15　10　　　B. 25　15　　　C. 25　10　　　D. 10　15

(2) 已知下面代码：

```
var a=10,b=11,sum;
if(a>b){
  sum=a-b;
}
else{
  sum=a+b;
}
```

程序运行后,sum 的值是(　　)。

A. －1　　B. 1　　C. 21　　D. －21

(3) 已知下面代码:

```
var i=5,s=0;
while(i>0){
    sum+=i;
    i--
}
```

程序运行后,sum 的值是(　　)。

A. 15　　B. 14　　C. 13　　D. 10　12

(4) 执行下列 JavaScript 语句将产生的结果是(　　)。

```
i=1
if(i)
    print(True)
else
    print(False)
```

A. 输出 1　　B. 输出 True　　C. 输出 False　　D. 编译错误

(5) 以下 for 语句结构中,(　　)能完成 1～5 的累加功能。

A. for(i=1;i<5;i++)
   sum+=i

B. for(i=1;i<=5;i++)
   sum+=i

C. for(i=1;i<5;i+)
   sum+=i

D. for(i=1;i<5;)
   sum+=i

(6) 下列不属于条件分支语句的是(　　)。

A. if 语句　　B. switch 语句　　C. else 语句　　D. while 语句

(7) 在循环体中使用(　　)语句可以跳出循环体。

A. break　　B. continue　　C. while　　D. for

(8) 在 if...else if...else 的多个语句块中只会执行一个语句块。(　　)

A. 正确　　B. 错误

C. 根据条件决定　　D. JavaScript 中没有此语句

(9) 下列说法正确的是(　　)。

A. 只有 for 才有 continue 语句

B. 只有 while 才有 continue 语句

C. for、while、do...while 和 switch 都可以用 continue 语句

D. for 和 while 都没有 else 语句

(10) 执行下列语句将产生的结果是(　　)。

```
x=2;y=2.0
if(x===y):
    alert("Equal")
else:
    alert ("not Equal")
```

A. Equal　　B. Not Equal　　C. 编译错误　　D. 运行时错误

3. 编程题

(1) 从键盘输入一个分数,使用 if 语句输出该分数所对应的五级制。如输入 82,如图 4-43 所示,对应的等级为良好,如图 4-44 所示。

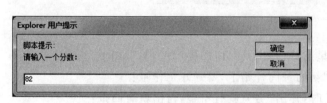

图 4-43　输入 82

图 4-44　分数 82 对应的等级

(2) 输出 1～100 能被 7 整除的整数,如图 4-45 所示。

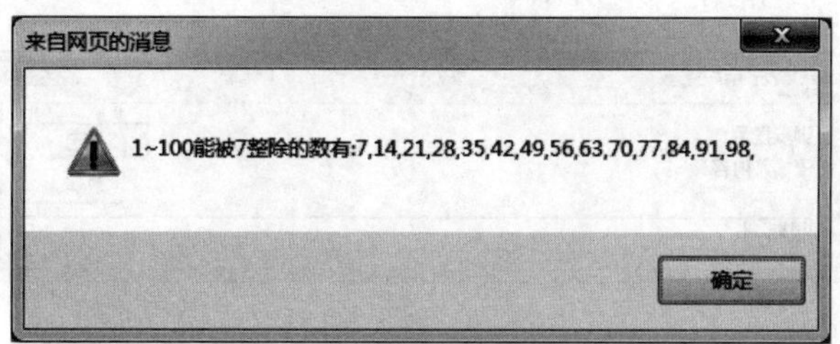

图 4-45　1～100 能被 7 整除的数

(3) 求解百马百担问题:有 100 匹马,驮 100 担货,大马驮 3 担,中马驮 2 担,两匹小马驮 1 担,求大马、中马、小马数分别为多少?有多少种解决方案?如图 4-46 所示。

图 4-46　求解百马百担问题

(4) 求 $1!+2!+3!+\cdots+n!$ 的和。如输入 5,如图 4-47 所示,结果如图 4-48 所示。

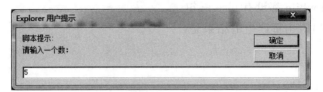

图 4-47　输入 5

图 4-48　5 的阶乘和

(5) 从键盘输入星期一至星期日，弹出其对应的提示框，要求如下。

① 输入“星期一”时，弹出“新的一周开始了，要好好工作哦!”。

② 输入“星期二至星期四”时，弹出“努力就有希望，付出就有回报!”。

③ 输入“星期五”时，弹出“明天又是周末了，可以好好休息了!”。

④ 输入其他内容时，弹出“您输入的内容不符合要求，请重新输入!”。

程序运行如图 4-49 和图 4-50 所示。

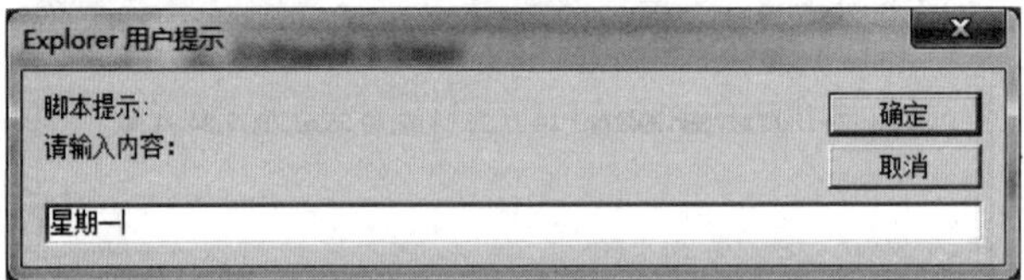

图 4-49　输入星期一

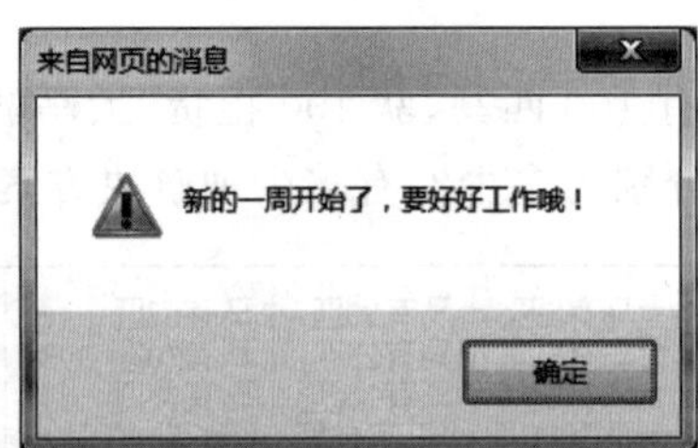

图 4-50　输出星期一对应的提示信息

第 5 章

数　组

5.1 数组概述

在 JavaScript 语言中，数组是指把具有相同类型或不同类型的若干元素按有序(有序是指下标有序)的形式组织起来的一种形式。组成数组的各个元素称为数组的分量，也称为数组的元素，有时也称为下标变量。用于区分数组的各个元素的数字编号称为下标。下标从 0 开始，数组元素可以是任何类型的数据，也可以是另一个数组，同一数组中的不同元素可以是不同的数据类型。

5.2 数组的创建和使用

5.2.1 数组的创建

在 JavaScript 语言中，可以使用运算符 new 和构造函数 Array()来创建数组，其创建方式有四种。

1. 使用运算符 new 创建数组

使用运算符 new 创建数组的语法格式如下。

```
var arrayExample=new Array();
```

调用 Array 对象的构造函数，当程序运行时将创建一个没有任何元素的空数组，在以后的应用中，可以根据需要继续添加和操作该数组。

2. 指定数组的长度创建数组

指定数组长度创建数组的语法格式如下。

```
var arrayExample=new Array(3);
```

调用 Array 对象的构造函数创建了一个含有 3 个元素的数组，其数组名字是 arrayExample。数组中的元素未指定数值，其默认值为 underfined，类型为 underfined(未定义型)。

3. 指定数组元素的值创建数组

指定数组元素的值创建数组的语法格式如下。

```
var arrayExample=new Array("小明","小红","小李");
```

调用 Array 对象的构造函数创建了一个含有 3 个元素的数组，arrayExample[0]的值为“小明”，arrayExample[1]的值为“小红”，arrayExample[2]的值为“小李”。

4. 指定数组常量创建数组

指定数组常量创建数组的语法格式如下。

```
var arrayExample=["小明",21,"男"];
```

创建了一个含有 3 个元素的数组，方括号中是数组元素的初始值，初始值用逗号(,)进行分隔。

5.2.2 数组元素的访问

JavaScript 语言中的数组比较灵活，它可以具有任意类型和数量的数组元素，并可以在任何时候访问任意一个数组元素。

1. 添加数组元素

要为一个数组添加元素，首先指定这个元素的下标，然后为这个元素赋值即可，其语法格式如下。

```
arrayExample[下标变量]=赋值内容;
```

例如：

```
student[0]="小骆";
```

2. 读取数组元素

只要数组中存在元素，就可以使用中括号“[]”运算符对数组中的元素进行读取。

例如：

```
student[0]="小骆";
alert(student[0]);
```

注意：[]运算符中是要访问的数组元素在数组中的下标。下标可以是数字，也可以是表达式，甚至可以是另外一个数组元素，只要是一个非负的整数即可。如果访问的数组元素未被赋值，则将显示 underfined。

例如：

```
<script type="text/javascript">
  var student=new Array("小骆");
  alert(student[1]);
</script>
```

程序运行结果如图 5-1 所示。

图 5-1 未赋值数组元素的值

3. 修改数组元素

在 JavaScript 语言中，数组的边界不受限制，所以修改数组元素与添加数组元素基本一样。只要指定具体的下标，将新内容赋值就可以。

例如：

```
<script type="text/javascript">
  var student=new Array("小骆");
  student[0]="阿骆"
  alert(student[0]);
</script>
```

程序运行结果如图 5-2 所示。

例 5-1　创建一个 student 数组，并为该数组赋三个值。

```
<script type="text/javascript">
  var student=new Array(3)
  student[0]="小明";
  student[1]="小红";
  student[2]="小李";
  alert(student[0]+","+student[1]+","+student[2])
</script>
```

程序运行结果如图 5-3 所示。

图 5-2　修改数组元素内容

图 5-3　student 数组元数

5.2.3　数组的长度(length)属性

在 JavaScript 语言中，数组的长度是指数组元数的个数。每个数组都有 length 属性，表示该数组中包含的数组元数个数。由于访问数组元素是通过下标方式，JavaScript 语言中的下标是从 0 开始，所以数组的长度就是数组中最大的下标加 1。数组长度属性的使用语法格式如下。

```
数组名.length;        //求指定数组的长度
```

例如，求例 5-1 中的数组长度。

```
<script type="text/javascript">
  var student=new Array(3);
  alert("student 数组长度为: "+student.length);
</script>
```

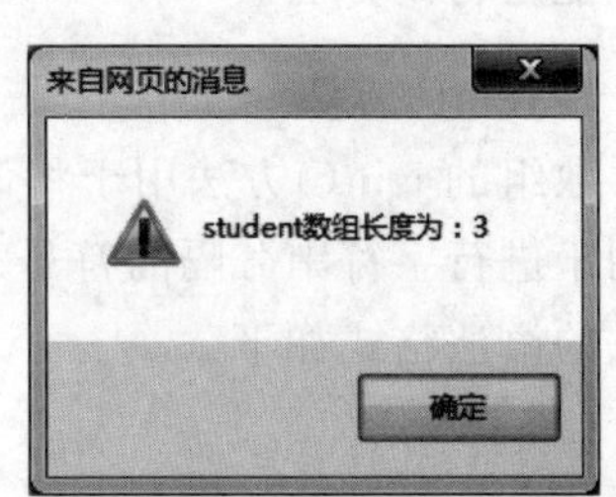

图 5-4　student 数组长度

程序运行结果如图 5-4 所示。

在 JavaScript 语言中，数组在创建时指定的长度是初始长度，在程序实际应用过程中数组的长度是可以发生改变的。例 5-1 中，student 的数组长度为 3，可以再在对该数组的长度进行增加。例如：

```
student[3]="小陈";        //给 student 数组中的第 4 个元素赋值，此时长度为 4
student[4]="小王";        //给 student 数组中的第 5 个元素赋值，此时长度为 5
student[]
```

这时 student 数组的长度会自动增长。由于 JavaScript 数组的长度是可以动态变化的，因此数组的下标不要求有序性。例如，对例 5-1 中 student 数组的第 10 个元素赋值。

```
student[9]="小周";        //给 student 数组中的第 10 个元素赋值，此时长度为 10
```

设置数组的长度属性将对数组产生实质性影响，如果设置长度属性的值小于当前值，那么原来数组中的长度之外的元素将被抛弃；如果设置长度属性的值大于当前值，那么原数组中将增加一些未定义的新元素，使数组的长度达到设置的值。

例 5-2 数组的长度属性示例。

```
<script type="text/javascript">
  var student=new Array(3);
  student[9]="小周";        //student 数组的长度为 10
  student.length=4;         //改变 student 数组的长度为 4
  alert("student 数组长度为: "+student.length);
  alert("student 数组中的第 10 个元素: "+student[9]);
</script>
```

程序运行结果如图 5-5 和图 5-6 所示。

图 5-5 改变 student 数组长度

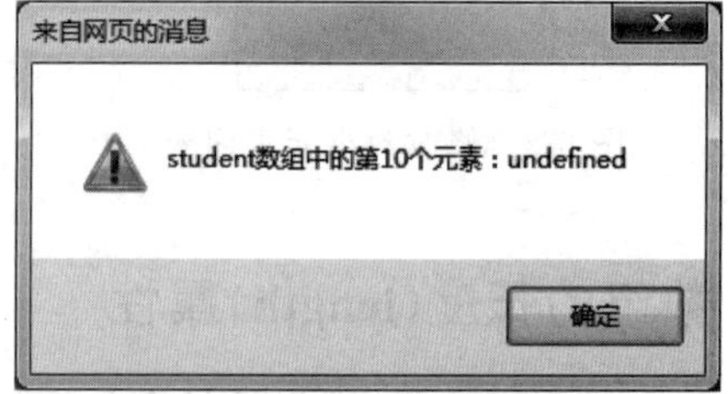

图 5-6 显示第 10 个元素未定义

5.2.4 数组的方法

数组中有许多内置的方法，同时，不同浏览器还支持不同的方法，本书只介绍在 IE 浏览器中能运行的方法。

1. join()方法

数组的 join()方法用于将该数组中的所有元素转换成字符串，然后拼接起来，并将指定要用于进行字符串分隔的符号放在一对双引号(" ")里，默认的分隔符号为逗号(,)。join()方法的语法格式如下。

```
数组名.join();
```

例 5-3 join()方法示例。

```
<script type="text/javascript">
  var classArray=new Array("信息与计算科学 1 班","电子商务 1 班","物联网 1 班");
  alert("转换前: "+classArray.join()+"\n"+"转换后: "+classArray.join("、"));
</script>
```

程序运行结果如图 5-7 所示。

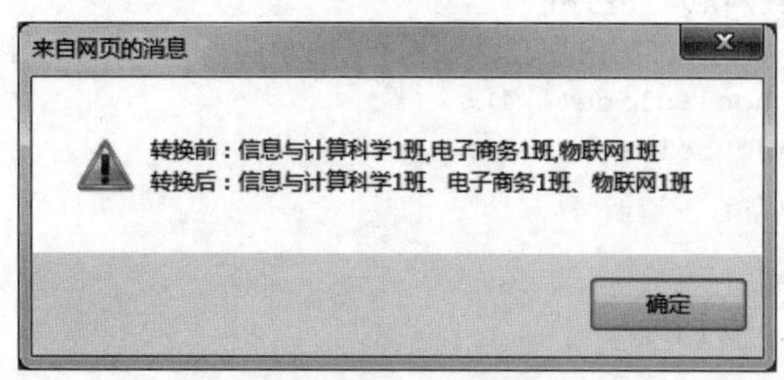

图 5-7　join()方法示例

2. concat()方法

数组的 concat()方法用于把当前数组和参数指定的多个数组以逗号分隔进行连接，并返回连接后的新数组，当前数组没有发生改变，其语法格式如下。

```
数组名.concat();
```

例 5-4　concat()方法示例。

```
<script type="text/javascript">
  var a=new Array("闽南理工学院");
  var b=new Array("信息管理学院");
  var c=a.concat(b);
  var d=a.concat(b,"信息与计算科学专业");
  alert(a+"\n"+b+"\n"+c+"\n"+d);
</script>
```

程序运行结果如图 5-8 所示。

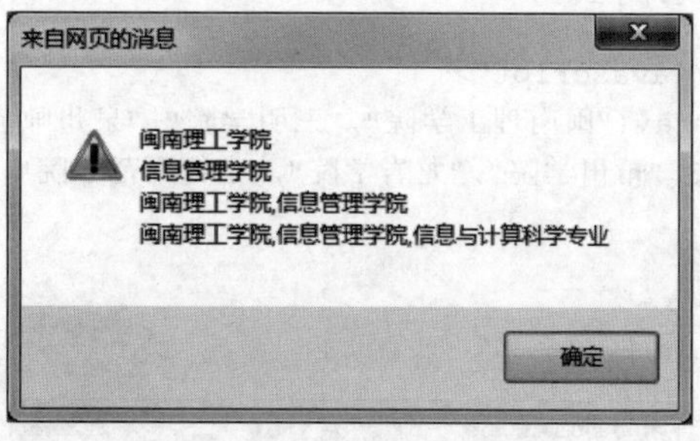

图 5-8　concat()方法示例

3. slice()方法

数组的 slice()方法用于将当前数组中的部分元素组成新的数组，其语法格式如下。

```
数组名.slice(x,y);
```

第一个参数表示新数组中元素在当前数组中的起始位置。

第二个参数表示新数组中元素在当前数组中的结束位置，新数组不包含第二个参数位置上的元素，如果该参数省略，返回的新数组中将包含从起始位置开始的所有元素。

例 5-5 slice()方法示例。

```
<script type="text/javascript">
   var school=new Array("闽南理工学院","三明学院","泉州师范学院","吉林大学");
   var mySchool=school.slice(1,4);
   //var mySchool=school.slice(1);
   alert(mySchool);
</script>
```

程序运行结果如图 5-9 所示。

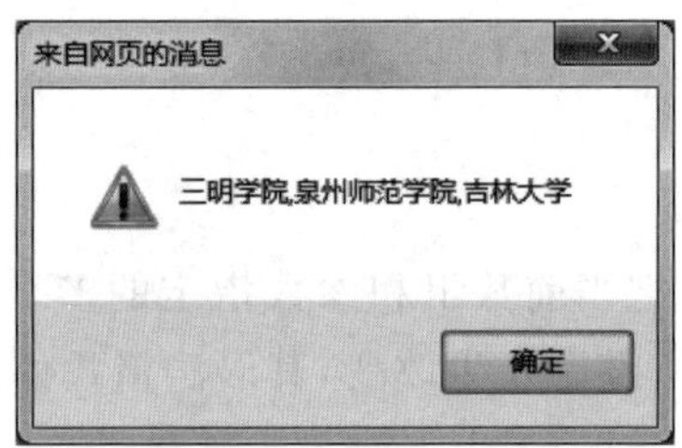

图 5-9 slice()方法示例

4. splice()方法

数组的 splice()方法用于将参数指定的元素替换当前数组中的部分元素，其语法格式如下。

```
数组名.splice(x,y,z,...);
```

splice()方法可以有多个参数，第一个参数表示被替换元素的起始下标，第二个参数表示被替换元素的个数，第三个参数及后面的所有参数表示替换的新元素。

例 5-6 splice()方法示例 1。

```
<script type="text/javascript">
   var school=new Array("闽南理工学院","三明学院","泉州师范学院","吉林大学");
   school.splice(1,3,"莆田学院","龙岩学院","宁德师范学院");
   alert(school);
</script>
```

程序运行结果如图 5-10 所示。

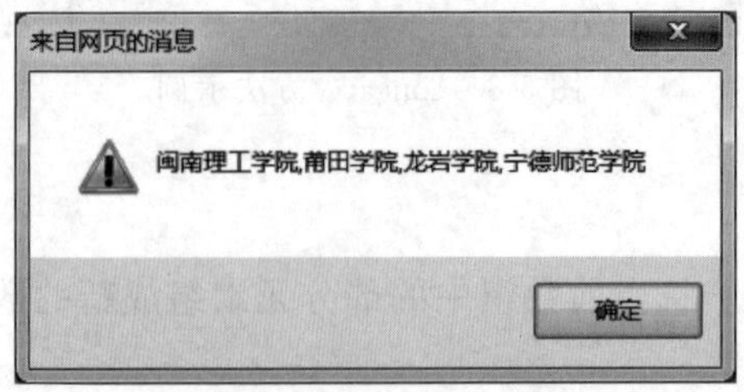

图 5-10 splice()方法示例 1

splice()方法中的第二个参数如果为 0,则表示在第一个参数指定的位置插入第三个参数及后面参数表示的元素。

例 5-7　splice()方法示例 2。

```
<script type="text/javascript">
  var school=new Array("闽南理工学院","三明学院","泉州师范学院","吉林大学");
  school.splice(1,0,"莆田学院","龙岩学院","宁德师范学院");   //从下标为 1 的位置开始
                                                              //插入元素
  alert(school);
</script>
```

程序运行结果如图 5-11 所示。

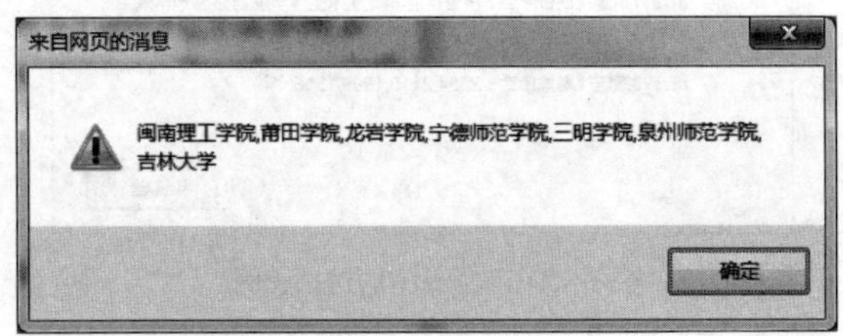

图 5-11　splice()方法示例 2

splice()方法中如果只有第一个参数和第二个参数,则表示从当前数组中按第一个参数指定的位置开始删除由第二个参数指定的元素个数。

例 5-8　splice()方法示例 3。

```
<script type="text/javascript">
  var school=new Array("闽南理工学院","三明学院","泉州师范学院","吉林大学");
  school.splice(1,2);      //从下标为 1 的位置开始删除 2 个元素
  alert(school);
</script>
```

程序运行结果如图 5-12 所示。

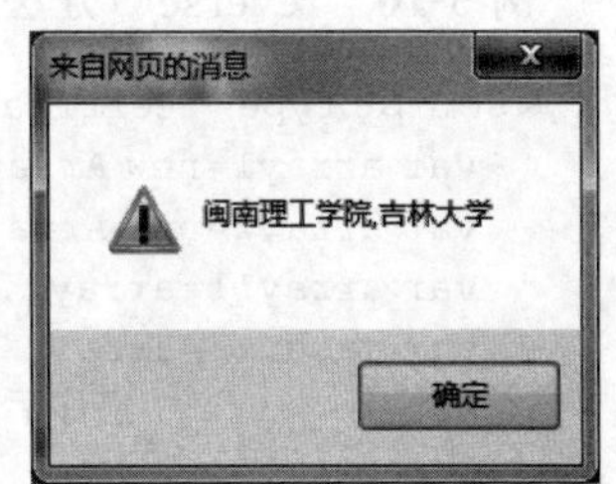

图 5-12　splice()方法示例 3

5. sort()方法

数组的 sort()方法用于对数组的元素进行排序,排序的规则由该方法的参数决定。如果不指定参数,对于字符串的比较,sort()将按照字母顺序对数组元素进行排序;对于数字的比较,sort()将按照数字从小到大的顺序对数组元素进行排序。如果要按照其他规则排序,只要把比较规则的函数作为参数传递给 sort()方法即可。sort()方法的语法格式如下。

```
数组名.sort();
```

例 5-9　sort()方法示例。

```
<script type="text/javascript">
  var array1=new Array("服装学院","信息管理学院","土木工程学院","经济管理学院");
  var array2=new Array(1999,2110,1558,2554);
  var array3=new Array(1999,2110,1558,2554);
```

```
    var array11=array1.sort(function(x,y){return y.localeCompare(x)});
                                              //按指定规则对 array1 数组元素排序
    var array22=array2.sort();                //按数字大小对 array2 数组元素排序
    var array33=array3.sort(function(x,y){return (y-x)});
                                              //指定规则对 array3 数组元素排序
    alert("array11 指定规则排序后: "+array11+"\n"+"array2 排序后: "+array22+"\n"+
    "array3 指定规则排序后: "+array33);
</script>
```

程序运行结果如图 5-13 所示。

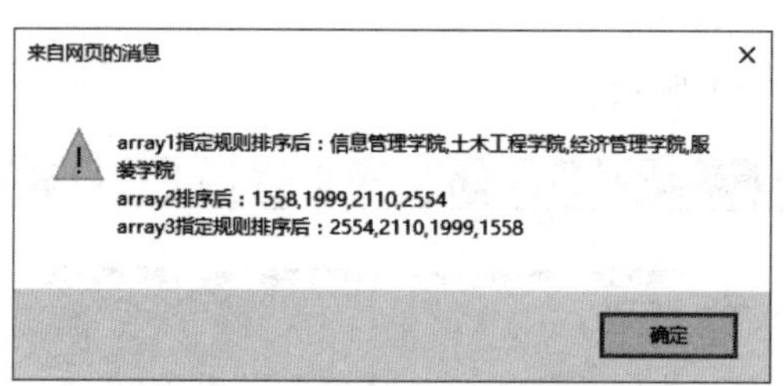

图 5-13　sort()方法示例

function(x,y){return(y－x)}是一个简单的排序函数,它有两个参数,表示排序中要比较的内容;函数体语句是一个表达式,该表达式用于确定两个参数在排序数组中哪个在前,哪个在后。具体规则:如果表达式的值小于 0,则第一个参数排在前,第二个参数排在后;如果表达式的值大于 0,则第二个参数排在前,第一个参数排在后;如果表达式的值为 0,则两个参数的顺序相等。

6. reverse()方法

数组的 reverse()方法用于对数组的元素进行逆置排序,其语法格式如下。

```
数组名.reverse();
```

例 5-10　reverse()方法示例。

```
<script type="text/javascript">
    var array1=new Array("老师","你好");
    var array2=new Array(5,4,3,2,1);
    var array11=array1.reverse();          //对 array1 数组元素进行逆序排列
    var array22=array2.reverse();          //对 array2 数组元素进行逆序排列
    alert("array1 逆序后: "+array11+"\n"+"array2 逆序后: "+array2.reverse());
</script>
```

程序运行结果如图 5-14 所示。

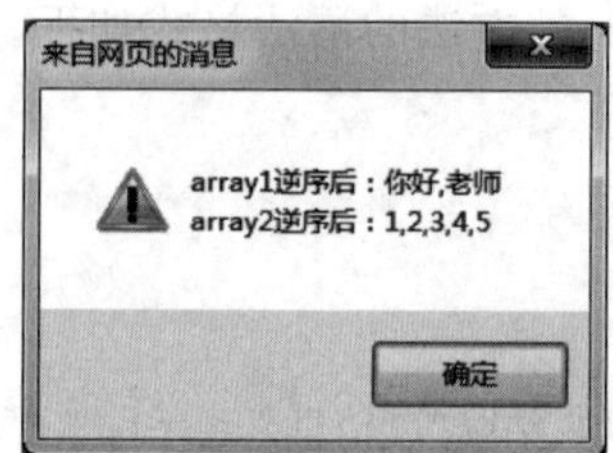

图 5-14　reverse()方法示例

7. push()方法

数组的 push()方法用于把参数指定的元素添加到当前数组的末尾，并返回添加新元素后数组的长度，其语法格式如下。

```
数组名.push ();
```

例 5-11　push()方法示例。

```
<script type="text/javascript">
  var stack=new Array("我");
  var len=stack.push("你","她");            //将元素添加到 stack 数组的末尾
  alert("stack 数组的长度为"+len);
</script>
```

程序运行结果如图 5-15 所示。

8. pop()方法

数组的 pop()方法用于将当前数组的末尾元素删除，并返回删除的元素，其语法格式如下。

```
数组名.pop();
```

例 5-12　pop()方法示例。

```
<script type="text/javascript">
  var stack=new Array("我","你","她");
  var text=stack.pop();                      //将 stack 数组的末尾元素删除
  alert("删除的元素:"+text);
</script>
```

程序运行结果如图 5-16 所示。

图 5-15　push()方法示例

图 5-16　pop()方法示例

9. unshift()方法

数组的 unshift()方法用于把参数指定的元素添加到当前数组的头部，并返回添加新元素后数组的长度，其语法格式如下。

```
数组名.unshift();
```

例 5-13　unshift()方法示例。

```
<script type="text/javascript">
```

```
    var stack=new Array("你们","她们");
    stack.unshift("我们");              //将元素添加到 stack 数组的头部
    alert(stack);
</script>
```

程序运行结果如图 5-17 所示。

10. shift()方法

数组的 shift()方法用于将当前数组的头部元素删除,并返回删除的元素,其语法格式如下。

```
数组名.shift();
```

例 5-14 shift()方法示例。

```
<script type="text/javascript">
    var stack=new Array(518,512,520);
    var text=stack.shift();             //将 stack 数组的头部元素删除,并返回删除的元素
    alert("删除的元素:"+text);
</script>
```

程序运行结果如图 5-18 所示。

图 5-17 unshift()方法示例

图 5-18 shift()方法示例

11. toString()方法

数组的 toString()方法用于将数组的每个元素都转换成字符串,然后输出这些字符串的列表,字符串之间用逗号分隔。其语法格式如下。

```
数组名.toString();
```

例 5-15 toString()方法示例。

```
<script type="text/javascript">
    var year=new Array(2018,2019,2020);
    year1=year.toString();                      //将 year 数组元素转换成字符串
    yearNum=year[0]+year[1]+year[2];            //对 year 数组元素进行相加
    alert("转换前相加: "+yearNum+"\n"+"转换后: "+year1);
</script>
```

程序运行结果如图 5-19 所示。

12. split()方法

数组的split()方法用于将字符串按照参数指定的分割符分割成一些元素,然后把这些元素按顺序存放到数组中,并返回这个数组。其语法格式如下。

```
字符串变量.split();
```

例 5-16 split()方法示例。

```
<script type="text/javascript">
  var num="a-b-c-d-e-f-g";
  var num1=num.split("-");  //
  alert("num的长度为"+num.length+"\n"+"num1的长度为"+num1.length);
</script>
```

程序运行结果如图5-20所示。

图5-19 toString()方法示例

图5-20 split()方法示例

5.3 习 题

1. 填空题

(1) 使用运算符________创建数组。

(2) 数组中的下标,可以是数字,也可以是表达式,甚至可以是另外一个________。

(3) 数组的________方法用于将该数组中的所有元素转换成字符串,然后拼接起来。

(4) 数组的________方法用于把当前数组和参数指定的多个数组以分号分隔进行连接,并返回连接后的新数组。

(5) 数组的________方法用于将当前数组中的部分元素组成新的数组。

(6) 数组的splice()方法用于将参数指定的________替换当前数组中的部分元素。

(7) splice()方法中的第________个参数如果为0,则表示在第一个参数指定的位置插入第三个参数及后面参数表示的元素。

(8) splice()方法中如果只有第________个参数和第________个参数,则表示从当前数组中按第一个参数指定的位置开始删除由第二个参数指定的元素个数。

(9) 对于数字的比较,sort()方法将按照数字的大小对数组元素________进行排序。

(10) reverse()方法用于对数组的元素进行________排序。

(11) push()方法用于把参数指定的元素添加到当前数组的________。

(12) shift()方法用于将当前数组的________元素删除,并返回删除的元素。

(13) toString()方法用于将数组的每个元素都转换成字符串,然后输出这些字符串的列表,字符串之间用________分隔。

(14) ________方法用于将字符串按照参数指定的分割符分割成一些元素,然后把这些元素按顺序存放到数组中,并返回这个数组。

(15) ________方法用于把当前数组和参数指定的多个数组以逗号分隔进行连接,并返回连接后的新数组,当前数组没有发生改变。

2. 选择题

(1) 已知下面代码:

```
var number=new Array(1,2,3,4,5,6);
```

number 数组的长度是(　　)。

A. 6　　B. 5　　C. 4　　D. 7

(2) 已知下面代码:

```
var tom=[[1,2],[1,2,3],[4,5,6],[7,8,9]];
tom.length;
```

tom 数组的长度是(　　)。

A. 6　　B. 5　　C. 4　　D. 7

(3) 已知下面代码:

```
var tom=[[1,2,3],"新年快乐",123];
```

tom 数组的第二个元素是(　　)。

A. 2　　B. [1,2,3]　　C. "新年快乐"　　D. 123

(4) 已知下面代码:

```
var number=new Array(5);
number[2]=15;
number[11]=25;
```

number 数组的长度是(　　)。

A. 5　　B. 2　　C. 11　　D. 13

(5) 已知下面代码:

```
var a=new Array(10,11,12,13);
a.unshift(1,2);
```

alert(a[1])的值是(　　)。

A. 1　　B. 2　　C. 11　　D. 13

(6) 已知下面代码:

```
var a=new Array(10,11,12,13);
a.unshift(1);
a.unshift(2);
alert(a[1]);
```

alert(a[1])的值是(　　)。

A. 1　　B. 2　　C. 11　　D. 13

(7) 已知下面代码：

```
var a=new Array(10,11,12,13);
a.unshift(9);
a.pop;
a.unshift(9)
alert(a[4]);
```

alert(a[4])的值是(　　)。

A. 10　　B. 11　　C. 12　　D. 13

(8) 已知下面代码：

```
var str="howareyou";
var arr=str.split("o");
```

arr.length 的值是(　　)。

A. 9　　B. 3　　C. 1　　D. 10

(9) 已知下面代码：

```
var str="howareyounicetomeetyou";
var arr=str.split("o");
```

arr[2]的值是(　　)。

A. unicet　　B. warey　　C. meety　　D. u

(10) 已知下面代码：

```
var num=[3,1,7,5,9]
num.sort();
```

数组 num 的值为(　　)。

A. [3,1,7,5,9]　　B. [1,3,5,7,9]

C. [3,9,7,5,1]　　D. [1,3,7,5,9]

(11) 已知下面代码：

```
var num=[5,6,7,8,9]
num.reverse();
```

数组 num 的值为(　　)。

A. [5,6,7,8,9]　　B. [5,7,6,9,8]

C. [9,8,7,5,6]　　D. [9,8,7,6,5]

(12) 已知下面代码：

```
var str=new Array("我们","你们");
var text=str.push("他们");
```

数组 str 的值为(　　)。

A. 我们,你们,他们　　B. 我们,他们,你们

C. 你们，我们，他们　　D. 你们，他们，我们

(13) 已知下面代码：

```
var number=new Array(510,512,520,518);
var n=number.pop();
```

数组 number 的值为(　　)。

A. (510,512,520,518)　　B. (510,512,520)

C. (512,520,518)　　D. (518,520,512,510)

(14) 已知下面代码：

```
var arr=new Array("apple","bus","car","luo","air");
var arr1=arr.slice(1,3);
```

数组 arr1 的值为(　　)。

A. "apple","bus","car"　　B. "apple","bus"

C. "bus","car","luo"　　D. "bus","car"

(15) 已知下面代码：

```
var arr=new Array("apple","bus","car","luo","air");
var arr1=arr.slice(3);
```

数组 arr1 的值为(　　)。

A. "apple","bus","car"　　B. "luo","air"

C. "apple","bus","car","luo"　　D. "car","luo","air"

(16) 已知下面代码：

```
var arr=new Array("apple","bus","car","bike");
var arr1=arr.splice(0,1,"");
```

数组 arr1 的值为(　　)。

A. "apple"　　B. "bus","car","bike"

C. " ","bus","car","luo"　　D. "apple","bus"

(17) 已知下面代码：

```
var num=[30,31,34,35,36];
num.splice(2,0,32,33);
```

数组 num 的值为(　　)。

A. [30,31,32,33,34,35,36]　　B. [30,31,32 33,35,36]

C. [32,33,34,35,36]　　D. [30,31,34,35,36,32,33]

(18) 已知下面代码：

```
var str=["猪心","猪肝","猪脚"];
var str1=str.join("--");
```

数组 str1 的值为(　　)。

A. "猪心","猪肝","猪脚"　　B. "猪心""猪肝""猪脚"

C. "猪心"-"猪肝"-"猪脚"　　　　D. "猪心"--"猪肝"--"猪脚"

3. 编程题

(1) 从键盘输入 n 个单词,单词之间用空格分开,并将其输入的单词进行排序输出,程序运行结果如图 5-21 和图 5-22 所示。

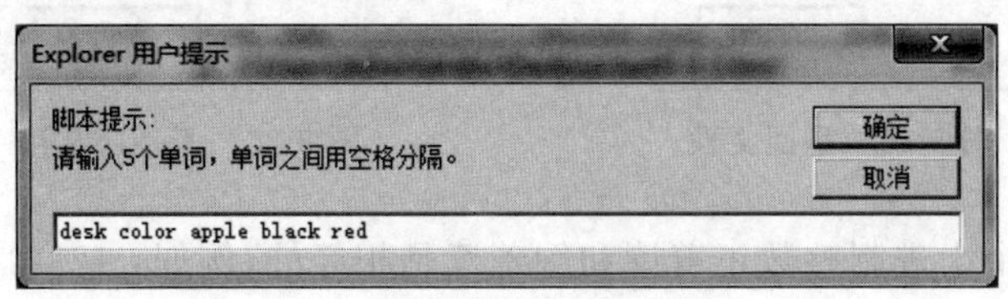

图 5-21　输入单词

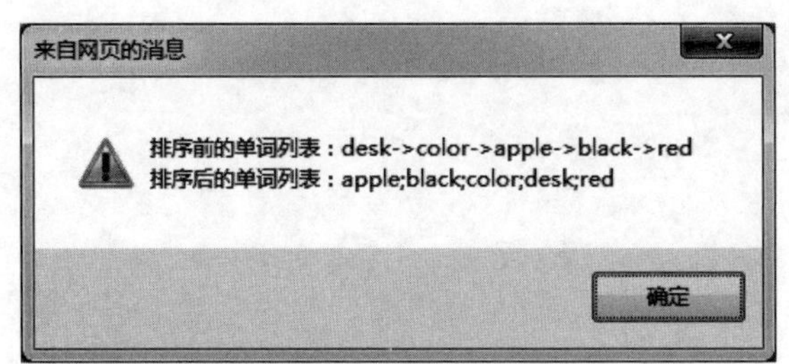

图 5-22　排序前和排序后输出单词

(2) 将 letter1=["t","e","a","c","h","e","r",],letter2=["m","y"]和 letter3=["i","s"]进行拼接并逆序输出,程序运行结果如图 5-23 所示。

图 5-23　拼接并逆序输出

(3) 编写程序判断用户输入的一个 5 位整数是不是回文数,程序运行如图 5-24 所示。输入一个回文数,单击"判断"按钮,显示结果如图 5-25 所示;输入一个非回文数,单击"判断"按钮,显示结果如图 5-26 所示。

图 5-24　回文数程序运行效果

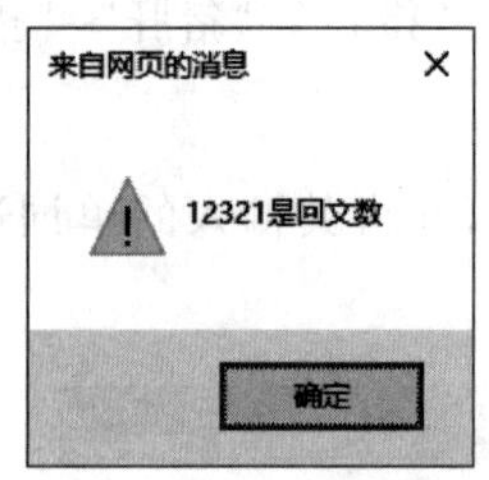

图 5-25 是回文数

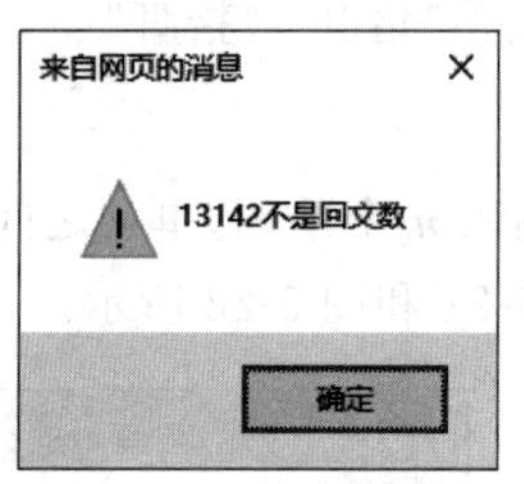

图 5-26 不是回文数

回文数是指一个十进制整数正着读和倒着读是相等的,例如:12321 就是回文数。

第 6 章

对象和事件

6.1 对象概述

在 JavaScript 语言中，所有事物都是对象，比如 JavaScript 提供的内置对象有 String、Date、Array 等，JavaScript 也允许自定义对象。自定义的对象数据类型就是面向对象中的类(class)的概念。类和对象是面向对象编程的两个主要方面。类是创建一个新类型，而对象是这个类的实例。

类是指具有相同或相似性质的对象的抽象。因此，对象的抽象就是类，类的具体化就是对象。例如，如果人类是一个类，则一个具体的人就是一个对象。每个对象都拥有相同的方法，但各自的数据可能不同。JavaScript 对象是拥有属性和方法的数据。

1. 创建对象

JavaScript 语言和其他面向对象语言一样，使用 new 运算符和构造函数来创建对象，其语法格式如下。

```
var 对象名=new 构造函数();
```

例如：

```
var string1=new String();          //创建字符串对象
var date1=new Date();              //创建时间对象
```

2. 访问对象属性

在访问对象属性时，需要使用“.”运算符来进行访问，该运算符的左边是对象，右边是属性，如果右边的属性仍然是一个对象，那么继续重复使用“.”运算符来进行连续访问，也可以通过该运算符来对属性进行赋值。

例 6-1 访问对象属性示例。

```
<script "type=text/javascript">
  var student=new Object();       //Object()对象是所有对象的基础，即创建一个空对象
  student.name="小骆";
  student.age=27;
  alert("姓名:"+student.name+","+"年龄:"+student.age);
</script>
```

程序运行结果如图 6-1 所示。

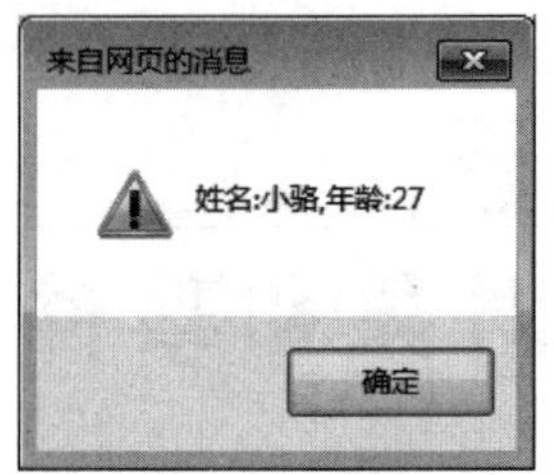

图 6-1 访问属性

3. 删除对象属性

当要删除对象的某个属性时,可以直接用 delete 运算符,也可以将对象的属性设置为 null。

例 6-2 删除对象属性示例 1。

```
<script "type=text/javascript">
   var student=new Object();
   student.name="小骆";
   student.age=27;
   student.name=null;          //将属性 name 设置为 null
   alert("姓名:"+student.name+","+"年龄:"+student.age);
</script>
```

程序运行结果如图 6-2 所示。

例 6-3 删除对象属性示例 2。

```
<script "type=text/javascript">
   var student=new Object();
   student.name="小骆";
   student.age=27;
   delete student.age;          //使用 delete 运算符将属性 age 删除
   alert("姓名:"+student.name+","+"年龄:"+student.age);
</script>
```

程序运行结果如图 6-3 所示。

图 6-2 删除对象属性示例 1

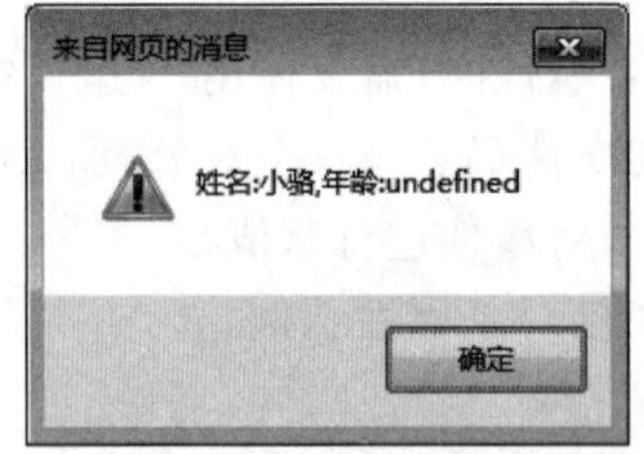

图 6-3 删除对象属性示例 2

4. 访问对象方法

对象的方法是集合在对象中的,是一个具体实现功能的函数。使用对象的方法可直接将函数名(包括一对圆括号,若有参数也要带参数值)赋给对象的属性。

例 6-4　访问对象方法示例 1。

```
<script "type=text/javascript">
  function sum(){
    var a=10;
    var b=20;
    var s=a+b;
    alert("a+b="+s);
  }
  var sum1=new Object();
  sum1.ab=sum();                    //没带参数,直接将函数名赋给对象属性
</script>
```

程序运行结果如图 6-4 所示。

例 6-5　访问对象方法示例 2。

```
<script "type=text/javascript">
  function sum(a,b){
    var s=a-b;
    alert("a-b="+s);
  }
  var sum1=new Object();
  sum1.ab=sum(20,10);               //带参数,直接将函数名赋给对象属性
</script>
```

程序运行结果如图 6-5 所示。

图 6-4　访问对象方法示例 1

图 6-5　访问对象方法示例 2

6.2　常用内置对象

6.2.1　Array 对象

在 JavaScript 语言中,当使用方括号([ ])创建数组时,实际上是调用了 Array 构造函数来创建一个 Array 类的实例。使用运算符 new 和 Array 构造函数来创建 Array 实例对象有两种方式,其语法格式如下。

格式一:

```
var 数组名= new Array(元素 1,元素 2,...,元素 n);
```

格式二:

```
var 数组名=new Array(数组长度);
```

例 6-6 创建 Array 对象示例 1。

```
<script "type=text/javascript">
   var array1=new Array(10,11,12);
   alert("array1 的长度为:"+array1.length+"\n"+"array1 的第一个元素:"+array1
   [0]+"\n"+"array1 的第二个元素:"+array1[1]+"\n"+"array1 的第三个元素:"+array1[2]);
</script>
```

程序运行结果如图 6-6 所示。

例 6-7 创建 Array 对象示例 2。

```
<script "type=text/javascript">
   var array1=new Array(3);
   array1[0]="小明";
   array1[1]="男";
   array1[2]=30;
   alert("array1 的长度为:"+array1.length+"\n"+"array1 的第一个元素:"+array1
   [0]+"\n"+"array1 的第二个元素:"+array1[1]+"\n"+"array1 的第三个元素:"+array1[2]);
</script>
```

程序运行结果如图 6-7 所示。

图 6-6 创建 Array 对象示例 1

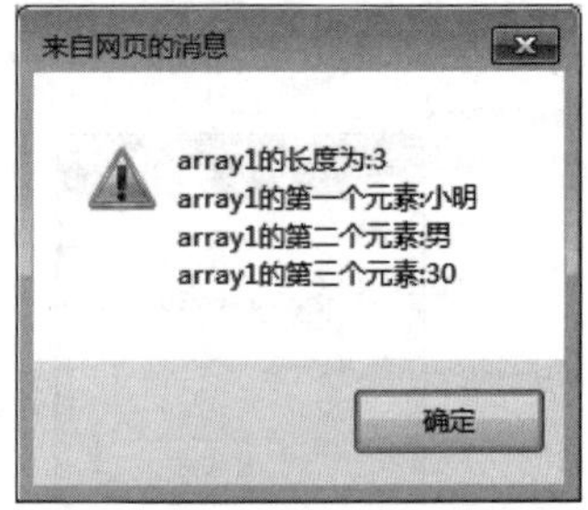

图 6-7 创建 Array 对象示例 2

6.2.2 String 对象

在 JavaScript 语言中,通过一对单引号(' ')或双引号(" ")对变量进行赋值(即创建变量),其结果是 String 类型的一个值,String 类型表示的是字符串类型。

例如:

```
var str="你好!";                    //定义一个字符串类型变量
```

使用 new 运算符和 String 构造函数创建的实例对象类型是 Object 类型的一个值,Object 类型表示对象类型,而不是基本类型。

例如:

```
var str=new String("你好!");  /* 使用运算符 new 和 String 构造函数创建一个 Object 类型
                                的字符串对象 */
```

String 对象常用方法如表 6-1 所示。

表 6-1　String 对象常用方法

方　法	说　　明
anchor()	用于创建 HTML 锚
big()	使用大号字体显示字符串
small()	使用小字号体显示字符串
bold()	使用粗体显示字符串
italics()	使用斜体显示字符串
charAt()	返回指定位置的字符，例如： var str＝"abcdefgh"； var str1＝str.charAt(2)； str1 的值为 c
concat()	连接字符串
fontsize()	使用指定的大小显示字符串，参数必须是从 1 至 7 的数字
fontcolor()	使用指定的颜色显示字符串，参数必须是颜色名(red)、RGB 值(rgb(255,0,0))或者十六进制数(＃FF0000)
link()	将字符串显示为链接
slice()	提取字符串的片断，并在新的字符串中返回被提取的部分
blink()	用于显示闪动的字符串(适用于 Firefox 和 Opera 浏览器)
split()	把字符串分割为字符串数组
strike()	使用删除线来显示字符串
sub()	把字符串显示为下标
sup()	把字符串显示为上标
substr()	从起始索引号提取字符串中指定数目的字符
substring()	提取字符串中两个指定的索引号之间的字符。该方法有两个参数：较小的参数表示起始索引号，较大的参数表示终止索引号但不包括较大参数的字符。例如： var str＝"abcdefgh"； var str1＝str.substring(3,6)； var str2＝str.substring(6,3)； str1 与 str2 的取值相同，都是 def
indexOf()	用于在字符串中查找指定的子串。该方法有两个参数：第一个参数表示要查找的子串，第二个参数表示查找子串的开始位置。如果找到则返回值为子串所在的位置，否则返回值为－1。例如： var str＝"abcdefghbcd"； ar str1＝str.indexOf("bcd",2)； str1 的值为 8
toLowerCase()	把字符串转换为小写
toUpperCase()	把字符串转换为大写
toString()	返回字符串

例 6-8 创建 String 对象示例。

```
<script "type=text/javascript">
  var str1="我是 str1,我的类型是:";                    //创建 String 类型变量
  var str2=new String("我是 str2,我的类型是:");        //创建 String 对象实例
  alert(str1+typeof str1+"\n"+str2+typeof str2);
</script>
```

程序运行结果如图 6-8 所示。

例 6-9 String 对象方法示例 1。

```
<html>
  <center>
    <body>
      <script type="text/javascript">
        var str="Hello world!";
        document.write(str.big()+"<br>");                 //字符串显示为大号字体
        document.write(str.small()+"<br>");               //字符串显示为小号字体
        document.write(str.bold()+"<br>");                //字符串加粗显示
        document.write(str.italics()+"<br>");             //字符串斜体显示
        document.write(str.link()+"<br>");                //给字符串加下画线
        document.write(str.fontsize(4)+"<br>");           //字符串显示为指定大小
        document.write(str.fontcolor("green")+"<br>");    //字符串显示为指定颜色
        document.write(str.toLowerCase()+"<br>");         //字符串显示为小写
        document.write(str.toUpperCase()+"<br>");         //字符串显示为大写
      </script>
    </body>
  </center>
</html>
```

程序运行结果如图 6-9 所示。

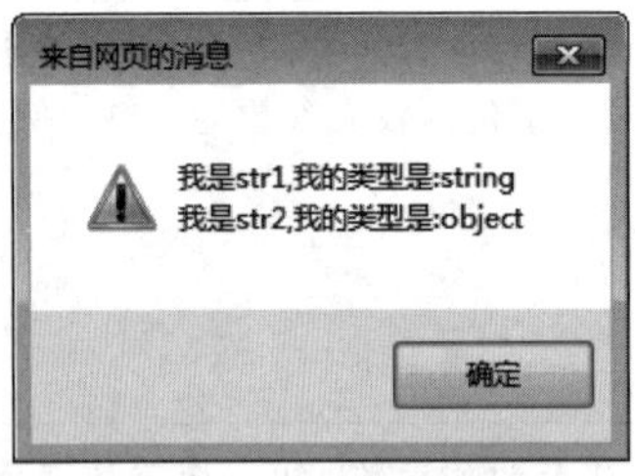

图 6-8 创建 String 对象示例

Hello world!
Hello world!
Hello world!
Hello world!
Hello world!
Hello world!
Hello world!
hello world!
HELLO WORLD!

图 6-9 String 对象方法示例 1

例 6-10 String 对象方法示例 2。

```
<html>
  <center>
    <body>
      <script type="text/javascript">
        var str="上课不迟到,不早退,不旷课,不说话,不玩手机。";
        document.write(str.substr(2,11)+"<br>");  //从索引号 2 开始连续取 11 个字符
        var str1=str.substring(18,22)             //取出从索引号 18 至 22 之间的字符串
```

```
      document.write(str1.bold()+"<br>");    //字符加粗
      var str2=str.slice(14,17);             //取出从索引号 14 至 17 之间的字符串
      document.write(str2.fontcolor("red")+"<br>"); //字符串设置颜色
      var str3=str.charAt(2);                //取出指定索引号字符
      var str4="五";
      var str5=str4.concat(str3);            //将 str4 字符串和 str3 字符串连接
      document.write(str5.link("http://www.baidu.com")+"<br>");
                                   //字符串 str5 显示为链接,链接地址为百度网址
    </script>
  </body>
 </center>
</html>
```

程序运行结果如图 6-10 所示。

例 6-11　String 对象方法示例 3。

```
<html>
 <center>
  <body>
    <script type="text/javascript">
      var a="x";
      var b="2";
      var c="y";
      var d="z";
      var str1=a.concat(b.sup());                  //设置 x2
      var str2=c.concat(b.sup());                  //设置 y2
      var str3=d.concat(b.sup())                   //设置 z2
      var str4=str1.concat("+");                   //连接+号
      var str5=str2.concat("=");                   //连接=号
      var str6=str1.concat("-");                   //连接-号
      var str7=str4.concat(str5.concat(str3));     //连接 x2+y2=z2
      var str8=str6.concat(str5.concat(str3));     //连接 x2-y2=z2
      document.write(str7.fontcolor("blue"));      //设置字体颜色
      document.write("<br>");                      //换行
      document.write(str8.fontcolor("#11aa00"));   //设置字体颜色
    </script>
  </body>
 </center>
</html>
```

程序运行结果如图 6-11 所示。

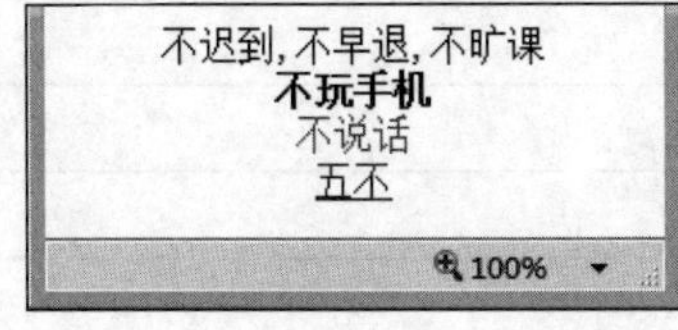

图 6-10　String 对象方法示例 2

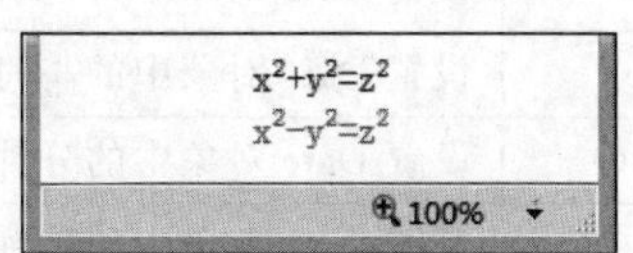

图 6-11　String 对象方法示例 3

6.2.3 Date 对象

在 JavaScript 语言中，Date 对象封装了与日期和时间相关的属性和方法。可以使用运算符 new 和 Date 构造函数创建一个 Date 对象实例。

例如：

```
var date1=new Date();    //使用运算符 new 和 Date 构造函数创建一个 Date 对象实例
```

上面语句表示创建了一个 Date 对象实例，该实例表示当前系统时间。

使用 Date()构造函数创建实例时，可以给构造函数传递年、月、日、小时、分钟和秒钟等参数。

例如：

```
var date2=new Date(2020,1,1,18,12,20);
```

date2 表示 2020 年 1 月 1 日 18 时 12 分 20 秒。其中月份用 0～11 表示，0 表示一月，11 表示十二月。

使用 Date()构造函数创建实例时，可以省略小时、分钟和秒钟等参数。

例如：

```
var date3=new Date(2020,1,1);
```

date3 表示 2020 年 1 月 1 日 0 时 0 分 0 秒。

Date 对象常用方法如表 6-2 所示。

表 6-2 Date 对象常用方法

方　法	说　明
getDate()	从 Date 对象返回一个月中的某一天(1～31)
getDay()	从 Date 对象返回一周中的某一天(0～6，0 表示星期日，1 表示星期一，6 表示星期六)
getFullYear()	从 Date 对象返回四位数字的年份
getHours()	从 Date 对象返回小时(0～23)
getMinutes()	从 Date 对象返回分钟(0～59)
getMonth()	从 Date 对象返回月份(0～11)
getSeconds()	从 Date 对象返回秒钟(0～59)
setDate()	设置 Date 对象中月的某一天(1～31)
setFullYear()	设置 Date 对象中的年份(四位数字)
setMonth()	设置 Date 对象中月份(0～11)
setHours()	设置 Date 对象中的小时(0～23)
setMinutes()	设置 Date 对象中的分钟(0～59)
setSeconds()	设置 Date 对象中的秒钟(0～59)
toString()	把 Date 对象转换为字符串
toTimeString()	把 Date 对象的时间部分转换为字符串

例 6-12 Date 对象方法示例 1。

```
<script type="text/javascript">
  var date1=new Date();                      //创建 Date 对象实例
  var year1=date1.getFullYear();             //获取日期的年份
  var month1=date1.getMonth();               //获取日期的月份
  var day1=date1.getDate();                  //获取日期的日
  var hours1=date1.getHours();               //获取日期的小时
  var minutes1=date1.getMinutes();           //获取日期的分钟
  var seconds1=date1.getSeconds();           //获取日期的秒钟
  alert("现在时间是："+year1+"年"+(month1+1)+"月"+day1+"日"+hours1+"时"+
    minutes1+"分"+seconds1+"秒");
</script>
```

程序运行结果如图 6-12 所示。

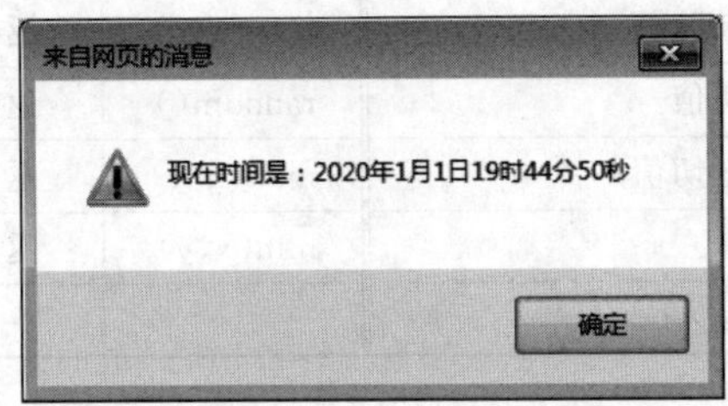

图 6-12 Date 对象方法示例 1

例 6-13 Date 对象方法示例 2。

```
<script type="text/javascript">
  var date1=new Date();                      //创建 Date 对象实例
  date1.setFullYear(2020);                   //设置日期的年份
  date1.setMonth(1);                         //设置日期的月份
  date1.setDate(2);                          //设置日期的日
  date1.setHours(20);                        //设置日期的小时
  date1.setMinutes(13);                      //设置日期的分钟
  date1.setSeconds(42);                      //设置日期的秒钟
  alert("date1 中设定的时间为："+date1.getFullYear()+"年"+date1.getMonth()+
  "月"+ date1.getDate()+"日"+date1.getHours()+"时"+date1.getMinutes()+"分"+
  date1.getSeconds()+"秒");
</script>
```

程序运行结果如图 6-13 所示。

图 6-13 Date 对象方法示例 2

6.2.4 Math 对象

Math 对象定义了一些用于数学计算的方法，如 abs()、sin()、sqrt()等。常用的 Math 对象方法如表 6-3 所示。Math 对象并不像 String 和 Date 那样是对象的类，因此没有构造函数 Math()。可通过 Math 对象直接调用方法。

表 6-3 Math 对象常用方法

方 法	说 明	方 法	说 明
abs(x)	返回 x 的绝对值	exp(x)	返回 x 的 e 指数值
sin(x)	返回 x 的正弦值	round(x)	对 x 进行四舍五入
asin(x)	返回 x 的反正弦值	log(x)	返回 x 的自然对数(底为 e)值
cos(x)	返回 x 的余弦值	sqrt(x)	返回 x 的平方根
acos(x)	返回 x 的反余弦值	pow(x,y)	返回 x 的 y 次幂
tan(x)	返回 x 的正切值	random()	返回 0～1 的随机数
atan(x)	返回 x 的反正切值	max(x,y)	返回 x 和 y 中的最大值
ceil(x)	对 x 进行上舍入	min(x,y)	返回 x 和 y 中的最小值
floor(x)	对 x 进行下舍入		

对于数值型数据，可通过 toFixed()方法来进行四舍五入为指定的小数位数。

例如：

```
var n=6.56789;
varm=n.toFixed(2);          //m 的值为 6.57
```

例 6-14 Math 对象方法示例 1。

```
<script "type=text/javascript">
  var a1=Math.abs(8.25);
  var a2=Math.abs(-9.25);
  var a3=Math.abs(6.25-10);
  alert("8.25 的绝对值:"+a1+"\n"+"-9.25 的绝对值:"+a2+"\n"+"6.25-10 的绝对值:"+
    a3);
</script>
```

程序运行结果如图 6-14 所示。

图 6-14 Math 对象方法示例 1

例 6-15　Math 对象方法示例 2。

```
<script "type=text/javascript">
  var a1=Math.sin(8.25);
  var a2=Math.asin(0.64);
  var a3=Math.cos(8.25);
  var a4=Math.acos(0.64);
  var a5=Math.tan(8.25);
  var a6=Math.atan(0.64);
  alert("8.25 的正弦值:"+a1+"\n"+"0.64 的反正弦值:"+a2+"\n"+"8.25 的余弦值:"+
  a3+"\n"+"0.64 的反余弦值:"+a4+"\n"+"8.25 的正切值:"+a5+"\n"+"0.64 的反正切
  值:"+a6+"\n");
</script>
```

程序运行结果如图 6-15 所示。

例 6-16　Math 对象方法示例 3。

```
<script "type=text/javascript">
  var a1=Math.ceil(0.60);
  var a2=Math.floor(0.60);
  var a3=Math.exp(2);
  var a4=Math.round(0.60);
  var a5=Math.sqrt(9);
  var a6=Math.log(2);
  alert("0.60 向上取整:"+a1+"\n"+"0.60 向下取整:"+a2+"\n"+"e 的 2 次幂
  值:"+a3+"\n"+"0.60 的四舍五入值:"+a4+"\n"+"9 的平方根值:"+a5+"\n"+"2 的自然对数
  值:"+a6+"\n");
</script>
```

程序运行结果如图 6-16 所示。

图 6-15　Math 对象方法示例 2

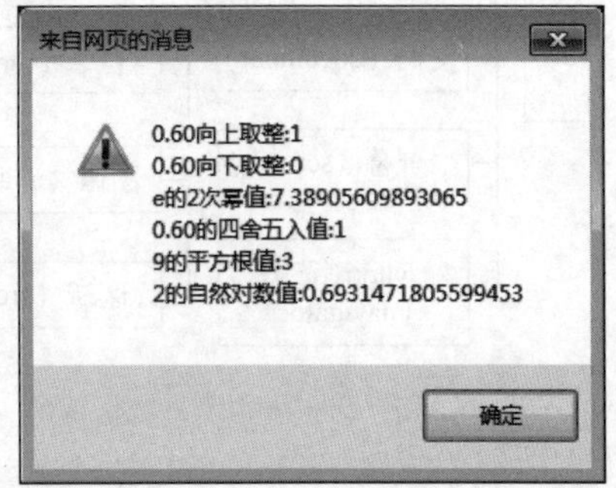

图 6-16　Math 对象方法示例 3

例 6-17　Math 对象方法示例 4。

```
<script "type=text/javascript">
  var a1=Math.max(6,8);
  var a2=Math.min(6,8);
  var a3=Math.pow(2,3);
  alert("6 与 8 的最大值:"+a1+"\n"+"6 与 8 的最小值:"+a2+"\n"+"2 的 3 次幂值:"+a3);
</script>
```

程序运行结果如图 6-17 所示。

图 6-17 Math 对象方法示例 4

6.2.5 浏览器对象模型(BOM)

在实际应用中,越来越多的页面内容都是通过 JavaScript 来进行操作,从而实现用户和页面的动态交互功能。为此,浏览器预定义了许多内置对象,这些对象都含有相应的属性和方法,以便在人机交互时触发事件来完成对浏览器窗口及相应页面的修改操作。客户端浏览器中的这些固有的、被预定义的内置对象统称为浏览对象。浏览器对象模型(browser object model,BOM)如图 6-18 所示。

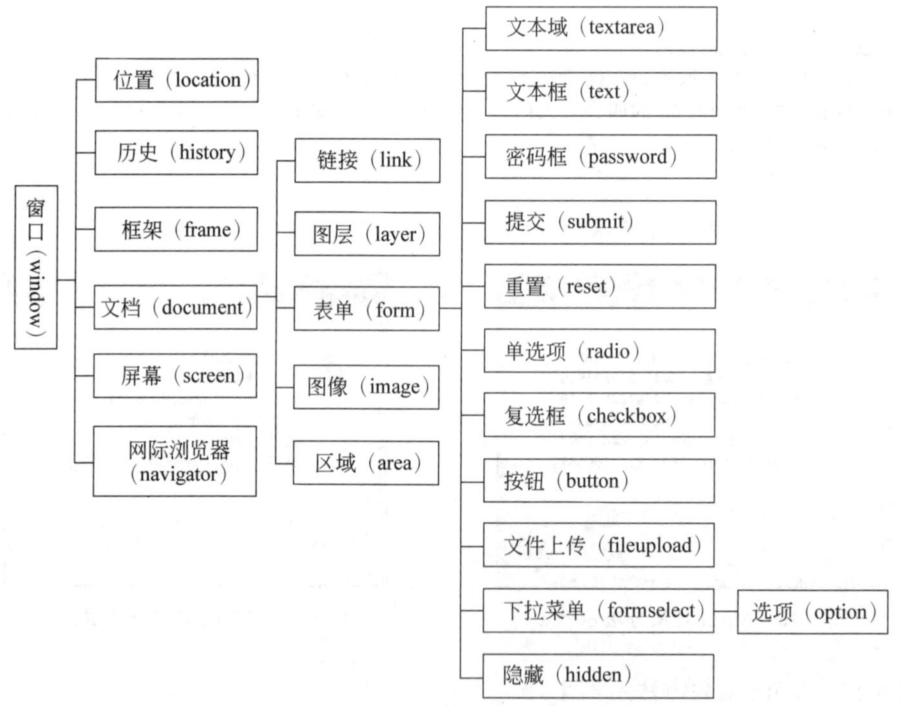

图 6-18 浏览器对象模型

1. window 对象

window 对象是浏览器对象模型中的顶层对象,当打开浏览器时,系统会自动创建一个 window 对象,这个对象就表示当前的浏览器窗口。使用这个 window 对象可以创建一个新的浏览器窗口,可以通过创建浏览器窗口中的属性和方法来改变浏览器窗口的状态。创建浏览器窗口中的常用属性如表 6-4 所示,创建浏览器窗口中的常用方法如表 6-5 所示。window 对象的常用属性如表 6-6 所示。

表 6-4　创建浏览器窗口中的常用属性

属　性	说　明
screen	关于客户端屏幕的相关信息
top	新建窗口左上角的垂直坐标,取值为整数
left	新建窗口左上角的水平坐标,取值为整数
height	新建窗口的高度
width	新建窗口的宽度
resizable	新建窗口是否允许调整大小,取值为 yes 表示可调整,取值为 no 表示不可调整
scrollbars	新建窗口是否允许出现滚动条,取值为 yes 表示有滚动条,取值为 no 表示无滚动条
toolbar	新建窗口是否允许出现工具条,取值为 yes 表示有工具条,取值为 no 表示无工具条
menubar	新建窗口是否允许出现菜单条,取值为 yes 表示有菜单条,取值为 no 表示无菜单条
status	新建窗口是否允许出现状态栏,取值为 yes 表示有状态栏,取值为 no 表示无状态栏
location	新建窗口是否允许出现地址栏,取值为 yes 表示有地址栏,取值为 no 表示无地址栏
closed	用于判断窗口是否关闭,是一个布尔型值,当窗口关闭时值为 true,反之值为 false

表 6-5　创建浏览器窗口中的常用方法

方　法	说　明
open()	用于打开一个新的浏览器窗口,并返回表示新窗口的 window 对象。该方法有三个参数,第一个参数表示新窗口要显示的网页,即 URL 地址;第二个参数表示新窗口的名字,可以为空;第三个参数是新窗口的特性字符串,描述新窗口的状态。第三个参数可使用表 6-4 中的常用属性作为参数来设置窗口的状态。例如 open("http://www.baidu.com",""," height＝100, width＝200, resizable＝no, scrollbars＝no, toolbar＝no, menubar＝no, status＝no"),表示打开一个浏览器窗口,即打开百度首页,名字为空,该网页窗口宽度为 250 像素,高度为 100 像素,窗口为不可调整大小、无滚动条、无工具条、无菜单条、无状态栏
close()	用于关闭浏览器窗口。例如,close()
focus()	用于使当前窗口获得焦点。例如,var windows1＝open("http://www.baidu.com"); windows1.focus()
blur()	用于使当前窗口失去焦点。例如,var windows1＝open("http://www.baidu.com"); windows1.blur ()
moveBy()	移动窗口到指定的偏移位置。例如,moveBy(－50,50): 表示将窗口向左和向上各移动 50 像素,相对于显示器的左上角
moveTo()	移动窗口到指定的偏移位置。例如,moveTo(20,20): 表示将窗口移到距离显示器左、上边界各 20 像素的位置
resizeBy()	改变窗口大小为指定的偏移位置。例如,resizeBy(－10,－10): 表示将窗口的宽度和高度各减少 10 像素
resizeTo()	改变窗口大小为指定的大小。例如,resizeTo(100,70): 表示将窗口的宽度设为 100 像素、高设为 70 像素

续表

方　法	说　　明
alert()	用于弹出一个消息对话框，显示警告信息，只包含一个“确定”按钮，单击“确定”按钮，消息框消失。例如，alert("提交成功")
confirm()	用于弹出一个确认对话框，显示需要用户确认的信息，包含两个按钮，分别是“确定”和“取消”。如果单击“确定”按钮，对话框消失，同时 confirm()方法返回 true；如果单击“取消”按钮，对话框消失，同时 confirm()方法返回 false。例如，confirm("是否确认提交")
prompt()	用于弹出一个输入对话框，接受用户输入的信息，包含两个按钮，分别是“确定”和“取消”。如果单击“确定”按钮，对话框消失，同时 prompt()方法返回用户输入的字符串；如果单击“取消”按钮，对话框消失，同时 confirm()方法返回 null。prompt()方法有两个参数，第一个参数为对话框的提示信息，第二个参数为对话框的初始值，可省略。例如，confirm("请输入您的姓名","小骆")
setTimeout()	用于延迟执行代码。调用该方法时，需要传递两个参数，第一个参数是一个代码串或一个函数的引用值，第二个参数是一个整数，表示延迟的毫秒数。调用 setTimeout()方法时，将返回一个表示定时器 ID，例如，setTimeout("alert('欢迎光临!')",3000)，表示延迟 3 秒后自动执行 alert('欢迎光临!')代码，即弹出一个消息对话框
setInterval()	用于指定间隔时间进行循环执行代码。调用该方法时，需要传递两个参数，第一个参数是一个代码串或一个函数的引用值，第二个参数是一个整数，表示重复循环的时间间隔毫秒数。调用 setInterval()方法时，将返回一个表示定时器 ID，例如，setInterval("alert('欢迎光临!')",2000)，表示每间隔 2 秒后自动执行 alert('欢迎光临!')代码，即弹出一个消息对话框
clearTimeout()	用于取消由 setTimeout()方法返回的定时器 ID。例如，var id=setTimeout("alert('你好!')",3000);clearTimeout();
clearInterval()	用于取消由 setInterval()方法返回的定时器 ID。例如，var id=setInterval ("alert('你好!')",3000);clearInterval();

表 6-6　window 对象的常用属性

属　性	说　　明
defaultStatus	指定默认显示在浏览器状态栏中的内容
frames[]	该属性是一个数组，包含所有在本窗口中的框架(frame)对象，数组下标从 0 开始
opener	指定打开当前窗口的 window 对象的引用。如果当前的窗口是用户打开的，则 opener 属性值为 null
parent	指定父窗口，如果当前的窗口是一个框架，则该属性就是对窗口中包含这个框架的框架的引用
self	指 window 对象对自己的引用，等同于 window 属性
window	指自引用属性，等同于 self 属性，表示对当前 window 对象的引用
top	指定最顶层窗口，如果当前窗口是一个框架，则该属性就是对窗口中包含这个框架最高层窗口的 window 对象的引用

例 6-18　浏览器窗口的属性和方法示例 1。

```
<html>
  <center>
    <body>
```

```
<script type="text/javascript">
  var str=confirm("是否要打开一个新窗口?");
  if(str==true){
    var s=open("http://www.baidu.com","height=250,width=1000,
    scrollbars=no,toolbar=no, menubar=no,status=no",location="no");
  }
  var str1=confirm("是否要关闭新窗口?");
  if(str1==true){
    s.close();               //关闭 s 对象浏览器窗口,即关闭打开的百度网页窗口
    window.close();          //关闭 window 对象窗口,即关闭例 6-18.html 网页窗口
  }
</script>
</body>
</center>
</html>
```

程序运行结果如图 6-19(a)的左侧图所示,第一次单击"确定"按钮后效果如图 6-19(a)的右侧图所示,第二次单击"确定"按钮后效果如图 6-20 所示,第三次单击"确定"按钮,即关闭浏览器选项卡窗口。

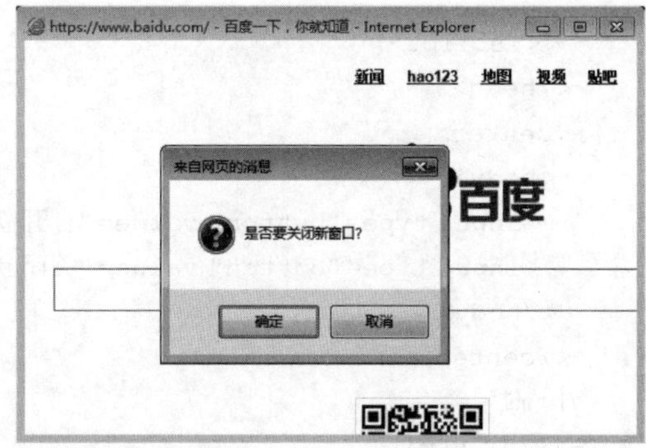

图 6-19 浏览器窗口的属性和方法示例 1(a)

图 6-20 浏览器窗口的属性和方法示例 1(b)

例 6-19 浏览器窗口的属性和方法示例 2。

```
6-19.html
<html>
  <head>
    <title>打开和关闭窗口</title>
    <script>
      var newWindow;
      function openOnClick()
      {
        newWindow=open("6-19(a).html","","top=100,left=150,height=150,width=
        400,menubar=yes,resizable=no,location=no,status=yes");
      }
      function closeOnClick()
      {
        if(newWindow !=undefined) {
          newWindow.close();
        }
      }
    </script>
  </head>
  <center>
   <body>
    <input type="button" value="打开新窗口" onclick="openOnClick()" />
    <input type="button" value="关闭新窗口" onclick="closeOnClick()" />
   </body>
  </center>
</html>
6-19(a).html
<html>
  <head>
    <title>新打开窗口</title>
    <script>
      function moveToOnClick()
      {
        moveTo(100,100);
      }
      function moveByOnClick()
      {
        moveBy(-100, 200);
      }
      function resizeToOnClick()
      {
        resizeTo(200,200);
      }
      function resizeByOnClick()
      {
```

```
      resizeBy(-50,200);
    }
    function closeOnClick()
    {
      close();
    }
  </script>
</head>
<center>
<body>
  <input type="button" value="moveTo(100,100)" onclick="moveToOnClick()">
  <br>
  <input type="button" value="moveBy(-100,200)" onclick="moveByOnClick()">
  <br>
  <input type="button" value="resizeTo(200,200)" onclick="resizeToOnClick()">
  <br>
  <input type="button" value="resizeBy(-50,200)" onclick="resizeByOnClick()">
  <br>
  <input type="button" value="关闭本窗口" onclick="closeOnClick()">
</body>
</center>
</html>
```

程序运行结果如图 6-21 所示，单击“打开新窗口”按钮效果如图 6-22 所示。

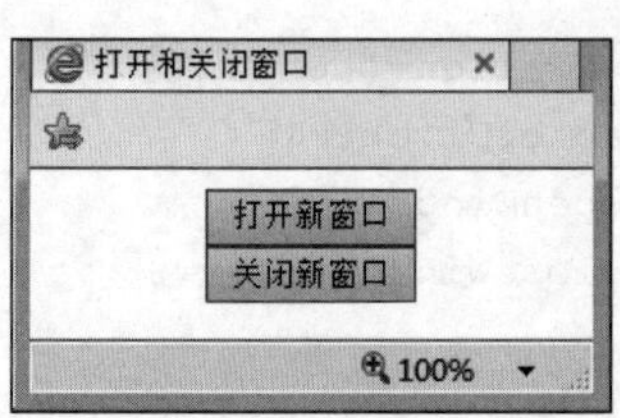

图 6-21　浏览器窗口的属性和方法示例 2(a)

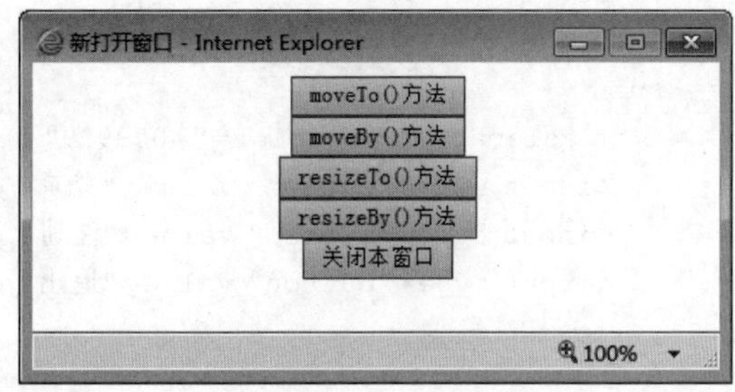

图 6-22　浏览器窗口的属性和方法示例 2(b)

例 6-20　浏览器窗口的属性和方法示例 3。

```
6-20.html
<html>
<script type="text/javascript">
  function openWindow()
  {
    window.status="正在打开新的窗口->";
    if(window.screen.width==1360 && window.screen.height==768)
      open("6-20(a).html","第二个窗口","toolbars=no,location=no,statusbar=no,
      menubars=no, scrollbars=1,width=500,height=250");
    else
      window.alert("请设置分辨率为 1360*768,然后再打开!");
```

```
    }
    function closeWindow()
    {
      if(window.confirm("你确定要关闭窗口吗?"))
       window.close();
    }
    function enterClick(){
       alert("您已登录!");
    }
  </script>
  <body>
    <center>
    <br>
     <table  width="60%" border="1">
      <tr align="center">
       <td colspan="2" bgcolor="#0066FF" height="20px"><font color="white">请输入
       用户名和密码</font></td>
      </tr>
      <tr>
       <td height="30px" width="50%" align="right">用户名: </td><td align="left">
      <input type="text"></td>
      </tr>
      <tr>
       <td height="30px" align="right">密  码: </td><td align="left"><input
       type="text"></td>
      </tr>
      <tr>
       <td colspan="2" bgcolor="#009999" height="40px" align="center">
          <input type="button" value="登录" onclick="enterClick()">
          <input type="button" value="注册" onclick="openWindow()">
          <input type="button" value="退出" onclick="closeWindow()">
       </td>
      </tr>
     </table>
    </center>
  </body>
  </html>
  6-20(a).html
  <html>
  <head>
    <title>用户注册</title>
    <script type="text/javascript">
      function oncloseclick(){
          close();
      }
    </script>
  </head>
  <body>
```

```
  <center>
    <table width="60%" border="1" bordercolor="red">
      <tr align="center" >
      <td colspan="2" bgcolor="blue" height="20px"><font size="5" color=
      "white">用户注册信息</font></td>
      </tr>
      <tr>
       <td height="30px" width="50%" align="right">用户名: </td>
       <td align="left"><input type="text"></td>
      </tr>
      <tr>
       <td  height="30px" align="right">密  码: </td>
       <td align="left"><input type="text"></td>
      </tr>
      <tr>
       <td  height="30px" align="right">确认密码: </td>
       <td align="left"><input type="text"></td>
      </tr>
      <tr>
       <td  height="30px" align="right">E-Mail: </td>
       <td align="left"><input type="text"></td>
      </tr>
      <tr>
       <td  height="30px" align="right">联系电话: </td>
       <td align="left"><input type="text"></td>
      </tr>
      <tr>
       <td colspan="2" bgcolor="#009999" height="40px" align="center">
       <input type="button" value="完成注册" onclick="oncloseclick()"></td>
      </tr>
    </table>
   </center>
  </body>
</html>
```

程序运行结果如图 6-23 所示，单击“注册”按钮，效果如图 6-24 所示。

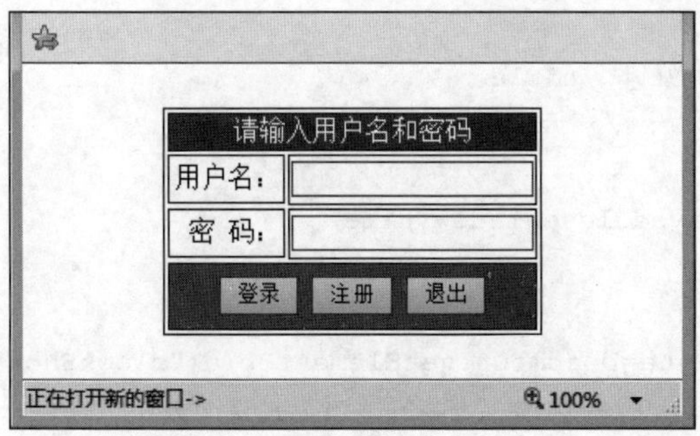

图 6-23　浏览器窗口的属性和方法示例 3(a)

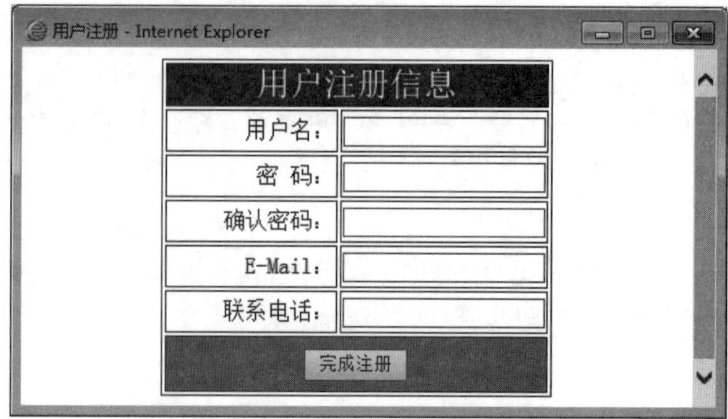

图 6-24 浏览器窗口的属性和方法示例 3(b)

例 6-21 浏览器窗口的属性和方法示例 4。

```
6-21.html
<html>
  <head>
    <title>定时器窗口</title>
    <script type="text/javascript">
      function openOnClick()
      {
        open("6-21(a).html","","top=400,left=200,height=30,width=300,
        menubar=no,resizable=yes,location=yes");
      }
    </script>
  </head>
  <body>
    <center>
      <input type="button" value="打开定时器窗口" onclick="openOnClick()" />
    </center>
  </body>
</html>
6-21(a).html
<html>
  <head>
    <title>自动关闭窗口</title>
    <script type="text/javascript">
      var timerID;
      function delayedCloseWindow(time)
      {
        if(time>0) {
          var showPane=document.getElementById("clockShow");
          showPane.value=time+"秒之后,窗口将自动关闭。"
          time--;
          //每延迟一秒调用 delayedCloseWindow()函数,并返回一个定时器给 timerID
          timerID=setTimeout("delayedCloseWindow()", 1000);
```

```
    } else {
      close();
    }
  }
  //用户单击"取消倒计时"按钮时,调用 cancelTimer()函数
  function cancelTimer()
  {
    if(timerID !=undefined) {
      clearTimeout(timerID);         //取消定时器
      var showPane=document.getElementById("clockShow");
      showPane.value="定时器停止倒计时,自动关闭窗口取消。";
    }
  }
 </script>
</head>
<!--页面加载完成后调用 delayedCloseWindow(10)函数-->
<body onload="delayedCloseWindow(10)">
 <center>
   <input type="text" size="40" id="clockShow" value="">
   <input type="button" value="取消倒计时" onclick="cancelTimer()">
   <input type="button" value="重新倒计时" onclick="delayedCloseWindow(5)">
 </center>
</body>
</html>
```

程序运行结果如图 6-25 所示,单击"打开定时器窗口"按钮,效果如图 6-26 所示。

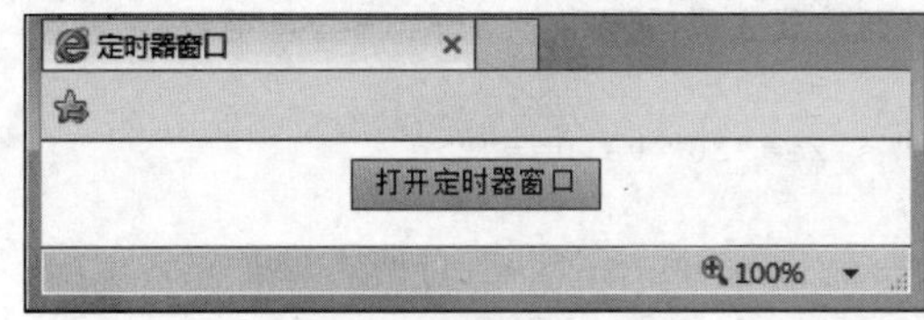

图 6-25　浏览器窗口的属性和方法示例 4(a)

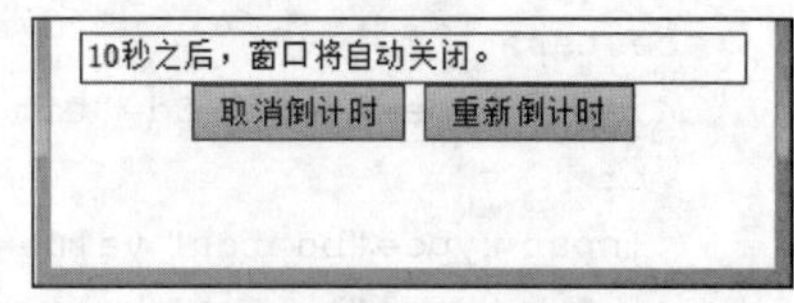

图 6-26　浏览器窗口的属性和方法示例 4(b)

例 6-22　浏览器窗口的属性和方法示例 5。

```
<html>
 <head>
  <title>显示当前系统时间窗口</title>
  <script type="text/javascript" >
   var timerId;
   function clock()
   {
     var today=new Date();
     var hours=today.getHours();
     var minutes=today.getMinutes();
     var seconds=today.getSeconds();
```

```
        var str="当前系统时间：";
        if(hours<12)
          str=str+"上午";
        else
          str=str+"下午";
        str=str+hours+"时"+minutes+"分"+seconds+"秒";
        var obj=document.getElementById("timerView"); /*获取 ID 为 timerView 文本
                                                          框控件*/
        obj.value=str;
      }
      function stopTimer()
      {
        if(timerId !=undefined) {
          clearInterval(timerId);                          //清除定时器
          timerId=undefined;
        }
      }
      function startTimer()
      {
        if(timerId==undefined) {
          clock();
          timerId=setInterval("clock()", 1000);            /*创建一个间隔 1 秒循环调用
                                                             clock()函数的定时器*/
        }
      }
    </script>
  </head>
  <body onload="startTimer()"><!--页面加载完成后调用 startTimer()函数-->
   <center>
    <input type="text" id="timerView" size="30" value="">
    <br>
    <input type="button" value="停止" onclick="stopTimer()">
    <input type="button" value="开始" onclick="startTimer()">
   </center>
  </body>
</html>
```

程序运行结果如图 6-27 所示。

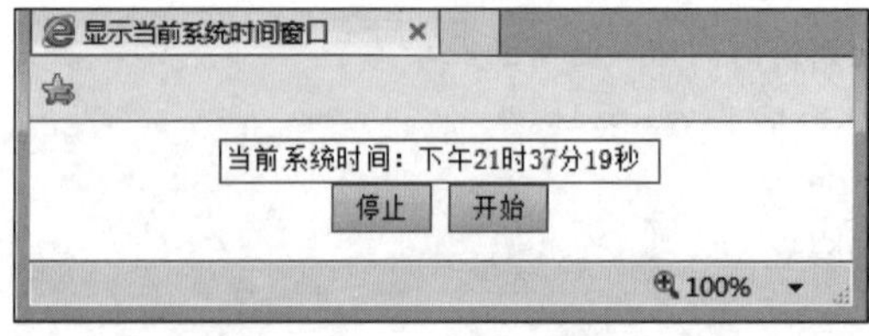

图 6-27　浏览器窗口的属性和方法示例 5

2. frame 对象

1) 框架集(frameset)与框架(frame)

框架是指可以把一个浏览器窗口分割成多个独立的区域,每个区域可以独立显示一个URL网页,即每个区域就是一个独立的窗口。整个浏览器窗口就是一个顶层的 window 对象,而每个独立区域的窗口也有自己的 window 对象,是由浏览器顶层的 window 对象继承而来。JavaScript 语言可以操作框架,但框架需要由 HTML 语言创建,框架页面的结构在框架集中设置,框架的创建方式分为以下三种。

(1) 水平分割窗口。水平分割窗口的框架语法格式如下。

```
<frameset rows="frame 窗口 1 高度,frame 窗口 2 高度,..." frameborder="是否显示边框"
framespacing="边框宽度" bordercolor="边框颜色">
  <frame src="页面文件 1 地址" name="框架名称" marginwidth="水平边距" marginheight=
  "垂直边距" scrolling="是否显示滚动条" noresize/>
  <frame src="页面文件 2 地址" name="框架名称" marginwidth="水平边距" marginheight=
  "垂直边距" scrolling="是否显示滚动条" noresize/>
  ...
</frameset>
```

其中,frameborder 属性用于设置是否显示边框线,取值只能为 0 或 1,1 为默认值,表示显示边框线,如果为 0,则不显示边框线;framespacing 属性用于显示边框宽度,当框架有边框时,边框宽度在默认情况下是 1 像素;bordercolor 属性用于显示边框颜色,取值可以是十六进制形式,也可以是具体的颜色值;rows 属性用于分割为几个水平区域窗口,可以取多个值,多个值之间用逗号分隔,这些值可以是具体的像素值,也可以是百分比形式。

frame 框架中的属性及说明如表 6-7 所示。

表 6-7　frame 框架中的属性及说明

属　性	说　　明
src	指定框架页面地址,可以是绝对地址,也可以是相对地址
name	为框架窗口指定一个名称
marginwidth	指定框架窗口的水平边距
marginheight	指定框架窗口的垂直边距
scrolling	指定框架窗口是否有滚动条,取值为 yes、no、auto,如果取值为 yes 表示显示滚动条,取值为 no 表示不显示滚动条,auto 是系统默认值,根据内容自动调整是否需要滚动条
noresize	指定框架窗口的大小保持不变

例 6-23　将窗口分为三个水平区域的独立窗口。

```
<html>      <!--创建 6-23.html 文件-->
  <head>
    <title>水平分割窗口</title>
  </head>
  <!--rows 属性表示三个水平方向框架的高度。第一个框架高度为 120 像素,第二个框架高度为
  240 像素,第三个框架高度为剩余的空间-->
```

```
  <frameset rows="120,240, * ">
    <frame name="topframe" src="top.html"/>
    <frame name="middleframe" src="middle.html"/>
    <frame name="bottomframe" src="bottom.html"/>
  </frmaeset>
</html>
top.html      <!--创建 top.html 文件-->
<html>
  <head><title>顶层区域</title>
  </head>
  <center>
  <body>
    <br>
    <br>
    <center><h2>分割的第一个区域窗口</h2>
  </body>
  </center>
</html>
middle.html      <!--创建 middle.html 文件-->
<html>
  <center>
  <body>
    <br>
    <br>
    <br>
    <br>
    <center><h2>分割的第二个区域窗口</h2>
  </body>
  </center>
</html>
bottom.htm      <!--创建 bottom.html 文件-->
<html>
  <center>
  <body>
    <br>
    <br>
    <center><h2>分割的第三个区域窗口</h2>
  </body>
  </center>
</html>
```

程序运行结果如图 6-28 所示。

(2) 垂直分割窗口。垂直分割窗口的框架语法格式如下。

```
<frameset cols="frame 窗口 1 宽度,frame 窗口 2 宽度,..." frameborder="是否显示边框"
framespacing="边框宽度" bordercolor="边框颜色">
  <frame src="页面文件 1 地址" name="框架名称" marginwidth="水平边距" marginheight=
  "垂直边距" scrolling="是否显示滚动条" noresize/>
  <frame src="页面文件 2 地址" name="框架名称" marginwidth="水平边距" marginheight=
  "垂直边距" scrolling="是否显示滚动条" noresize/>
  ...
```

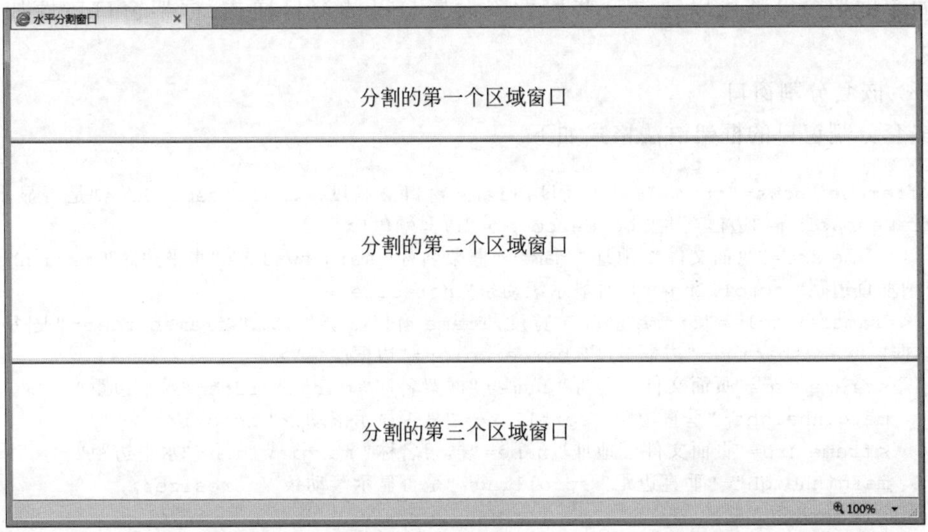

图 6-28　分割的水平窗口

```
</frameset>
```

其中，cols 可以取多个值，多个值之间用逗号“,”分隔，这些值可以是具体的像素值，也可以是百分比形式。

例 6-24　将窗口分为三个垂直区域的独立窗口。

```
6-24.html        <!--创建 6-24.html 文件-->
<html>
  <head>
    <title>垂直分割窗口</title>
  </head>
  <frameset cols="30%,30%,*">
    <frame name="topframe" src="top.html"/>
    <frame name="middleframe" src="middle.html"/>
    <frame name="bottomframe" src="bottom.html"/>
  </frmaeset>
</html>
```

程序运行结果如图 6-29 所示。

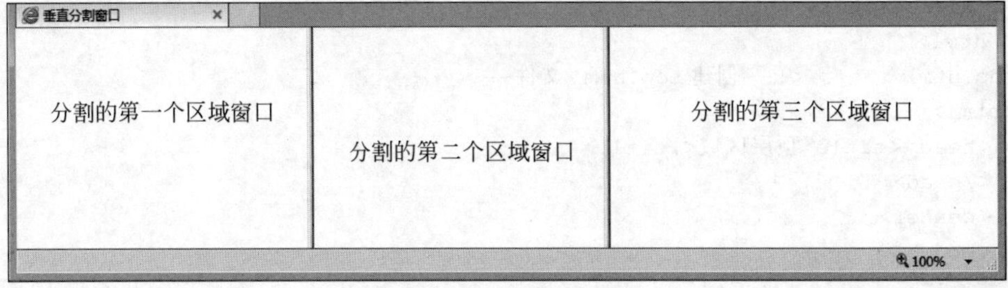

图 6-29　分割的垂直窗口

每个框架窗口都可以通过一些属性来设置自己的窗口样式,框架窗口属性如表6-7所示。

(3) 嵌套分割窗口。

嵌套分割窗口的框架语法格式如下。

```
<frameset rows="frame窗口1高度,frame窗口2高度,..." frameborder="是否显示边框"
framespacing="边框宽度" bordercolor="边框颜色">
  <frame src="页面文件1地址" name="框架名称" marginwidth="水平边距" marginheight=
  "垂直边距" scrolling="是否显示滚动条" noresize/>
  <frameset cols="frame窗口1宽度,frame窗口2宽度,..." frameborder="是否显示边
  框" framespacing="边框宽度" bordercolor="边框颜色">
    <frame src="页面文件2地址" name="框架名称" marginwidth="水平边距"
    marginheight="垂直边距" scrolling="是否显示滚动条" noresize/>
    <frame src="页面文件3地址" name="框架名称" marginwidth="水平边距"
    marginheight="垂直边距" scrolling="是否显示滚动条" noresize/>
  </frameset>
  ...
</frameset>
```

嵌套分割窗口就是页面既有水平分割的窗口,又有垂直分割的窗口。

例6-25 将窗口分割为既有水平窗口又有垂直窗口的嵌套框架。

```
6-25.html      <!--创建6-25.html文件-->
<html>
  <head>
    <title>水平与垂直分割窗口</title>
    <script type="text/javascript">
      top.window.status="嵌套框架"
    </script>
  </head>
  <frameset rows="30%,40%,*%" bordercolor="red">
    <frame name="topframe" src="top.html"/>
    <frameset cols="50%,50%">
      <frame name="leftframe" src="left.html"/>
      <frame name="rightframe" src="right.html"/>
    </frameset>
    <frameset rows="100%">
        <frame name="bottom1frame" src="bottom1.html"/>
    </frameset>
  </frmaeset>
</html>
top.html         <!--创建top.html文件-->
<html>
  <head><title>顶层区域</title>
  </head>
  <center>
  <body>
    <br>
    <br>
    <center><h2>分割的第一个区域窗口</h2>
```

```
  </body>
  </center>
</html>
left.html          <!--创建 left.html 文件-->
<html>
  <center>
  <body>
    <br>
    <br>
    <center><h2>分割的第二个区域窗口</h2>
  </body>
  </center>
</html>
right.html          <!--创建 right.html 文件-->
<html>
  <center>
  <body>
    <br>
    <br>
    <center><h2>分割的第三个区域窗口</h2>
  </body>
  </center>
</html>
bottom1.html          <!--创建 bottom1.html 文件-->
<html>
  <center>
  <body>
    <br>
    <br>
    <center><h2>分割的第四个区域窗口</h2>
  </body>
  </center>
</html>
```

程序运行结果如图 6-30 所示。

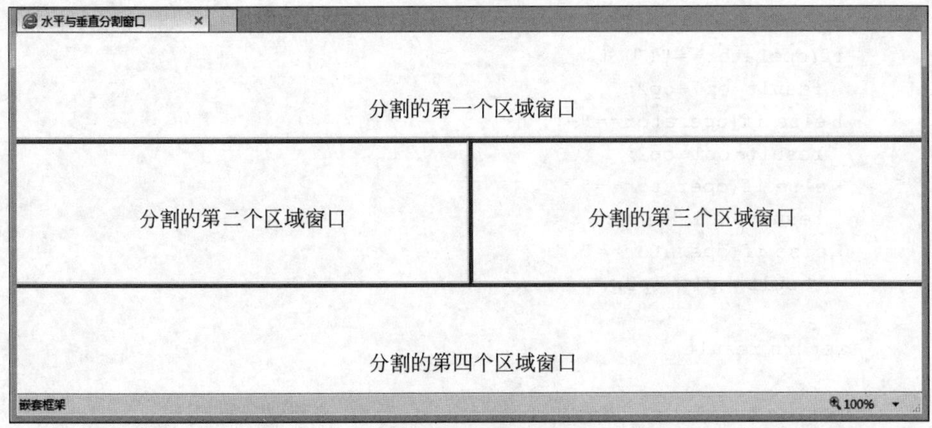

图 6-30　嵌套框架

例 6-26 创建一个用于四则运算的框架集，左边框架和右边框架显示的效果如图 6-31 所示。

```
6-26.html    <!--创建 6-26.html 文件-->
<html>
  <head>
    <title>框架的四则运算</title>
  </head>
  <frameset cols="30%, * " framespacing="2" bordercolor="blue">
    <frame name="left" src="6-25(a).html"/>
    <frame name="right" src="about:blank" />
  </frameset>
</html>
6-26(a).html        <!--创建 6-26(a).html 文件-->
<html>
  <head>
    <title>问题</title>
    <script type="text/javascript">
      var operatorArray=['+','-','*','/'];      //创建四个元素的数组
      var currentAnswer;
      function generateQuestion()
      {
       var operIndex=generateRandomNumber(0, 3); //调用 generateRandomNumber 函数
       var oper1=generateRandomNumber(0, 99);   //调用 generateRandomNumber 函数
       var oper2=generateRandomNumber(0, 99);   //调用 generateRandomNumber 函数
       currentAnswer=computer(oper1, oper2, operatorArray[operIndex]);
                                                //调用 computer 函数
       var qObj=document.getElementById("question");
                                                //获取 ID 为 question 文本框控件
       //连接两个数的算术表达式并赋给 ID 为 question 文本框
       qObj.value=oper1+operatorArray[operIndex]+oper2;
        document.getElementById("result").value=""; //将 ID 为 result 文本框赋空值
      }
      function computer(op1, op2, operator)     //对两个数进行相应的算术运算
      {
        var result;
        if(operator=="+") {
          result=op1+op2;
        } else if(operator=="-") {
          result=op1-op2;
        } else if(operator=="*") {
          result=op1 * op2;
        } else if(operator=="/") {
          result=op1 / op2;
        }
        return result;
      }
      function generateRandomNumber(start, end)  //产生随机数
      {
        return Math.floor(Math.random() * (end-start+1))+start;
```

```
    }
    var i=1;                                    //全局变量赋值
    function submitOnclick()
    {                                           //获取 ID 为 result 文本框控件
     var resObj=document.getElementById("result");
      var res=Number(resObj.value);             //将获取的文本框控件值转换为数字
      if(isNaN(res)) {                          //判断是否为数字
        alert("请输入数字。");
      } else {
        var resString=document.getElementById("question").value;
        if(res==currentAnswer) {                //判断回答的内容是否与答案相同
          resString="第"+i+"题: "+resString+"="+res+"-------------(正确)";
        } else {
          resString="第"+i+"题: "+resString+"="+res+"-------------(错误)";
        }
        i++;                                    //全局变量自增
        //将整个算术表达式及答案显示在右侧框架页面上
        top.right.document.write("     "+resString+
        "<br>");
        generateQuestion();
      }
    }
    function clearOnclick()
    {
      top.right.document.open("about:blank"); //右侧框架重新打开一个空的页面
      i=1;                                    //全局变量重新赋值
    </script>
  </head>
  <center>
  <body onload="generateQuestion()" bgcolor="green">
    问题: <input type="text" id="question" value="" disable><br >
    回答: <input type="text" id="result" value=""><br>
    <input type="button" value="提交"  onclick="submitOnclick()">
    <input type="button" value="清除" onclick="clearOnclick()">
  </body>
  </center>
</html>
```

程序运行结果如图 6-31 所示。

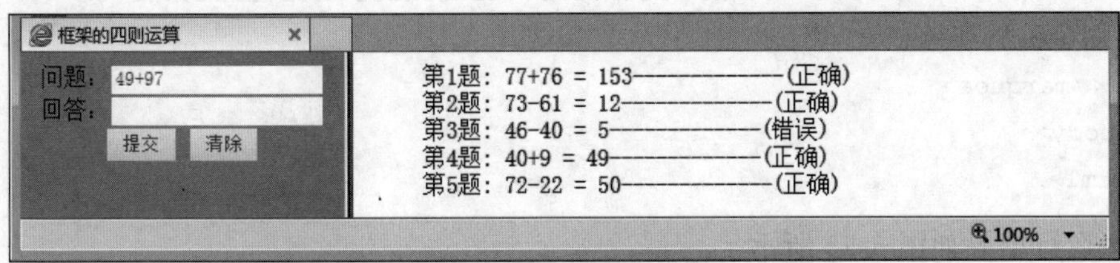

图 6-31　四则运算的框架集效果

2）内联(iframe)框架

内联框架是在浏览器窗口中嵌入一个子窗口即框架窗口，整个浏览器窗口不一定是框架页面，但包含一个框架窗口。内联框架是一个独立的框架窗口，并不需要在框架集中。内联框架可以放置在网页中的任何位置，且该框架窗口的宽度和高度可以根据需要而设计。内联框架的语法格式如下。

```
<iframe src="浮动页面文件地址" width="框架的宽度" height="框架的高度" align="对齐方式" name="框架名称" scrolling="是否显示滚动条" frameborder="是否显示边框" framespacing="边框宽度" bordercolor="边框颜色">
```

内联框架语法格式中的属性与框架中的属性相似，这里不再一一介绍。

例 6-27 创建一个内联框架页面。

```
6-27.html       <!--创建 6-27.html 文件-->
<html>
  <head><title>浮动框架</title>
  </head>
  <body>
    <p align="center">
      <img src="6-27.jpg" width="80%" height="50%">
    </p>
    <strong><p align="center">    我校 2 个专业获批省级一流
    本科专业建设点</p></strong>
    <p>    近日，教育部发布了《关于公布 2019 年度国家级和省级一流
    本科专业建设点名单的通知》(教高厅函〔2019〕46 号)，我校机械设计制造及其自动化、电气工
    程及其自动化 2 个专业获批省级一流本科专业建设点。<p>
    <p>    据悉，教育部将在 2019—2021 年建设 10000 个左右国家级
    一流本科专业建设点和 10000 个左右省级一流本科专业建设点，本次评选是“双万计划”的首批
    评选。</p>
    <p align="center"><iframe src="6-27(left).html" name="iframe1" width="90%"
    height="40"></p>
  </body>
</html>
6-27(a).html    <!--创建 6-27(a).html 文件-->
<html>
  <body>
    <marquee direction="right" behavior="alternate" scrollamount=3>
    只争朝夕，不负韶华
    </marquee>
  <body>
</html>
```

程序运行结果如图 6-32 所示。

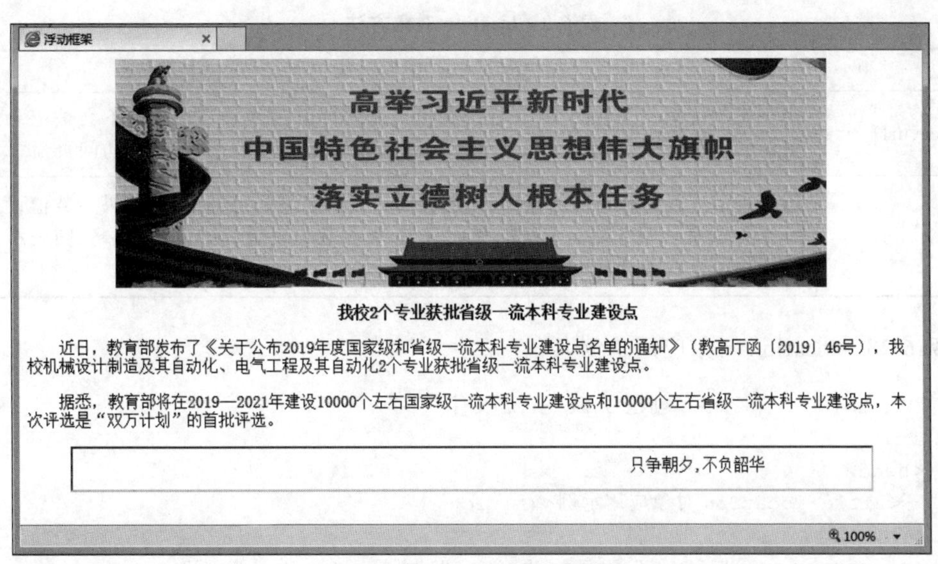

图 6-32　内联框架页面

3. location 对象

location 对象用来表示浏览器窗口中显示网页的 URL 地址，该对象具有如表 6-8 所示的一些常用属性。

表 6-8　location 对象常用属性

属　性	说　明
hostname	用于表示 URL 中的主机名
host	用于表示 URL 中的主机名和端口号
href	用于表示完整的 URL 地址
hash	用于表示 URL 地址中#后面的内容。例如，http://www.mnust.cn/computer.do#left，hash 的值为#left
pathname	用于表示 URL 地址中的资源路径信息。例如，http://127.0.0.1:8080/xg/xjjxcl/computer.do，pathname 的值为/xg/xjjxcl/computer.do
port	用于表示 URL 地址中的端口号
protocol	用于表示 URL 地址的协议
search	用于表示 URL 地址中的查询字符串。例如，http://127.0.0.1:8080/login.do?name=xiaoming，search 的值为?name=xiaoming

href 是最常用的 location 对象属性，通过给该属性赋值，可以转到一个新的页面上，例如：

```
location.href=http://www.baidu.com;
```

该语句使浏览器转到百度首页。除此之外，location 对象还提供了两个方法，如表 6-9 所示，用于实现对浏览器位置的控制。

表 6-9 location 对象方法

方 法	说 明
replace(url)	用于表示使用一个新的 URL 地址置换当前的页面，新的 URL 地址不会被记录到浏览器的浏览历史中，因此，不能再通过浏览器的"返回"和"前进"按钮访问页面
reload([force])	用于表示重新加载当前的页面，该方法有一个布尔型的可选参数，如果参数值设置为 true，则表示从服务器上重新加载页面，如果参数值设置为 false 或省略，则表示从客户端的缓存中重新载入页面

例 6-28 location 对象应用示例。

```
6-28.html           <!--创建 6-28.html 文件-->
<html>
  <head>
    <title>location 对象应用示例</title>
  </head>
  <frameset rows="15%,*" framespacing="1" bordercolor="red">
    <frame name="left" src=6-28(a).html>
    <frame name="right" src=6-28(b).html>
  </frameset>
</html>
6-28(a).html           <!--创建 6-28(a).html 文件-->
<html>
  <head>
    <script type="text/javascript">
      function changonHref(){
        //获取第一个框架中文本框 1 的内容
        var url1=window.parent.frames[0].document.name1.text1.value;
        //将第一个框架中文本框 1 的内容赋给第二个框架中 location 对象中的 href 属性
        window.parent.frames[1].location.href=url1;
      }
      function changonReplace(){
        var url1=window.parent.frames[0].document.name1.text2.value;
        //在第二个框架中使用 replace()方法
        window.parent.frames[1].location.replace(url1);
      }
      function fuweionClick1(){
        window.parent.frames[0].document.name1.text1.value="http://";
      }
      function fuweionClick2(){
        window.parent.frames[0].document.name1.text2.value="http://";
      }
    </script>
  </head>
  <center>
  <body>
    <p><h4><font color="red">请在下列文本框中输入网址进行验证</font></h4></p>
    <form name="name1">
    设置 location 对象的 href 属性:
    <input type="text" name="text1" value="http://" size="24">
```

```
      <input type="button" name="button1" value="使用 href 属性" onClick=
      "changonHref()">
      <input type="button" name="button2" value="复位" onClick="fuweionClick1()">
          
      设置新的 URL 地址：
        <input type="text" name="text2" value="http://" size="24">
        <input type="button" name="button3" value="使用 replace()方法" onclick=
        "changonReplace()">
        <input type="button" name="button4" value="复位" onClick="fuweionClick2()">
      </form>
    </body>
    </center>
</html>
6-28(b).html          <!--创建 6-28(b).html 文件-->
<html>
  <body>
    <script type="text/javascript">
      location.href="http://www.baidu.com"
    </script>
  </body>
</html>
```

程序运行结果如图 6-33 所示。

图 6-33　location 对象应用示例效果

4. history 对象

history 对象是一个数组，用来记录打开浏览器窗口后浏览过的页面的 URL 地址，通过使用 history 对象的属性和方法，可以访问和操作页面。history 对象的属性如表 6-10 所示，history 对象的方法如表 6-11 所示。

表 6-10 history 对象的属性

属 性	说 明
length	用于表示 history 对象中保存的 URL 地址个数
current	用于表示当前文档的 URL 地址
next	用于表示当前文档之后的下一个文档的 URL 地址
previous	用于表示当前文档之前的上一个文档的 URL 地址

表 6-11 history 对象的方法

方 法	说 明
back()	用于表示后退一个曾经浏览过的 URL 页面
forward()	用于表示前进一个曾经浏览过的 URL 页面
go()	用于表示相对于当前页面前进或后退的 URL 页面，go()方法有两种表示形式，第一种形式是 go(n)，n<0 表示后退，n>0 表示前进，例如，history(－1)表示后退一个页面，history(1)表示前进一个页面；第二种形式是 go(target)，target 是一个完整 URL 地址字符串

例 6-29 history 对象应用示例。

```
6-29.html                <!--创建 6-29.html 文件-->
<html>
  <head>
    <title>history 对象应用示例</title>
    <script type="text/javascript">
      function connect()
      {
        var url=document.getElementById("text1").value;
                                              //获取 ID 名称为 text1 文本框控件的内容
        if(url.length<8)                      //判断是否输入网址,默认值长度为 http://
        {
          alert("请输入网址!");
          return;
        }
        frames["content"].location.replace(url);    //内联框架中显示输入的网址页面
      }
      function fuwei()
      {
        document.getElementById("text1").value="http://";
      }
      function frontPage()
      {
        history.back();
      }
      function nextPage()
      {
        history.forward();
      }
```

```
    function goPage()
    {
      var strPageNum=document.getElementById("text2").value;
      var pageNum=parseInt(strPageNum);
      history.go(pageNum);
    }
    function clearonClick()
    {
      document.getElementById("text2").value="";
    }
  </script>
</head>
<center>
<body >
  <p><font size="4">请在下面文本框中输入网址</font></p>
  <form name="name1">
    网址:
    <input type="text" id="text1" size="24" value="http://www.baidu.com">
    <input type="button" value="访问" onclick="connect()">
    <input type="button" value="复位" onclick="fuwei()">
    <input type="button" value="前一页" onclick="frontPage()">
    <input type="button" value="下一页" onclick="nextPage()">
           
    跳转<input type="text" id="text2" value="-1表示后退,1表示前进" size="24">页
    <input type="button" value="清除" onclick="clearonClick()">
    <input type="button" value="确定" onclick="goPage()">
  </form>
  <hr color="red">
  <iframe name="content" width="100%" height="500" frameborder="0"src="6-29
  (a).html">
  </iframe>
</body>
</center>
</html>
6-29(a).html            <!--创建 6-29(a).html 文件-->
<html>
  <script type=text/javascript>
    location.href="http://www.baidu.com";
  </script>
</html>
```

程序运行结果如图 6-34 所示。

5. navigator 对象

navigator 对象用于获取客户端浏览器的相关信息，主要是客户端的操作系统和浏览器信息。navigator 对象常用的属性如表 6-12 所示，常用的方法如表 6-13 所示。

图 6-34 history 对象应用示例效果

表 6-12 navigator 对象的常用属性

属 性	说 明
appName	用于表示 Web 浏览名称。根据 W3C HTML5 的规范，navigator 对象的 appName 要么返回 NetScape，要么返回浏览器的全名
appVersion	用于表示 Web 浏览器版本号信息
appCodeName	用于表示 Web 浏览器代码名称
userAgent	用于表示存储在 HTTP 用户代理请求头中的字符串，包含了 appName 和 appVersion 中的所有信息
platform	用于表示浏览器运行的平台
language	用于表示浏览器支持的语言版本
cookieEnabled	用于表示浏览器是否启用 cookie 的布尔值

表 6-13 navigator 对象的常用方法

方 法	说 明
javaEnabled()	用于检测当前的浏览器是否支持并激活了 Java

例 6-30 navigator 对象应用示例。

```
<html>
  <head>
    <title>navigator 对象应用示例</title>
  </head>
  <body>
    <p align="center"><font size="4">navigator 对象信息</font><p>
     <script type="text/javascript">
       document.write("Web 浏览器名称:"+navigator.appName+"<br>");
       document.write("Web 浏览器版本:"+navigator.appVersion+"<br>");
       document.write("Web 浏览器代码名称:"+navigator.appCodeName+"<br>");
```

```
    document.write("Web 浏览器运行平台:"+navigator.platform+"<br>");
    document.write("Web 浏览器支持的语言版本:"+navigator.language+"<br>");
    document.write("Web 浏览器用户代理:"+navigator.userAgent+"<br>");
    document.write("检测是否支持并激活 java:"+navigator.javaEnabled()+"<br>");
  </script>
 </body>
</html>
```

程序运行结果如图 6-35 所示。

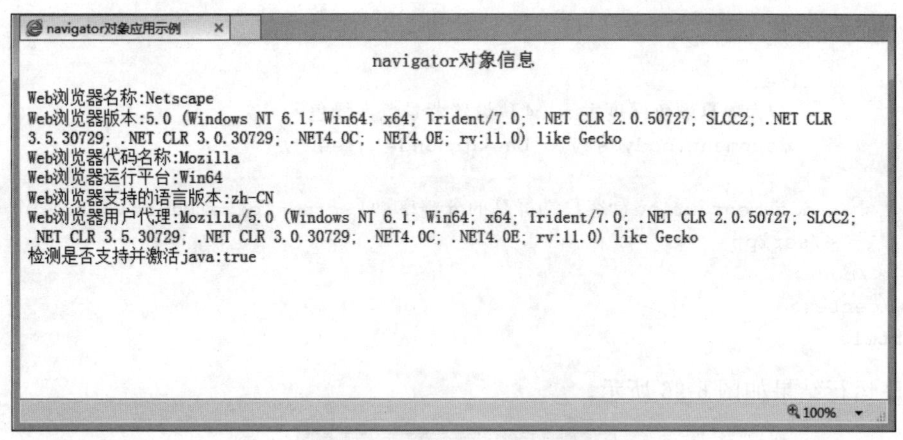

图 6-35　navigator 对象信息

6. screen 对象

screen 对象用于获取客户端屏幕设置的相关信息,主要包括显示器尺寸和可用的颜色数量信息。

screen 对象的常用属性如表 6-14 所示。

表 6-14　screen 对象的常用属性

属　性	说　明
height	用于表示屏幕的总高度,单位是像素
width	用于表示屏幕的总宽度,单位是像素
avaiHeight	用于表示屏幕的高度(不包括 window 任务栏),单位是像素
avaiWidth	用于表示屏幕的宽度(不包括 window 任务栏),单位是像素
colorDepth	用于表示浏览器屏幕颜色的比特深度
pixelDepth	用于表示屏幕的颜色分辨率

例 6-31　screen 对象应用示例。

```
<html>
  <head>
    <title>screen 对象应用示例</title>
  </head>
  <center>
    <body>
```

```
<p align="center"><font size="4">screen 对象信息</font><p>
  <script type="text/javascript">
    document.write("客户端屏幕的总高度:"+screen.height+"<br>");
    document.write("客户端屏幕的总宽度:"+screen.width+"<br>");
    document.write("客户端屏幕的可用高度:"+screen.availHeight+"<br>");
    document.write("客户端屏幕的可用宽度:"+screen.availWidth+"<br>");
    document.write("客户端屏幕的颜色深度:"+screen.colorDepth+"<br>");
    if (screen.colorDepth<=24){
      //为屏幕颜色深度小于等于 24 位设置背景色为红色
      document.body.style.background="red";
    }
    else{
      //为屏幕颜色深度大于 24 位设置背景色为绿色
      document.body.style.background="green";
    }
    document.write("客户端屏幕的分辨率:"+screen.pixelDepth+"<br>");
  </script>
 </body>
</center>
</html>
```

程序运行结果如图 6-36 所示。

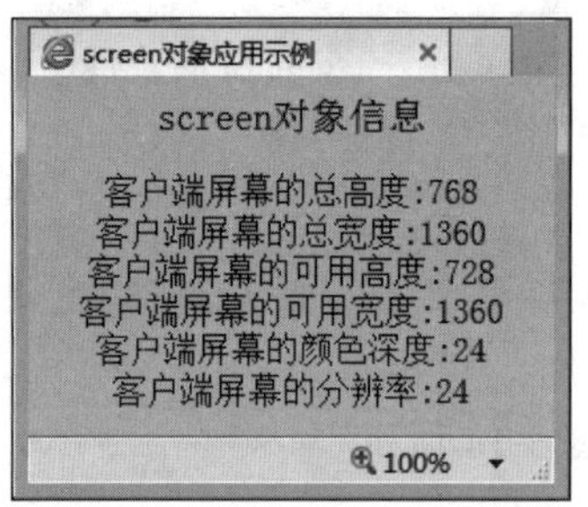

图 6-36　screen 对象应用示例

7. document 对象

在 HTML 文档中，文档对象就是 document 对象，HTML 文档就是 HTML 的标签对象，对 HTML 文档对象数据的访问就是 document 对象属性和方法的引用。document 对象常用的属性和方法分别如表 6-15 和表 6-16 所示。

表 6-15　document 对象的常用属性

属　性	说　　明
body	用于对 body 标签对象的直接访问，对于框架集的文档，该属性引用最外层的 <frameset>
cookie	用于设置或获取与当前文档有关的所有 cookie 值
domain	用于获取当前文档的域名
lastModified	用于获取文档被最后修改的日期和时间
referrer	用于获取当前文档使用链接载入的文档的 URL 地址

续表

属　性	说　　明
URL	用于获取当前文档的 URL 地址
title	用于获取当前文档的标题
innerHTML	用于获取 HTML 文档标签对象内容或对 HTML 文档标签对象赋值
fgColor	用于设置文档的文本颜色
bgColor	用于设置文档的背景颜色
alinkColor	用于设置链接被激活时的颜色
linkColor	用于设置链接未被激活时的颜色

表 6-16　document 对象的常用方法

方　　法	说　　明
open([mimetype])	用于打开一个可写入的文档,以便将来自 document.write()或 document.writeln()方法的内容输出,该方法的参数为可选,用于指定要写入文档的数据类型,如果在调用 open()方法时已经有文档显示出来,则会清除该文档内容,然后显示新内容
close()	用于关闭由 document.open()方法打开的文档,并强制显示出所有缓存的输出内容
getElementById()	用于获取 HTML 文档中指定 id 值的标签对象,id 值不能重复
getElementsByName()	用于获取 HTML 文档中指定名称的标签对象,名称值可重复,如果指定重复值名称时,返回的值是文档对象的数组
getElementsByName()	用于获取 HTML 文档中指定标签名的对象集合,返回的值是标签对象的数组
getAttribute()	用于获取 HTML 文档中当前标签对象的属性值
setAttribute()	用于修改 HTML 文档中当前标签对象的属性值
write(exp1,exp2,exp3,...)	用于向指定文档写入 HTML 表达式或 JavaScript 代码。该方法可指定多个参数,若指定多个参数,则将按参数先后顺序被追加到文档中
writeln(exp1,exp2,exp3,...)	等同于 write()方法,不同的是在写入所有参数表达式之后自动添加一个空格符

例 6-32　document 对象应用示例 1。

```
<html>
  <head>
    <title>document 对象应用示例 1</title>
    <script type="text/javascript">
     function createNewDocuemnt()
     {
      var document1=document.open("text/html");
      //定义一个 html 文档变量并赋值
      var text1="<html><title>document 对象应用示例 1</title><body><p align=
      'center'>我在学习 javascript 语言!</p></body></html>";
```

```
            document1.write(text1);
            docuemnt1.close();
        }
        </script>
    </head>
    <center>
    <body>
        <input type="button" value="单击你就知道我在学什么语言" onclick=
        "createNewDocuemnt()">
    </body>
    </center>
</html>
```

程序运行结果如图 6-37 所示，单击“单击你就知道我在学什么语言”按钮，效果如图 6-38 所示。

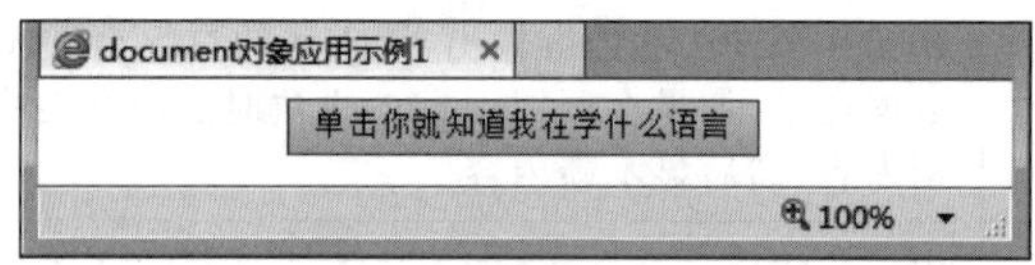

图 6-37　document 对象应用示例 1 效果(a)

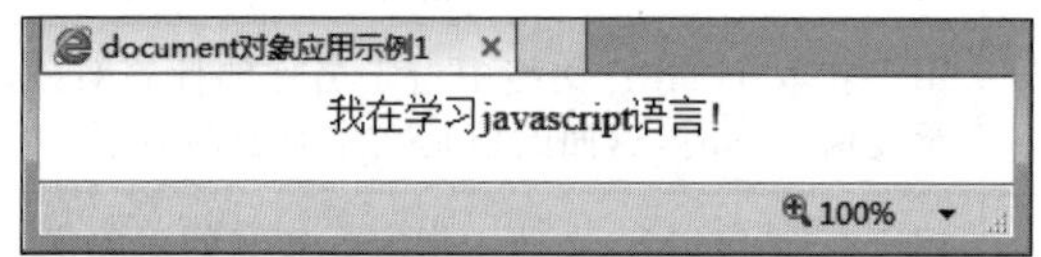

图 6-38　document 对象应用示例 1 效果(b)

例 6-33　document 对象应用示例 2。

```
<html>
    <head>
        <title>document 对象应用示例 2</title>
        <script type="text/javascript">
            document.write("<font color='red' size='6'>中国</font>
            <font color='blue' size='6'>福建省</font><font color='green' size='6'>石
            狮市</font>");
        </script>
    </head>
</html>
```

程序运行结果如图 6-39 所示。

图 6-39　document 对象应用示例 2 效果

例 6-34　document 对象应用示例 3。

```
<html>
  <head>
    <title>document 对象应用示例 3</title>
    <script type="text/javascript">
      document.writeln('中国');
      document.writeln('福建省');
      document.writeln('石狮市');
    </script>
  </head>
</html>
```

程序运行结果如图 6-40 所示。

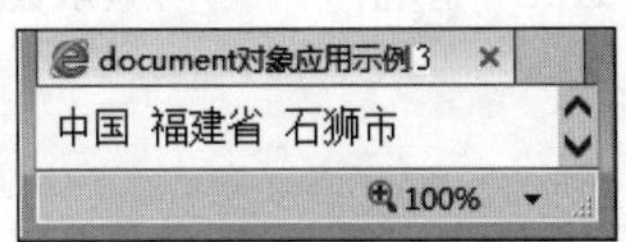

图 6-40　document 对象应用示例 3 效果

例 6-35　document 对象应用示例 4。

```
<html>
  <head><title>document 对象应用示例 4</title>
    <script type="text/javascript">
      function onClick()
      {
        var x=document.getElementById("text1")  //获取 id 值为 text1 的对象
        x.value="你老大!";
      }
    </script>
  </head>
  <center>
  <body>
  <h1 id="who" onclick="onClick()">猜猜我是谁--->"点我"</h1>
    我是:<input type="text" id="text1" size="8">
  </body>
  </center>
</html>
```

程序运行结果如图 6-41 所示。

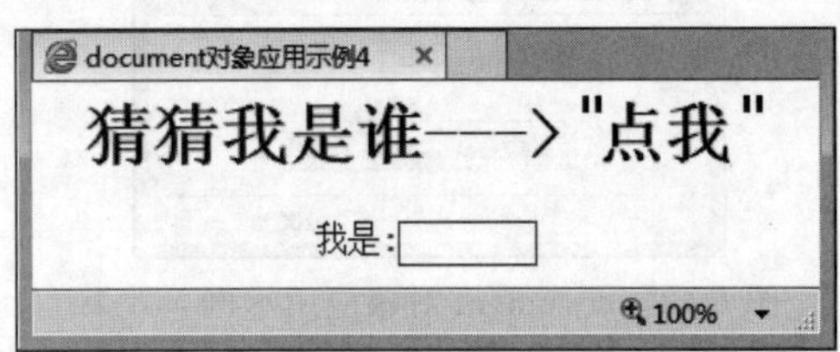

图 6-41　document 对象应用示例 4 效果

例 6-36 document 对象应用示例 5。

```
<html>
  <head><title>document 对象应用示例 5</title>
  <script type="text/javascript">
  function getElements()
  {
    var x=document.getElementsByName("myInput");  //获取名称值为 myInput 对象集合
    alert("按钮总个数为"+x.length);
  }
  function button1()
  {
    var x=document.getElementsByName("myInput");
    alert("Hi,我是"+x[0].value+"按钮");     //显示数组对象集合中的第 1 个元素
  }
  function button2()
  {
    var x=document.getElementsByName("myInput");
    alert("Hi,我是"+x[1].value+"按钮");     //显示数组对象集合中的第 2 个元素
  }
  function button3()
  {
    var x=document.getElementsByName("myInput");
    alert("Hi,我是"+x[2].value+"按钮");     //显示数组对象集合中的第 3 个元素
  }
  </script>
  </head>
  <center>
  <body>
    <input name="myInput" type="button" value="太阳" size="20" onclick="button1()">
    <input name="myInput" type="button" value="月亮" size="20" onclick="button2()">
    <input name="myInput" type="button" value="星星" size="20" onclick="button3()">
    <br><br>
    <input type="button" value="单击求上面按钮个数" onclick="getElements()">
  </body>
  </center>
</html>
```

程序运行结果如图 6-42 所示。

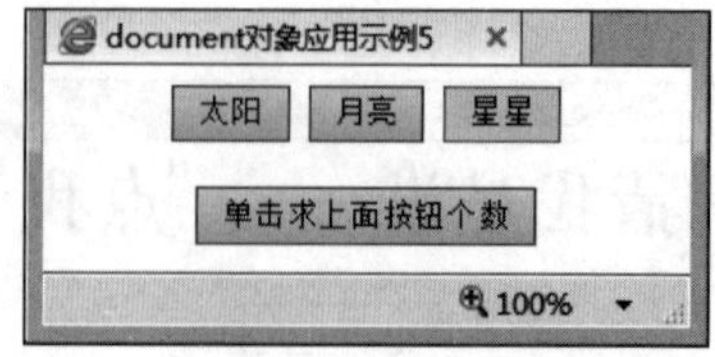

图 6-42 document 对象应用示例 5 效果

例 6-37　document 对象应用示例 6。

```
<html>
  <head><title>document 对象应用示例 6</title>
  <script type="text/javascript">
  function getElements()
  {
    var x=document.getElementsByTagName("input");    //获取标签为 input 对象的集合
    alert("按钮总个数为"+x.length);          //求标签为 input 的按钮个数
  }
  function button1()
  {
    var x=document.getElementsByName("myInput");
    alert("Hi,我是"+x[0].value+"按钮");    //获取第 1 个 input 标签的 value 值
  }
  function button2()
  {
    var x=document.getElementsByName("myInput");
    alert("Hi,我是"+x[1].value+"按钮");    //获取第 2 个 input 标签的 value 值
  }
  function button3()
  {
    var x=document.getElementsByName("myInput");
    alert("Hi,我是"+x[2].value+"按钮");    //获取第 3 个 input 标签的 value 值
  }
  </script>
  </head>
  <center>
  <body>
    <input name="myInput" type="button" value="公鸡" size="20" onclick="button1()">
    <input name="myInput" type="button" value="母鸡" size="20" onclick="button2()">
    <input name="myInput" type="button" value="小鸡" size="20" onclick="button3()">
    <br><br>
    <input type="button"  value="单击求按钮个数" onclick="getElements()">
  </body>
  </center>
</html>
```

程序运行结果如图 6-43 所示。

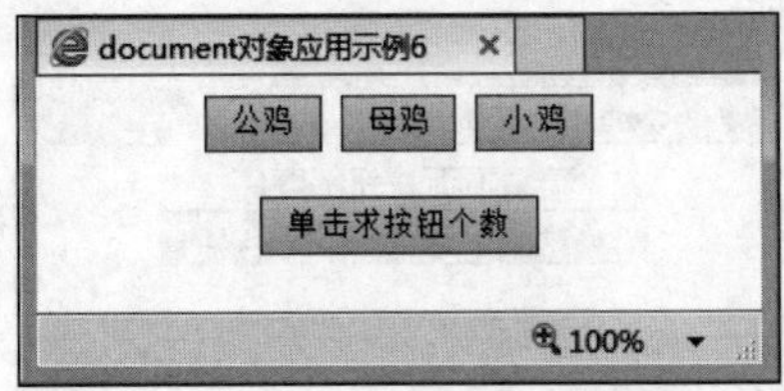

图 6-43　document 对象应用示例 6 效果

例 6-38 document 对象应用示例 7。

```
<html>
  <head><title>document 对象应用示例 7</title>
  <script type="text/javascript">
  function button1()
  {
    var x=document.getElementsByTagName("input");
    alert("Hi"+x[0].getAttribute("name"));
    x[0].value="按钮 2";
  }
  function button2()
  {
    var x=document.getElementsByTagName("input");
    alert("Hi"+x[1].getAttribute("name"));
    x[1].value="按钮 1";
  }
  function button3()
  {
    var x=document.getElementsByTagName("input");
    alert("Hi"+x[2].getAttribute("name"));
    x[2].value="按钮 3";
  }
  </script>
  </head>
  <center>
  <body>
    猜猜下面按钮的顺序<br>
    <input name="我是第一个按钮" type="button" value="button" size="20"
      onclick="button1()">
    <input name="我是第二个按钮" type="button" value="button" size="20"
      onclick="button2()">
    <input name="我是第三个按钮" type="button" value="button" size="20"
      onclick="button3()">
    <br><br>
  </body>
  </center>
</html>
```

程序运行结果如图 6-44 所示。

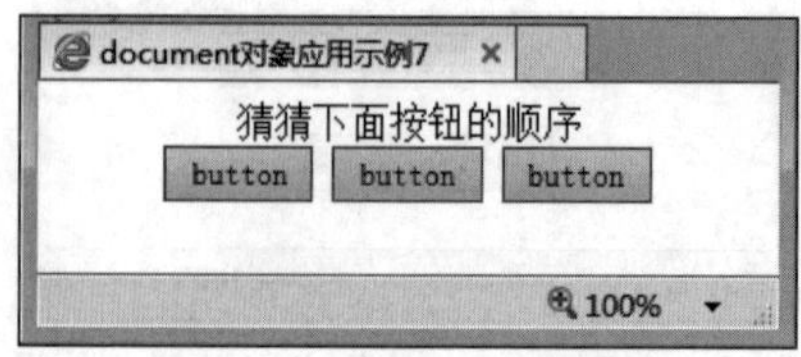

图 6-44 document 对象应用示例 7 效果

例 6-39　document 对象应用示例 8。

```
<html>
  <head><title>document 对象应用示例 8</title>
   <script type="text/javascript">
      function button1()
      {
      var x=document.getElementsByTagName("input");
      x[0].setAttribute("type","button");             //设置第 1 个控件的类型为按钮
      x[0].setAttribute("value","按钮");               //设置按钮 value 值为按钮
      x[1].setAttribute("type","text");               //设置第 2 个控件的类型为文本框
      x[1].setAttribute("value","文本 1");             //设置文本框 value 值为文本 1
      x[2].setAttribute("type","checkbox");           //设置第 3 个控件的类型为复选框
      x[2].setAttribute("checked","true");            //设置复选框为选中状态
   }
   </script>
  </head>
  <center>
    <body>
     将下面控件依次改为按钮、文本框和复选框控件<br>
     <input>                                          //input 标签
     <input>
     <input>
     <br><br>
     <input type="button" value="更改" onclick="button1()">
    </body>
  </center>
</html>
```

程序运行结果如图 6-45 所示,单击“更改”按钮效果如图 6-46 所示。

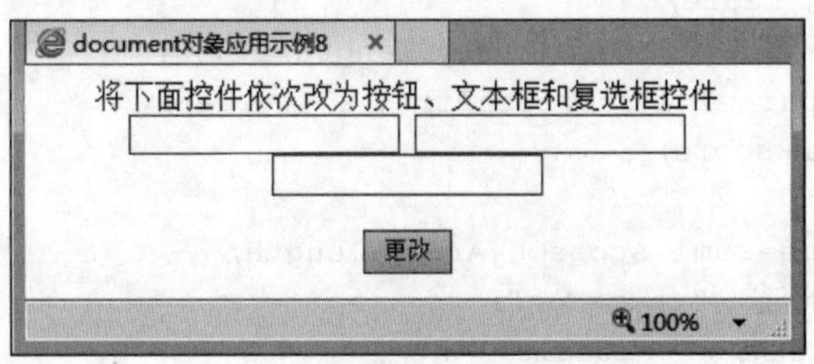

图 6-45　document 对象应用示例 8 效果(a)

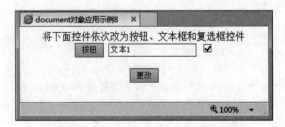

图 6-46　document 对象应用示例 8 效果(b)

例 6-40 创建一个用于计算三门课程成绩的网页，如图 6-47 所示，单击“计算平均成绩”按钮，在对话框中显示相关信息，如图 6-48 所示。

图 6-47 信息输入界面

图 6-48 平均成绩显示对话框

```
<html>
  <head>
    <title>计算学生各门课程的平均成绩</title>
    <script type="text/javascript">
     function averageScoreOnClick()
      {
        var numObj=document.getElementById("student_num");
        var num=numObj.value;
        var nameObjArray=document.getElementById("xm");
        var stuName=nameObjArray.value;

        var scoreObjArray=document.getElementsByName("score");
        var sum=0, score;
        for(var i=0; i<scoreObjArray.length;i++) {
           score=parseInt(scoreObjArray[i].value);
           sum=sum+score;
        }
        var average=sum / scoreObjArray.length;
        var res="学号: "+num+"\n";
        res=res+"姓名: "+stuName+"\n";
        res=res+"平均分: "+average;
        alert(res);
      }
    </script>
  </head>
  <center>
  <body>
    <font color="red" size="4">请输入以下信息</font><br><br>
    学号: <input type="text" id="student_num" value="">
    姓名: <input type="text" id="xm" value=""><br><br>
    英语成绩: <input type="text" name="score" value=""><br><br>
    数学成绩: <input type="text" name="score" value=""><br><br>
    语文成绩: <input type="text" name="score" value=""><br><br>
```

```
    <input type="button" value="计算平均成绩" onclick="averageScoreOnClick()">
  </body>
  </center>
</html>
```

6.3 事　　件

在 JavaScript 语言中,事件是浏览器响应用户操作的机制,说明了用户与 Web 页面交互时产生的操作。例如,当用户进入或离开页面时就会触发 onload 或 onUnload 事件。事件可以向浏览器指明有操作产生,需要浏览器处理;而浏览器可以监听事件,在事件发生时做出反应,进行相应的处理操作,这种监听、响应事件并进行处理的过程称为事件处理。

JavaScript 中的事件大都与 HTML 标记相关,都是在用户操作页面元素时触发。JavaScript 为绝大多数 HTML 对象定义了事件,包括链接(link)、图像(image)、表单元素(form element)和窗口(window)等。由于 JavaScript 提供了事件功能,从而使得 HTML 文档具有动态性、交互性和灵活性。

1. 事件类型

JavaScript 支持大量的事件类型。表 6-17 列出了 HTML 文档中不同对象的事件类型。

表 6-17　HTML 文档中不同对象的事件类型

HTML 文档标签对象	JavaScript 事件名称	说　明
链接:<a>/<a>	click	单击事件
	dbclick	双击事件
	mousedown	按下鼠标左键事件
	mouseup	释放鼠标左键事件
	mouseover	鼠标悬停链接内容上事件
	mouseout	鼠标移到链接内容外事件
	keydown	键盘按键按下事件
	keyup	键盘按键释放事件
	keypress	键盘按键按下并释放事件
图像:<img>	abort	图像加载被中止事件
	error	图像加载过程错误事件
	load	图像载入并显示事件
	keydown	键盘按键按下事件
	keyup	键盘按键释放事件
	keypress	键盘按键按下并释放事件
区域:<area>	mouseover	鼠标悬停图像区域上事件
	mouseout	鼠标移到图像区域外事件
	dbclick	双击图像事件

续表

HTML 文档标签对象	JavaScript 事件名称	说　明
文档体：<body>	click	单击文档体事件
	dbclick	双击文档体事件
	keydown	键盘按键按下事件
	keyup	键盘按键释放事件
	keypress	键盘按键按下并释放事件
	mousedown	按下鼠标左键事件
	mouseup	释放鼠标左键事件
窗口框架集与框架：<frameset></frameset> <frame></frame>	blur	窗口失去焦点事件
	error	窗口加载出现错误事件
	focus	窗口获得焦点事件
	load	窗口加载完成事件
	unload	窗口卸载完成事件
	move	窗口移动事件
	resize	窗口调整大小事件
	dragdrop	将一个对象放入窗口事件
表单：<form></form>	submit	提交表单事件
	reset	重置表单事件
单行文本框：<input type="text">	blur	文本框失去焦点事件
	focus	文本框获得焦点事件
	change	文本框被修改并失去焦点事件
	select	文本框中选中文本事件
密码框：<input type="password">	blur	密码框失去焦点事件
	focus	密码框获得焦点事件
多行文本框：<textarea></textarea>	blur	文本框失去焦点事件
	focus	文本框获得焦点事件
	change	文本框被修改并失去焦点事件
	select	文本框中选中文本事件
	keydown	键盘按键按下事件
	keyup	键盘按键释放事件
	keypress	键盘按键按下并释放事件
按钮：<input type="button">	click	单击按钮事件
	blur	按钮失去焦点事件
	focus	按钮获得焦点事件
	mousedown	鼠标左键在按钮上按下事件
	mouseup	鼠标左键在按钮上释放事件

续表

HTML 文档标签对象	JavaScript 事件名称	说　明
提交按钮：<input type="submit">	click	单击提交按钮事件
	blur	提交按钮失去焦点事件
	focus	提交按钮获得焦点事件
重置按钮：<input type="reset">	click	单击重置按钮事件
	blur	重置按钮失去焦点事件
	focus	重置按钮获得焦点事件
单选按钮：<input type="radio">	click	单击单选按钮事件
	blur	单选按钮失去焦点事件
	focus	单选按钮获得焦点事件
复选框：<input type="checkbox">	click	单击复选框事件
	blur	复选框失去焦点事件
	focus	复选框获得焦点事件
文件上传按钮：<input type="file">	blur	文件上传按钮失去焦点事件
	change	选择一个文件上传事件
	focus	文件上传按钮获得焦点事件
下拉菜单：<select></select>	blur	下拉菜单失去焦点事件
	focus	下拉菜单获得焦点事件
	change	下拉菜单被修改并失去焦点事件

当这些事件发生时，程序就会执行用于响应事件的 javascript 代码。响应事件的代码称为事件处理器。事件处理器包含在相应的 HTML 标记里，作为该标记的属性，其语法格式如下。

```
<HTML 标签事件处理器名称="javascript 代码">
<input type="button" value="按钮" onClick="alert('请单击按钮')">
```

事件处理器名称与表 6-17 中的 JavaScript 事件名称基本一样，只是在 JavaScript 事件名称前多加一个 on 作为前缀，事件处理器名称不区分大小写，例如 ONCLICK、onclick 和 onClick 都是等价的。

2. 常用事件

1）鼠标单击事件

鼠标单击事件分为单击事件(click)、双击事件(dblclick)、鼠标左键按下事件(mousedown)和鼠标左键释放事件(mouseup)。单击事件是指完成按下鼠标左键并释放这一动作过程后产生的事件；双击事件是指完成连续按下两次鼠标左键并释放这一动作过程后产生的事件；鼠标左键按下事件是指按下鼠标左键并不理会是否有释放鼠标左键的这一动作过程后产生的事件；鼠标左键释放事件是指鼠标左键释放的这一动作过程后产生的事件，释放后按下鼠标左键并不会对该事件产生执行操作。

例 6-41 鼠标单击事件应用示例。

```
<html>
  <title>鼠标单击事件应用示例</title>
  <head>
    <script language="javascript">
      function Click()              //单击事件处理程序
      {
        document.getElementById("text1").value="您单击了文本框";
                                                        //设置文本框中显示的内容
      }
      function dclick()                                 //双击事件处理程序
      {
        document.getElementById("text2").value="您双击了文本框";
                                                        //设置文本框中显示的内容
      }
      function down()                                   //鼠标按下事件处理程序
      {
        //设置文本框中显示的内容
        document.getElementById("text3").value="您在文框中按下了鼠标左键";
      }
      function up()                                     //鼠标键释放事件处理程序
      {
        //设置文本框中显示的内容
        document.getElementById("text4").value="您在文本框中释放了鼠标左键";
      }
    </script>
  </head>
  <center>
    <body>
    请在文本框中分别单击、双击、鼠标左键按下和鼠标左键释放进行验证<br><br>
    <input type="text" id="text1" size="30" ONCLICK="Click()">      <!--设置单
    击事件属性-->
    <input type="text" id="text2" size="30" onDblclick="dclick()">     <!--设置
    双击事件属性-->
    <!--设置鼠标按下事件属性-->
    <input type="text" id="text3" size="30" onmousedown="down()">
    <input type="text" id="text4" size="30" onMouseup="up()">       <!--设置释放
    事件属性-->
    <br><br>
    单击             
        双击
                          
            左键按下
                          
            左键释放
    </body>
  </center>
</html>
```

程序运行结果如图 6-49 所示。

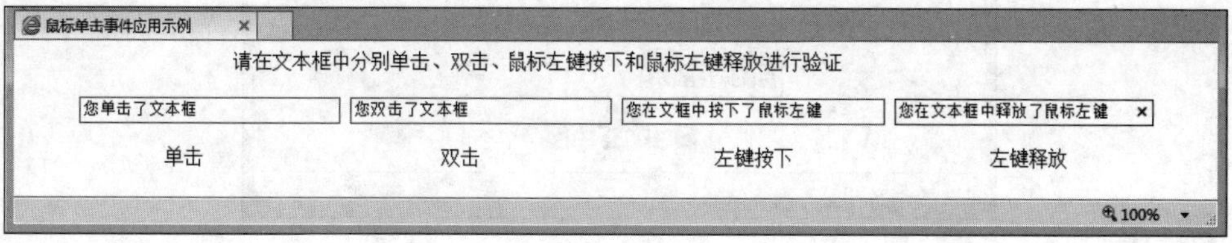

鼠标单击事件应用示例
请在文本框中分别单击、双击、鼠标左键按下和鼠标左键释放进行验证
您单击了文本框 您双击了文本框 您在文框中按下了鼠标左键 您在文本框中释放了鼠标左键
单击 双击 左键按下 左键释放
100%

图 6-49　鼠标单击事件应用示例效果

2）鼠标移动事件

鼠标移动事件分为鼠标移出对象事件(mouseout)、鼠标悬停对象事件(mousemove)和鼠标移过对象事件(mouseover)。

例 6-42　鼠标移动事件应用示例。

```
<html>
  <head>
    <title>鼠标移动事件应用示例</title>
    <script language="javascript">
      function mouseover1()                    //鼠标移过事件处理程序
      {
      document.getElementById("text1").value="您鼠标移过文本框了";
                                               //设置文本框中显示的内容
      }
      function mousemove1()                    //鼠标悬停事件处理程序
      {
        //设置文本框中显示的内容
        document.getElementById("text1").value="您鼠标悬停在图片上了";
      }
      function mouseout1()                     //鼠标移出事件处理程序
      {
        document.getElementById("text1").value="您鼠标移出图片了";
                                               //设置文本框中显示的内容
      }
    </script>
  </head>
  <center>
      <body>
        请将鼠标移过文本框,悬停在图片上和移出图片进行验证<br><br>
        <input type="text" id="text1" size="30" onmouseover="mouseover1()">
        <br>
        <img src="6-43.png" width="100" onmousemove="mousemove1()" onmouseout=
          "mouseout1()">
      </body>
  </center>
</html>
```

程序运行结果如图 6-50 所示。

图 6-50　鼠标移动事件应用示例效果

3）加载与卸载事件

加载事件(load)是指浏览器窗口打开完网页后产生的事件;卸载事件(unload)是指浏览器窗口关闭网页或跳转到其他网页上产生的事件。

例 6-43　网页加载与卸载事件应用示例。

```
<html>
  <head>
    <title>网页加载与卸载事件示例</title>
    <script language="javascript">
      function load1()                              //加载事件处理程序
      {
        alert("网页加载完成!");                     //弹出提示对话框
      }
      function unload1()                            //卸载事件处理程序
      {
        window.open("http://www.baidu.com");        //打开百度网站
      }
    </script>
  </head>
  <center>
    <body onload="load1()" onunload="unload1()">
      只有吃得苦中苦,才能方为人上人。
    </body>
  </center>
</html>
```

程序运行结果如图 6-51 所示,当网页显示完成后,弹出如图 6-52 所示的对话框,单击“确定”按钮后,再对网页进行关闭或刷新,网页将自动打开百度网站。

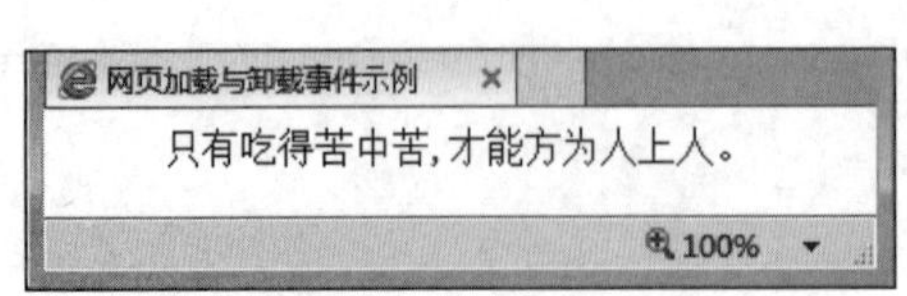

图 6-51　网页加载事件示例效果(a)

图 6-52　网页加载事件示例效果(b)

4）获得焦点与失去焦点事件

获得焦点事件(focus)是指对象获得焦点后产生的事件。失去焦点事件(blur)是指焦点从对象上移出。

例 6-44　获得焦点与失去焦点事件示例。

```
<html>
  <head>
    <title>获得焦点与失去焦点事件示例</title>
      <script language="javascript">
        function focus1()                         //获得焦点事件处理程序
        {
          alert("文本框获得焦点了!");             //弹出提示对话框
        }
        function blur1()                          //失去焦点事件处理程序
        {
          alert("文本框失去焦点了!");
        }
      </script>
  </head>
  <center>
    <body>
      将鼠标落在文本框内和移出文本框外进行验证<br>
      <input type="text" onFocus="focus1()" onBlur="blur1()">
    </body>
  </center>
</html>
```

程序运行结果如图 6-53 所示，当光标落在文本框处，弹出如图 6-54 所示的对话框，当光标离开文本框，弹出如图 6-55 所示的对话框。

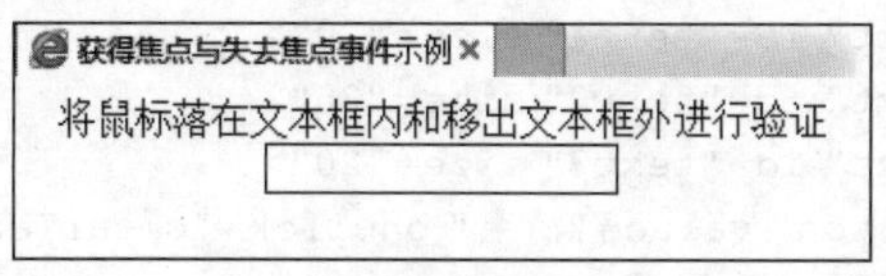

图 6-53　文本框获得焦点与失去焦点事件示例效果

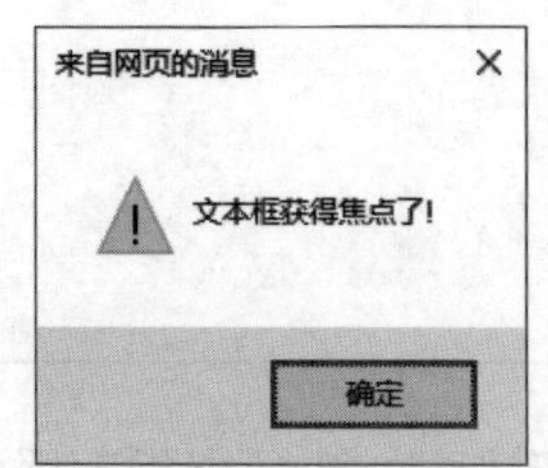

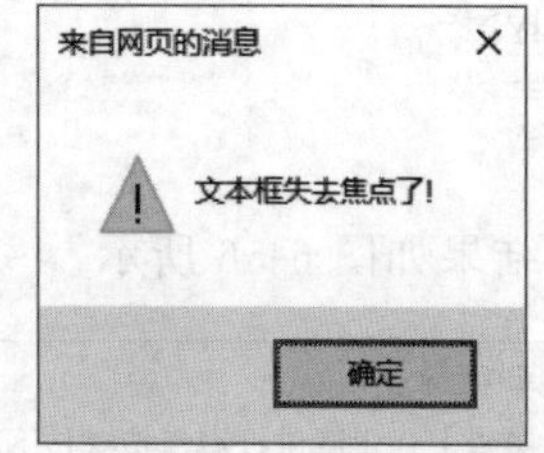

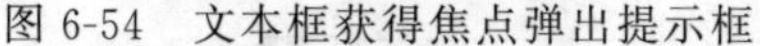

图 6-54　文本框获得焦点弹出提示框　　图 6-55　文本框失去焦点弹出提示框

5）键盘事件

键盘事件一般指在文本框中输入信息时发生的事件，键盘事件分为键盘按键按下事件(keydown)、键盘按键释放事件(keyup)和键盘按键按下并释放事件(keypress)。这三种事件的区别与鼠标的 mousedown 事件、mouseup 事件和 click 事件的区别类似。

例 6-45 键盘事件示例。

```
<html>
  <head><title>键盘事件示例</title>
    <script type="text/javascript">
      function down1()             //键盘按键按下事件处理程序
      {
        document.getElementById("text1").value="这是键盘按键按下事件";
      }
      function up1()               //键盘按键释放事件处理程序
      {
        document.getElementById("text2").value="这是键盘按键释放事件";
      }
      function press1()            //键盘按键按下并释放事件处理程序
      {
        document.getElementById("text3").value="这是键盘按键按下并释放事件";
      }
      function clearText()         //单击事件处理程序
      {
        document.getElementById("text1").value="";        //文本框 1 内容清空
        document.getElementById("text2").value="";        //文本框 2 内容清空
        document.getElementById("text3").value="";        //文本框 3 内容清空
      }
    </script>
  </head>
  <center>
    <body onkeydown="down1()" onkeyup="up1()" onKeypress="press1()">
    按键盘上任意键进行键盘按键按下事件、键盘按键释放事件和键盘按键按下并释放事件验证
    <br><br>
    <input type="text" id="text1" size="20">
    <input type="text" id="text2" size="20">
    <input type="text" id="text3" size="20">
    <input type="button" value="清空" onclick="clearText()">
    <br><br>
    键盘按键按下       键盘按键释放   
        键盘按键按下并释放
    </body>
  </center>
</html>
```

程序运行结果如图 6-56 所示。

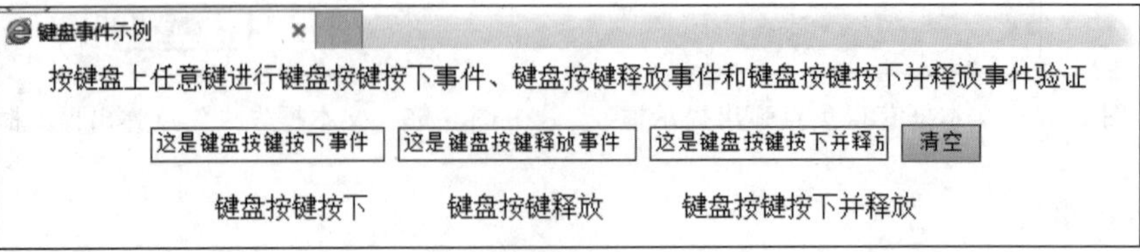

图 6-56 键盘事件示例效果

6）提交与重置事件

提交事件(submit)与重置事件(reset)都是在表单(form)标签对象中所产生的事件。提交事件是在提交表单时产生的事件;重置事件是在重置表单内容时产生的事件。这两个事件都可通过返回值 false 来取消提交表单或取消重置表单。

例 6-46　提交事件示例。

```
<html>
  <head>
    <title>提交事件示例</title>
  </head>
  <center>
  <body>
    在下面文本框中输入内容,然后单击“提交”按钮验证
    <form id="form1" name="form1" method="post" action="">
      <input type="text" id="text1" size="40"/>
      <input type="submit" value="提交"/>
    </form>
  </body>
  </center>
  <script>
    var t=document.getElementById("text1");          //获取文本框对象
    var f=document.getElementsByName("form1")[0];    //获取表单标签对象
    f.onsubmit=function(){  //采用匿名函数方式在表单上应用 submit 事件处理程序
      alert(t.value);
      return false;
    }
  </script>
</html>
```

程序运行结果如图 6-57 所示。单击“提交”按钮或按回车键,弹出如图 6-58 所示的对话框。

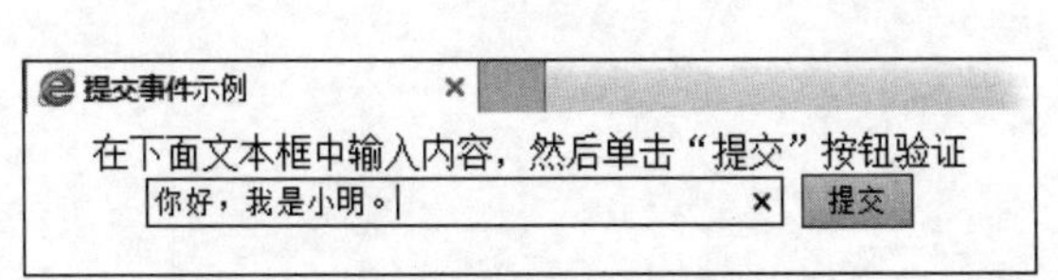

图 6-57　提交事件示例效果 1

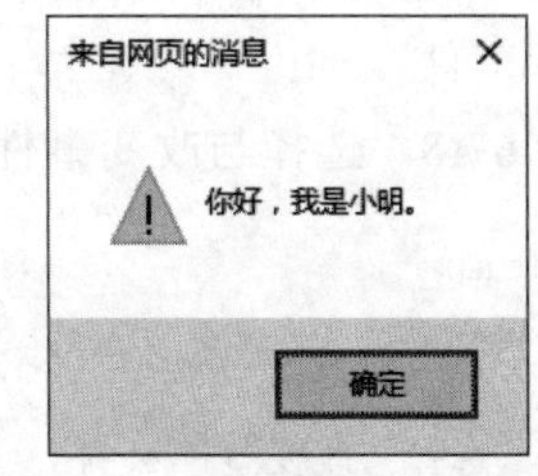

图 6-58　提交事件示例效果 2

例 6-47　重置事件示例。

```
<html>
  <head>
    <title>重置事件示例</title>
  </head>
<center>
<body>
```

```
    在下面文本框中输入内容,然后单击"重置"按钮验证
    <form id="form1" name="form1" method="post" action="">
      <input type="text" id="text1" size="40"/>
      <input type="reset" />
    </form>
  </body>
  </center>
    <script>
      var t=document.getElementById("text1");              //获取文本框对象
      var f=document.getElementsByName("form1")[0];        //获取表单对象
      //var f=document.getElementById("form1");            //获取表单对象
      f.onreset=function(){        //采用匿名函数方式在表单上应用重置事件处理程序
        alert(t.value);
        return false;
      }
    </script>
  </html>
```

程序运行结果如图 6-59 所示。单击"重置"按钮,弹出如图 6-60 所示的对话框。

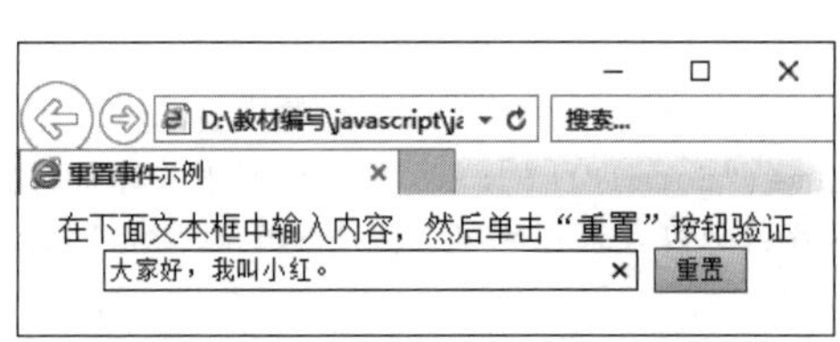

图 6-59 重置事件示例效果 1

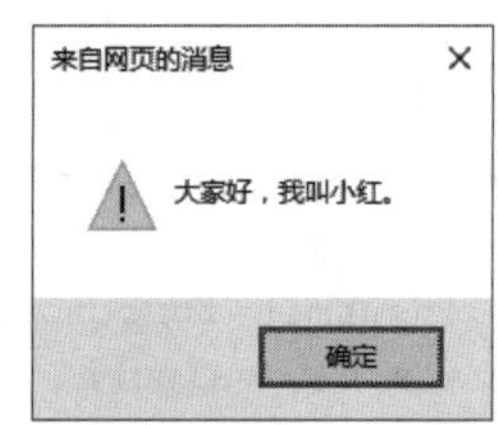

图 6-60 重置事件示例效果 2

7) 选择与改变事件

选择事件(select)通常指在文本框中选择内容而产生的事件;改变事件(change)通常指在文本框或下拉列表框中选择内容而产生的事件。在下拉列表框中,只要修改了选项,就会触发 change 事件;在文本框中,只有修改了文本框中的内容且焦点离开文本框时才会触发 change 事件。

例 6-48 选择与改变事件示例。

```
<html>
  <head>
    <title>
    选择与改变事件示例
    </title>
  </head>
  <center>
  <body>
    <script type="text/javascript">      //脚本程序开始
        function onselect1(){
          alert("您选中了文字,要复制吗?");
        }
        function change1(str)
        {
```

```
        if(str!='请选择')
        {
          document.getElementById("text1").value="您选择的是: "+str;
          form1.text.value="您选择的是: "+str;  //文本框显示列表框选择的内容
        }
        else
        {
          form1.text.value="";                //设置文本框为空
          document.getElementById("text1").value="";
        }
      }
    </script>
  请在列表框中选择内容<br>
  <form id="form1" name="form1" method="post" action="">
    <select name="select1" onchange="change1(this.value)" >
                                              //this 表示当前对象本身
      <option value="请选择">请选择</option>
      <option value="信息与计算科学">信息与计算科学</option>
      <option value="信息管理与信息系统">信息管理与信息系统</option>
      <option value="数字媒体技术">数字媒体技术</option>
      <option value="电子商务">电子商务</option>
      <option value="物联网">物联网</option>
      <option value="数据科学与技术">数据科学与技术</option>
      <option value="其他">其他</option>
    </select><br>
    &#8595;<br>
    <input name="text" id="text1" size="30" onSelect="onselect1()">
  </form>
 </body>
 </center>
</html>
```

程序运行结果如图 6-61 所示，单击列表框选择内容效果如图 6-62 所示，选择文本框内容，弹出如图 6-63 所示的对话框。

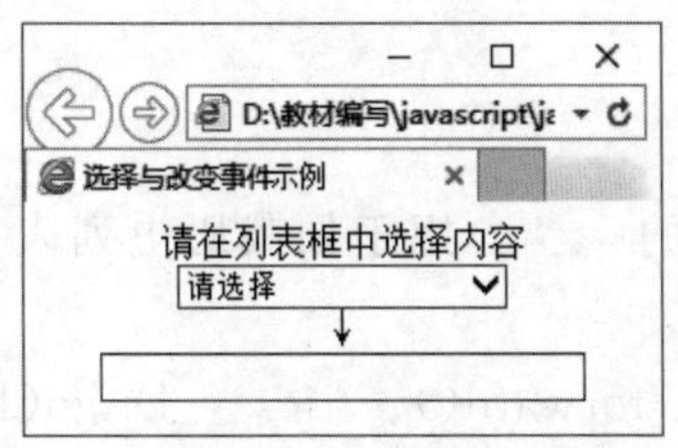

图 6-61　选择与改变事件示例效果 1

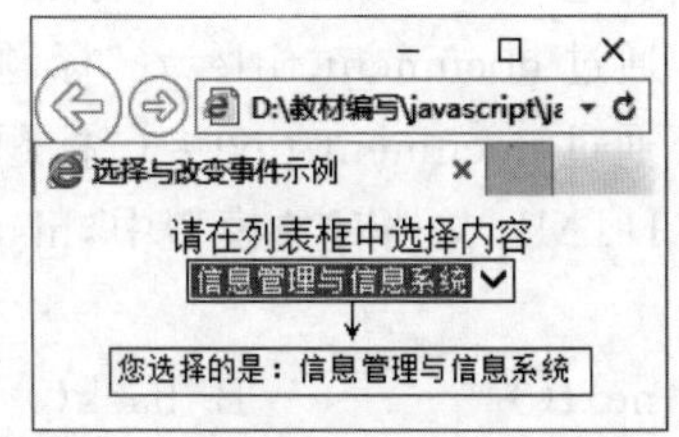

图 6-62　选择与改变事件示例效果 2

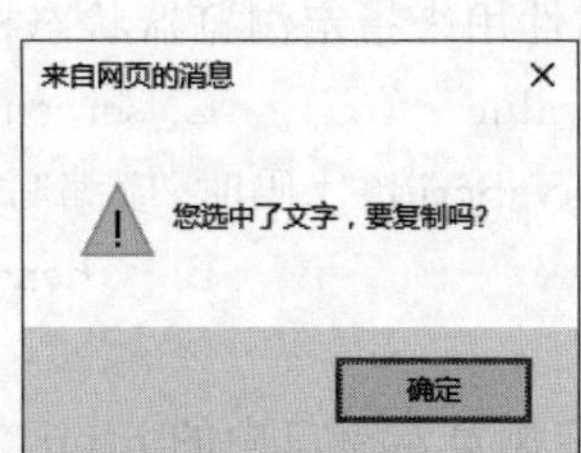

图 6-63　选择与改变事件示例效果 3

6.4 习　　题

1. 填空题

(1) ________方法用于获取 HTML 文档中指定 id 值的标签对象。

(2) ________方法用于获取 HTML 文档中指定名称的标签对象。

(3) ________方法用于获取 HTML 文档中指定标签名的对象集合。

(4) document 对象中的________属性用于获取 HTML 文档标签对象内容或对 HTML 文档标签对象赋值。

(5) history 对象中的________属性用于保存 URL 地址数。

(6) history 对象中的________属性用于表示当前文档的 URL 地址。

(7) location 对象方法中的________用于重新加载当前的页面。

(8) location 对象中的________属性用于表示完整的 URL 地址。

(9) 框架属性中的________属性用于指定框架页面地址。

(10) 框架的创建方式可分为________种。

(11) ________是浏览器对象模型中的顶层对象。

(12) ________方法用于打开一个新的浏览器窗口,并返回表示新窗口的 window 对象。

(13) ________方法用于弹出一个消息对话框,用于显示警告信息。

(14) ________方法用于弹出一个确认对话框,用于显示需要用户确认的信息。

(15) ________用于弹出一个输入对话框,用于接受用户输入的信息。

2. 选择题

(1) 如果想在网页显示后,动态地改变网页的标题,下列说法正确的是(　　)。

A. 是不可能的

B. 通过 document.write("标题内容")

C. 通过 document.title=("标题内容")

D. 通过 document.text=("标题内容")

(2) 在 HTML 文档对象模型中,history 对象的(　　)用于加载历史列表中的前一个 URL 页面。

A. next()　　B. back()　　C. forward()　　D. go(1)

(3) 在 HTML 页面中,不能与 onChange 事件处理程序相关联的表单元素是(　　)。

A. 文本框　　B. 文件上传　　C. 列表框　　D. 按钮

(4) window 对象的(　　)属性用来指定浏览器状态栏中显示消息。

A. status　　B. value　　C. screen　　D. width

(5) 在 HTML 页面上编写 JavaScript 代码时,应编写在(　　)标签之间。

A. <script></script>　　B. <head></head>

C. <body></body>　　D. <p></p>

(6) (　　)对象用于表示给定浏览器窗口中的 html 文档,用于检索文档的信息。

A. document　　B. window　　C. screen　　D. history

(7) (　　)事件处理程序可用于用户在单击按钮时执行函数代码。

A. onClick　　B. onReset　　C. onExit　　D. onChange

(8) var a=new Array(3,4,5,6);alert(a.reverse());

上面语句弹出的值是(　　)。

A. 6,5,4,3　　B. 3,4,5,6　　C. 3,5,4,6　　D. 5,6,3,4

(9) var d=new Date();

获取当前月的语句是(　　)。

A. d.getDate()　　B. d.getMonth()　　C. d.getMonth()+1　　D. d.getMonth()-1

(10) 表单元素的 onblur 事件表示(　　)。

A. 获取焦点　　B. 失去焦点　　C. 提交表单　　D. 重置表单

(11) 下面语句在页面上输出的结果是(　　)。

```
var c="13",d=14,e=512;
document.write(c+d+e);
```

A. 13　　B. 14　　C. 1314512　　D. 539

(12) 下面语句在页面上输出的结果是(　　)。

```
var pi=3.1415926;
document.write(Math.round(pi));
```

A. 3　　B. 4　　C. 3.1　　D. 3.2

(13) 下面语句在页面上输出的结果是(　　)。

```
var newarray=new Array(5);
newarray[1]=10;
newarray[2]=11;
document.write(newarray.length);
```

A. 2　　B. 3　　C. 4　　D. 5

(14) 能使网页中出现弹出确认和取消对话框的方法是(　　)。

A. alert()　　B. prompt()　　C. open()　　D. confirm()

(15) 下面(　　)不属于浏览器对象。

A. window　　B. document　　C. location　　D. session

(16) 下面关于 document 对象说法正确的是(　　)。

A. document 对象用于检查和修改 HTML 元素和文档中的文本

B. document 对象用于检索浏览器窗口中的 HTML 文档的信息

C. document 对象提供用户最近访问的 URL 地址列表

D. document 对象的 location 属性包含有关当前的 URL 信息

(17) 下面表达式能产生一个 0～7(含 0,7)的随机整数的是(　　)。

A. Math.floor(Math.random() * 6)

B. Math.floor(Math.random() * 7)

C. Math.floor(Math.random() * 8)

D. Math.ceil(Math.random() * 8)

(18) 对 setTimeout("alert()",200)语句说法正确的是(　　)。

A. 有语法错误,要去掉双引号

B. 表示 200 毫秒后调用一次 alert()方法

C. 200 表示秒,在 setTimeout 后加的一个参数

D. setTimeout 相当 C# 的 Timer

(19) 下面语句可实现表示 IE 工具栏中的“后退”按钮功能的是(　　)。

A. <a href="javascript:history.go(1)">返回</a>

B. <a href="javascript:location.back()">返回</a>

C. <a href="javascript:location.go(-1)">返回</a>

D. <a href="javascript:history.back()">返回</a>

3. 编程题

(1) 编写程序,要求输入成绩,单击“判断”按钮显示出该成绩的五级制,单击“清空”按钮,文本框全部被置空,效果如图 6-64 所示。

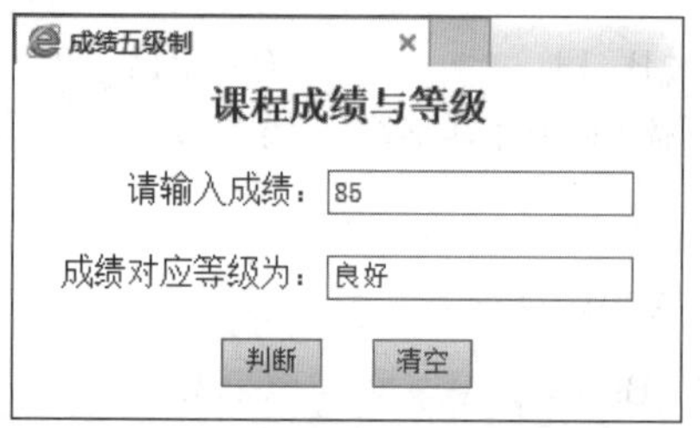

图 6-64　成绩对应等级制效果

(2) 编写程序,要求在其中一个文本框中输入内容,自动复制到另外一个文本框中,单击“清空”按钮,两个文本框被置空,效果如图 6-65 所示。

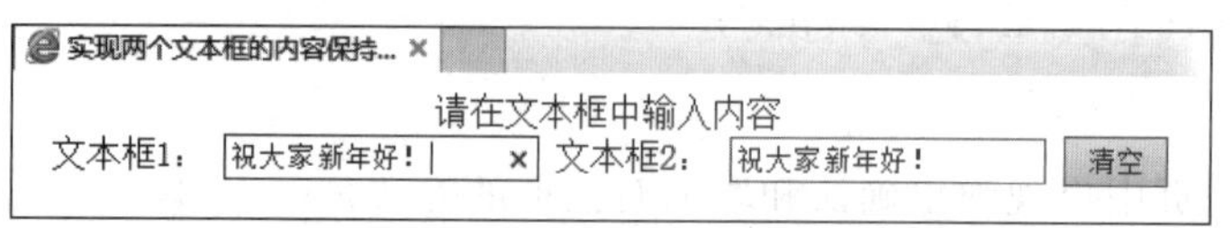

图 6-65　文本框内容自动进行复制效果

(3) 编写程序,页面运行初始化效果如图 6-66 所示,当鼠标移到内容上,页面效果如

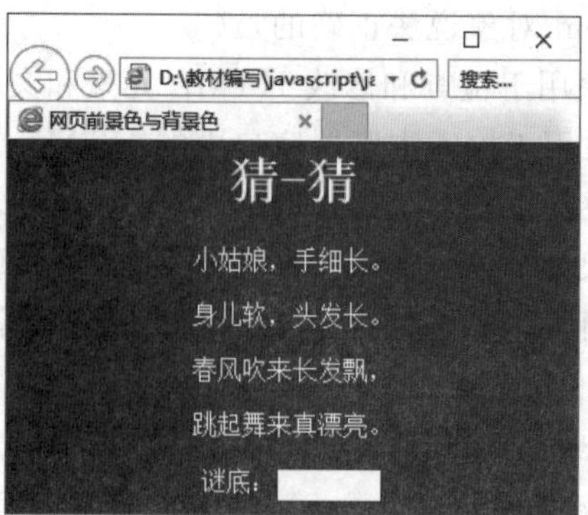

图 6-66　网页前景色与背景色效果 1

图 6-67 所示，鼠标移出内容外，页面效果如图 6-68 所示，在文本框中输入谜底后单击文本框，输入正确则弹出如图 6-69 所示的对话框，反之弹出如图 6-70 所示的对话框。

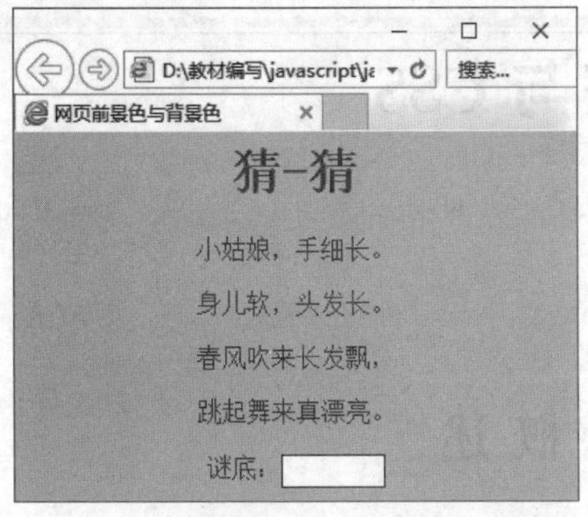

图 6-67　网页前景色与背景色效果 2

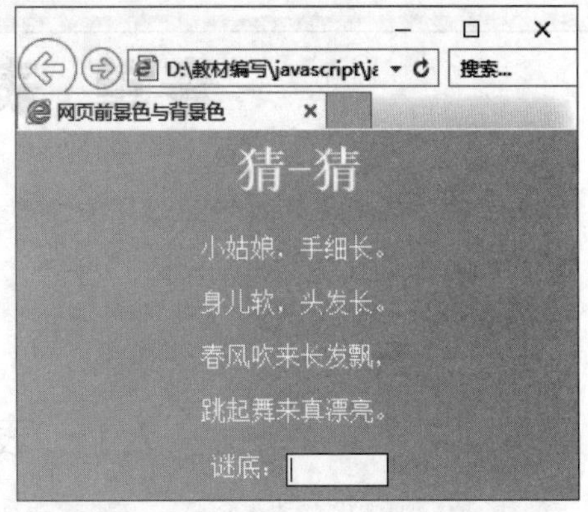

图 6-68　网页前景色与背景色效果 3

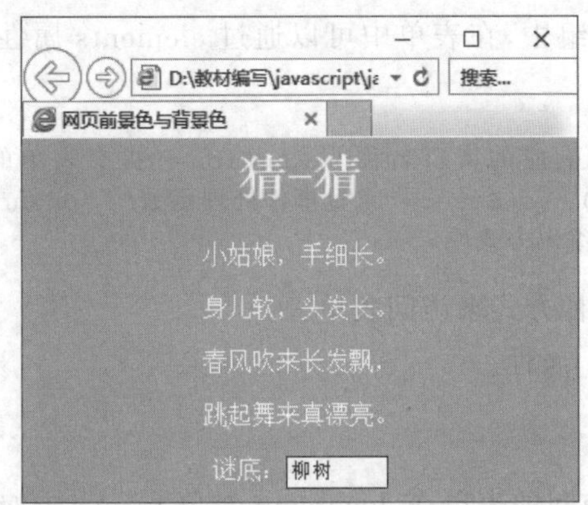

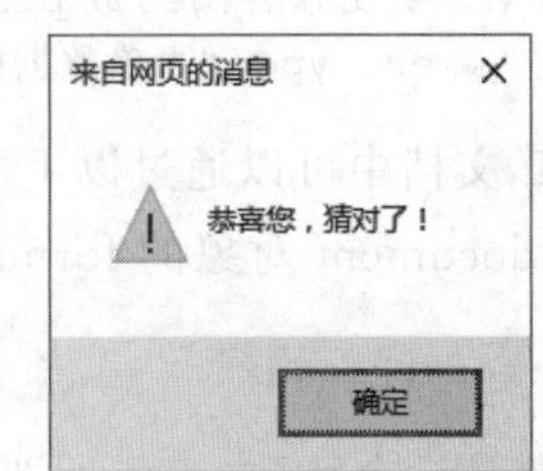

图 6-69　网页前景色与背景色效果 4

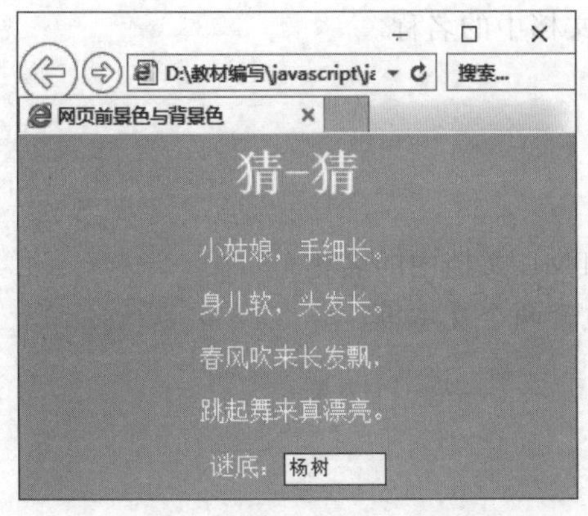

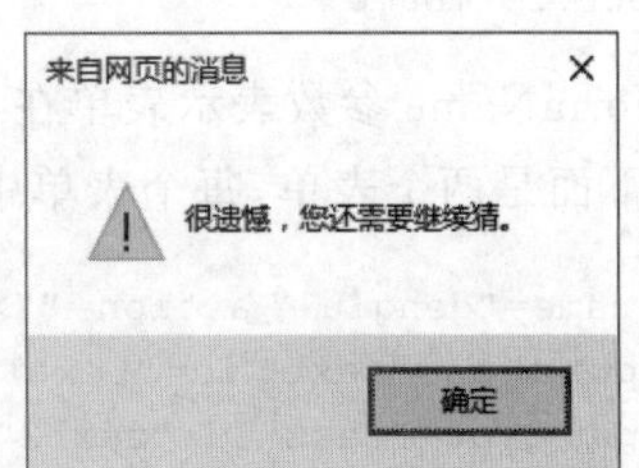

图 6-70　网页前景色与背景色效果 5

第 7 章

表单、表格与 CSS

7.1 表单概述

在 HTML 中，表单(form)是用户与浏览器页面交互最经常使用的页面元素之一。表单用 form 标记定义，一个 HTML 文档中可以定义多个表单，它们按照出现的先后顺序存储在 document 对象的 forms[]属性数组中，在表单中可以通过 elements 属性来访问其包含的元素。表单创建的语法格式如下。

```
<formname="表单名称" [target="响应的窗口名称"] [action="提交表单的 URL 地址"]
[method="表单提交方法(get 或 post)] [onReset="重置事件处理函数"] [onSubmit="提交事件处理程序"] [enctype="表单数据的编码方式"]>
```

在 HTML 文档中可以通过以下两种方式来访问表单。

(1) 使用 document 对象的 forms[]属性。

```
document.forms[index]
```

index 参数是一个整数，表示所要访问的表单在 document 对象 forms[]数组中的位置。

```
document.forms["formName"]
```

formName 参数表示表单在 HTML 文档中的名称。

(2) 直接使用表单名称。

```
document.forms.formName
document.formName
```

其中，formName 参数表示表单在 HTML 文档中的名称。

例如，下面是两个表单，每个表单中包含两个文本框。

```
<form name="denglu1" action="">        <!--第 1 个表单-->
  <input type="text" id="text1">
  <input type="text"id="text2">
</form>
<form name="denglu2" action="">        <!--第 2 个表单-->
  <input type="text" id="text1">
  <input type="text"id="text2">
</form>
```

下面语句分别获得表单和表单中的元素。

```
var form1=document.forms["denglu1"]         <!--获取第 1 个表单,form1 为表单对象->
var txt=form1.elements[0]                   <!--获取第 1 个表单中的第 1 个文本框-->
var form2=document.forms[1]                 <!--获取第 2 个表单,form2 为表单对象-->
var txt=form1.elements[1]                   <!--获取第 2 个表单中的第 2 个文本框-->
```

表单对象定义了许多属性和方法,表 7-1 和表 7-2 列出了常用的属性和方法。

表 7-1　表单对象的常用属性

属　性	说　　明
action	用于表示要提交表单的 URL 地址
elements[]	用于表示包含表单中所有元素的数组,其元素包括 button 对象、checkbox 对象、password 对象、text 对象、radio 对象、reset 对象、select 对象、submit 对象、textarea 对象等
length	用于表示表单中的元素个数
method	用于表示将数据发送到服务器的提交方法,取值为 get 或 post
encoding	用于表示表单数据的编码方式
target	用于表示表单提交结果的框架或窗口名称
elements.length	用于表示 elements[]中的元素个数

表 7-2　表单对象的常用方法

方　法	说　　明
submit()	用于提交表单
reset()	用于把表单中的所有输入元素重置为默认值

例 7-1　form 对象应用示例。

```
<html>
  <head>
    <title>form 对象应用示例</title>
    <script type="text/javascript">
      function openWindow(){
      var window1=window.open("","");
      var document1=window1.document;
      document1.write("<html><head><title>输出 form 对象信息</title></head>");
      document1.write("<center><body><h3>下面显示部分 form 对象属性值</h3>");
      document1.write("页面中有"+document.forms.length+"个 form 对象,分别为: ")
      var i;
      for(i=0;i<document.forms.length;i++)
      {
        document1.write(document.forms[i].name);
        if(i%2==0){
          document1.write(",");
        }
      }
      document1.write("<br>");
```

```
          for(var j=0;j<document.forms.length;j++)
          {
            document1.write("<h4>第"+(j+1)+"个表单"+document.forms[j].name+"包含"+
            document.forms[j].length+"个元素,分别为: </h4>");
            for(var k=0;k<document.forms[j].length;k++)
            {
              document1.write(document.forms[j].elements[k].type+"对象"+","+"名称
              为: "+document.forms[j].elements[k].name+"<br>");
            }
          }
            document1.write("</center></body></html>");
            document1.close();
          }
        </script>
    </head>
    <center>
    <body>
        <h4>请填写以下基本信息(必填)</h4>
        <hr width="410" color="blue">
        <form name="form1">
          <font size="2">姓名: </font>
          <input type="text" name="username" size="14">  
          <font size="2">性别: </font>
          <input type="radio" name="male" value="male">男性  
          <input type="radio" name="female" value="female">女性    
            
          <br><br>
          <font size="2">年龄: </font>
          <input type="text" name="age" size="14">  
          <font size="2">工作单位: </font>
          <input type="text" name="work" size="18">
          <br><br>
          <font size="2">住址: </font>
          <input type="text" name="address" size="22">  
          <font size="2">联系电话: </font>
          <input type="text" name="tel" size="10">
        </form>
        <hr width="410" color="green">
        <h4>请填写以下其他信息(选择填写)</h4>
        <form name="form2">
          <font size="2">兴趣职业: </font>
          <select name="professor">
            <option value="teacher" selected>教师</option>
            <option value="doctor">医生</option>
            <option value="officer">军官</option>
            <option value="official">公务员</option>
              <option value="other">其他</option>
          </select>
           
          <font size="2">运动爱好: </font>
          <input type="checkbox" name="football" value="football">足球
```

```
        <input type="checkbox" name="swim" value="swim">游泳
        <input type="checkbox" name="basketball" value="basketball">篮球
        <br><br>
        <font size="2">留言：</font>
        <textarea name="content" rows=3 cols=30></textarea>
        <br><br>
        <font size="2">单击“确定”按钮显示表单相关信息：</font>
        <input type="button" name="send" value="确定" onClick="openWindow()">
        <hr width="410" color="blue">
      </form>
    </body>
    </center>
</html>
```

程序运行结果如图 7-1 所示，填写信息后，单击“确定”按钮效果如图 7-2 所示。

图 7-1　form 对象应用示例效果 1

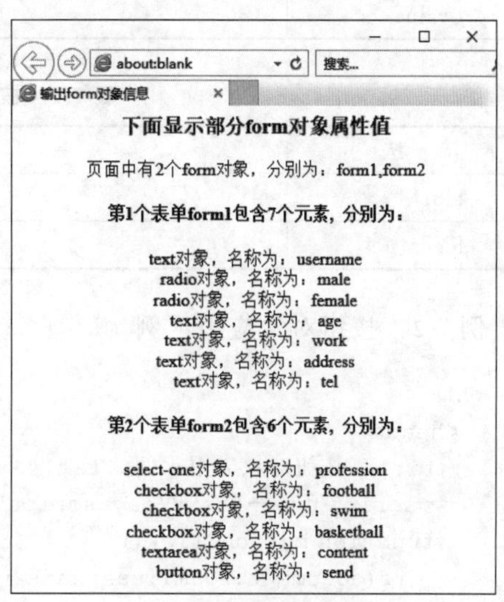

图 7-2　form 对象应用示例效果 2

7.2　表 单 元 素

1. 按钮对象

按钮对象(button)是 HTML 文档上的表单元素之一，是指某个表单内的按钮。按钮分为 4 种类型，分别为普通按钮(button)、提交按钮(submit)、图形按钮(image)、重置按钮(reset)。普通按钮主要用于显示按钮按下和弹起的效果，若要实现按钮功能，需要用 JavaScript 代码来控制实现；提交按钮用来提交表单内容，并触发 onsubmit 事件；图形按钮可以用图片来修饰和美化按钮；重置按钮用来将表单元素进行重置，并触发 onreset 事件。创建按钮的语法格式如下。

```
<input type="input|submit|image|reset" name="按钮对象名称" value="按钮的显示文本"[onClick="按钮单击事件处理程序"][onBlur="按钮失去焦点事件处理程序"][onFocus="按钮获得焦点事件处理程序"]
```

其中，type 用于表示按钮类型，对于普通按钮对象，其 type 属性值必须为 button。当 type 值为 submit 时，表示提交表单。单击 submit 按钮时，页面会把含有该按钮的表单中的数据提交给服务器，由服务器上的程序处理，服务器以及服务器上的处理程序由 form 对象的 action 属性指定；此外，submit 按钮对象还会把服务器发送回来的 HTML 页面显示在客户端浏览器上。当 type 值为 reset 时，表示将表单重置。单击 reset 按钮时，将会使含有该按钮的表单中的所有表单元素重置为默认值，对于表单元素，大部分的初始值由 value 属性设定，如果 value 属性没有设定值，那么单击 reset 按钮时表单中的所有元素将被清空。

按钮对象的常用属性和方法分别如表 7-3 和表 7-4 所示。

表 7-3 按钮对象的常用属性

属 性	说 明
name	用于表示 button 对象的名称
value	用于显示在 button 按钮上的文本

表 7-4 按钮对象的常用方法

方 法	说 明
blur()	用于使按钮失去焦点
focus()	用于使按钮获得焦点

例 7-2 按钮对象应用示例。

```
<html>
  <head>
   <title>按钮对象应用示例</title>
    <script type="text/javascript">
    function buttonClick(){
      if(document.form1.username.value==""||document.form1.age.value==""
      ||document.form1.tel.value==""){
            alert("姓名、年龄和联系电话不能为空!");
        }
        else{
            document.form1.submit();
        }
    }
    function submitClick(){
        var window1=window.open("","");
        var document1=window1.document;
        document1.write("<html><head><title>输出 form 对象信息</title></head>");
        document1.write("<center><body><h3>下面是填写的信息</h3>");
        document1.write("<h5>"+document.form1.elements[0].name+":
        "+document.form1.elements[0].value+"</h5>");
        for(var i=0;i<document.form1.性别.length;i++)
        {
          if(document.form1.性别[i].checked==true)
            document1.write("<h5>"+document.form1.性别[i].name+": "+document.
            form1.性别[i].value+"</h5>");
```

```
      }
        document1.write("<h5>"+document.form1.elements[3].name+":
        "+document.form1.elements[3].value+"</h5>");
        document1.write("<h5>"+document.form1.elements[4].name+":
        "+document.form1.elements[4].value+"</h5>");
        document1.write("<h5>"+document.form1.elements[5].name+":
        "+document.form1.elements[5].value+"</h5>");
        document1.write("<h5>"+document.form1.elements[6].name+":
        "+document.form1.elements[6].value+"</h5>");
        document1.write("<h5>"+document.form1.elements[7].name+":
        "+document.form1.elements[7].value+"</h5>");
      }
      function resetClick(){
        document.form1.reset();
      }
      document1.write("</center></body></html>");
      document1.close();
    </script>
</head>
<center>
<body>
    <h4>请填写以下信息(带 * 为必填项)</h4>
    <hr width="410" color="blue">
    <form name="form1">
      <font size="3">姓名: </font>
      <input type="text" name="姓名" size="14"> *   
      <font size="3">性别: </font>
      <input type="radio" name="性别" value="男" checked>男性  
      <input type="radio" name="性别" value="女">女性    
        
      <br><br>
      <font size="3">年龄: </font>
      <input type="text" name="年龄" size="14"> *   
      <font size="3">工作单位: </font>
      <input type="text" name="工作单位" size="18">
      <br><br>
      <font size="3">住址: </font>
      <input type="text" name="住址" size="22">  
      <font size="3">联系电话: </font>
      <input type="text" name="联系电话" size="10"> *
      <br><br>
      其他说明: <textarea rows=3 cols=47 name="其他说明"></textarea>
      <br><br>
      <input type="button" value="普通按钮" onClick="buttonClick()">
      <input type="submit" value="提交表单" onClick="submitClick()">
      <input type="reset" value="重置表单" onClick="resetClick()">
    </form>
  </body>
  </center>
</html>
```

程序运行结果如图 7-3 所示。填写信息如图 7-4 所示，单击“提交表单”按钮后效果如图 7-5 所示。单击图 7-4 中的“普通按钮”按钮，对带星号的文本框进行判断，若为空，弹出如图 7-6 所示的对话框。单击图 7-4 中的“重置表单”按钮，表单中的所有元素被重置初始值。

图 7-3　按钮对象应用示例效果 1

图 7-4　按钮对象应用示例效果 2

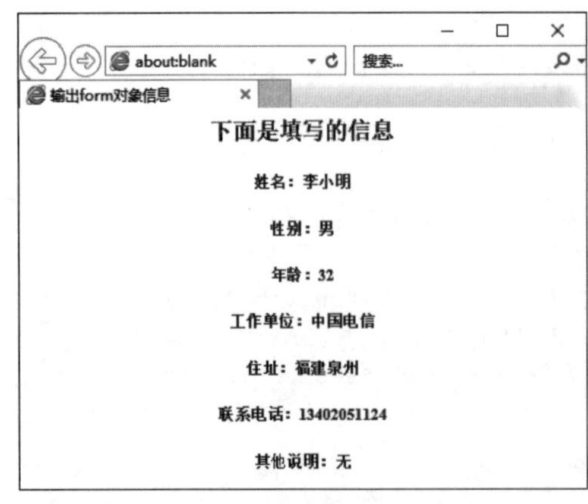

图 7-5　按钮对象应用示例效果 3

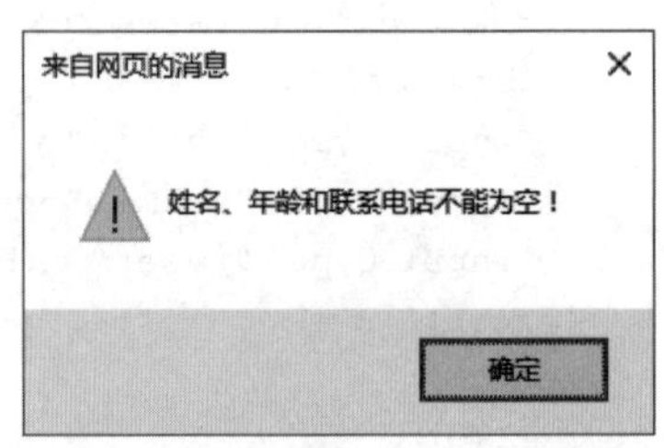

图 7-6　按钮对象应用示例效果 4

2. 单行文本框对象

单行文本框(text)对象是表单最基本的元素之一,它代表 HTML 表单内的单行文本输入框。创建单行文本框的语法格式如下。

```
<input type="text" name="单行文本框对象名称" value="单行文本框的当前值"
[defaultValue="单行文本框的默认值"][size="单行文本框的长度"][maxlength="单行文本框输入的最大字符数"][readOnly=true|false][onClick="单行文本框单击事件处理程序"]
[onChange="单行文本框内容变化事件处理程序"][onBlur="文本框失去焦点事件处理程序"]
[onFocus="单行文本框获得焦点事件处理程序"][onSelect="选中单行文本框内容事件处理程序"]
```

单行文本框对象的常用属性和方法分别如表 7-5 和表 7-6 所示。

表 7-5 单行文本框对象的常用属性

属 性	说 明
name	用于表示单行文本框的名称
value	用于显示在单行文本框中的内容
defaultValue	用于设置文本框的默认值
size	用于表示单行文本框的宽度,默认宽度为可容纳 20 个字符
maxlength	用于表示单行文本框中可容纳的最多字符数
readOnly	用于表示单行文本框是否为只读,取值为 true 表示只读,取值为 false 表示可编辑

表 7-6 单行文本框对象的常用方法

方 法	说 明
blur()	用于使单行文本框失去焦点
focus()	用于使单行文本框获得焦点
select()	用于选中单行文本框中的内容

例 7-3 单行文本框对象应用示例。

```
<html>
  <head>
    <title>单行文本框对象应用示例</title>
    <script type="text/javascript">
    function setFocus()
    {
      document.form1.text1.focus()
    }
    function loseFocus()
    {
      document.form1.text1.blur()
    }
    function reset1()
    {
      document.form1.text1.value=document.form1.text1.defaultValue;
    }
```

```
        function clear1()
        {
          document.form1.text1.value="";
         }
         function change1()
         {
           alert("文本框内容正在被改变!");
         }
         function select1()
         {
           alert("文本框内容已被选中,要复制吗?");
         }
        </script>
     </head>
  <center>
     <body>
     在下面文本框中输入信息
        <form name="form1">
          <input type="text" name="text1" size="35" value="祝大家鼠年行大运!"
          onchange="change1()" onselect="select1()">
          <br><br>
          <input type="button" onclick="setFocus()" value="获得焦点">
          <input type="button" onclick="loseFocus()" value="失去焦点">
          <input type="button" onclick="reset1()" value="重置初始值">
          <input type="button" onclick="clear1()" value="清空">
        </form>
      </body>
   </center>
  <html>
```

程序运行结果如图7-7所示,单击各按钮进行验证。

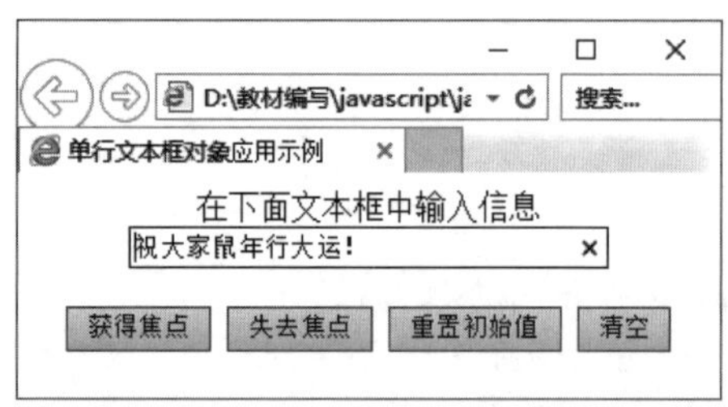

图7-7 单行文本框对象应用示例效果

3. 多行文本框对象

多行文本框(textarea)对象也是HTML表单内的文本输入框,它与单行文本框对象不同的是,可创建多行多列具有滚动的编辑框。多行文本框使用<textarea>标签来创建,而不是使用<input>标签创建。创建多行文本框的语法格式如下。

```
<textarea name="多行文本框对象名称" rows="行数" cols="列数" [readOnly=true|false]
[onClick="多行文本框单击事件处理程序"][onChange="多行文本框内容变化事件处理程序"]
[onBlur="多行文本框失去焦点事件处理程序"] [onFocus="多行文本框获得焦点事件处理程
```

序"][onSelect="多行文本框选中内容事件处理程序"]

多行文本框对象的常用属性和方法分别如表 7-7 和表 7-8 所示。

表 7-7　多行文本框对象的常用属性

属　性	说　　明
name	用于表示多行文本框对象的名称
value	用于显示在多行文本框中的内容
defaultValue	用于表示多行文本框中的默认值，该默认值为<textarea></textarea>之间的内容
rows	用于表示多行文本框的高度
cols	用于表示多行文本框的宽度
readOnly	用于表示多行文本框是否为只读，取值为 true 表示只读，取值为 false 表示可编辑

表 7-8　多行文本框对象的常用方法

方　法	说　　明
blur()	用于使多行文本框失去焦点
focus()	用于使多行文本框获得焦点
select()	用于选中多行文本框中的内容

例 7-4　多行文本框对象应用示例。

```
<html>
  <head>
    <title>多行文本框对象应用示例</title>
    <script type="text/javascript">
     function setFocus()
     {
       document.form1.textarea1.focus()
     }
     function loseFocus()
     {
       document.form1.textarea1.blur()
     }
    function reset1()
    {
      document.form1.textarea1.value=document.form1.textarea1.defaultValue;
    }
    function clear1()
    {
      document.form1.textarea1.value="";
    }
    function change1()
    {
        alert("文本框内容正在被改变!");
    }
    function select1()
    {
```

```
            alert("内容已被选中,要复制吗?");
        }
        function readonly1()
        {
          document.form1.textarea1.readOnly=true;
        }
        function readonly2()
        {
          document.form1.textarea1.readOnly=false;
        }
        </script>
      </head>
      <center>
        <body>
        在下面多行文本框中输入信息
        <form name="form1">
            <textarea name="textarea1" rows="10" cols="65" onselect="select1()">
                                        《静夜思》
              床前明月光,疑是地上霜。举头望明月,低头思故乡。

                                          翻译
                  明亮的月光洒在窗户纸上,好像地上泛起了一层霜。
              我禁不住抬起头来,看那窗外空中的一轮明月,
              不由得低头沉思,想起远方的家乡。
            </textarea>
            <br><br>
            <input type="button" onclick="setFocus()" value="获得焦点">
            <input type="button" onclick="loseFocus()" value="失去焦点">
            <input type="button" onclick="reset1()" value="重置初始值">
            <input type="button" onclick="clear1()" value="清空">
            <input type="button" onclick="readonly1()" value="只读">
            <input type="button" onclick="readonly2()" value="可编辑">
        </form>
        </body>
      </center>
    <html>
```

程序运行结果如图 7-8 所示,单击各按钮进行验证。

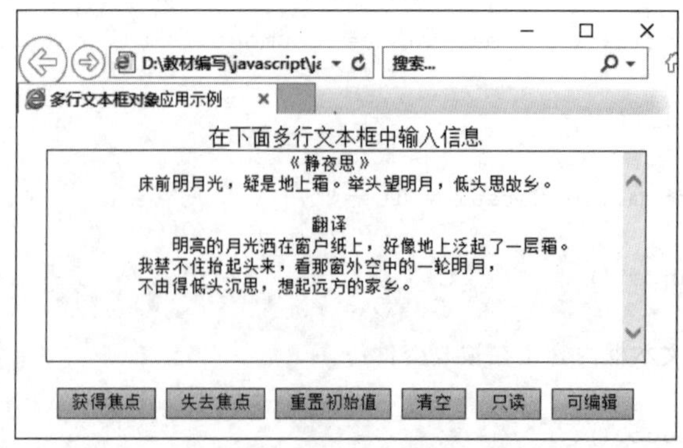

图 7-8 多行文本框对象应用示例效果

4. 密码框对象

密码框对象(password)也是 HTML 表单内的文本输入框，它与单行文本框对象相似。不同的是，密码框对象用于输入某些敏感的数据，比如密码等，在该密码框中输入的字符以 * 或 · 等其他符号代替。创建密码框对象使用 HTML 中的<input>标签，其创建语法格式如下。

```
<input type="password" name="密码框对象名称" value="密码框的当前值"[defaultValue="密码框的默认值"][size="密码框的长度"][maxlength="密码框输入的最大字符数"][readOnly=true|false][onClick="密码框单击事件处理程序"][onChange="密码框内容变化事件处理程序"][onBlur="密码框失去焦点事件处理程序"][onFocus="密码框获得焦点事件处理程序"][onSelect="选中密码框内容事件处理程序"]
```

密码框对象的常用属性和方法分别如表 7-9 和表 7-10 所示。

表 7-9　密码框对象的常用属性

属　性	说　明
name	用于表示密码框对象的名称
value	用于显示在密码框中的内容
defaultValue	用于设置密码框的默认值
size	用于表示密码框的宽度，默认宽度为可容纳 20 个字符
maxlength	用于表示密码框中可容纳的最多字符数
readOnly	用于表示密码框是否为只读，取值为 true 表示只读，值为 false 表示可编辑

表 7-10　密码框对象的常用方法

方　法	说　明
blur()	用于使密码框失去焦点
focus()	用于使密码框获得焦点
select()	用于选中密码框中的内容

例 7-5　密码框对象应用示例。

```
<html>
  <head>
    <title>密码框对象应用示例</title>
    <script type="text/javascript">
      function click1()
      {
        if(document.form1.text1.value==""){
          alert("请输入用户名!");
          document.form1.text1.value="";
          document.form1.text1.focus()
        }
        if(document.form1.password1.value==""||document.form1.password1.value.
        length<7){
          alert("请输入密码且长度不少于 6 位!");
          document.form1.password1.focus();
```

```
            document.form1.password1.value="";
          }
          alert("您输入的用户名: "+document.form1.text1.value+","+"密码:
          "+document.form1.password1.value);
        }
        function reset1()
        {
         document.form1.text1.value=document.form1.text1.defaultValue;
         document.form1.password1.value=document.form1.password1.defaultValue;
        }
        function clear1()
        {
         document.form1.text1.value="";
         document.form1.password1.value="";
         document.form1.text1.focus();
        }
      </script>
    </head>
    <center>
      <body>
        <h4>在下面文本框和密码框中输入信息</h4>
        <form name="form1">
          用户名: <input type="text" name="text1" size="20" value="请输入用户名">
          <br><br>
          密     码: <input type="password" name="password1" size="20"
          value="请输入密码" onchange="change2()" onselect="select2()">
          <br><br>
          <input type="button" onclick="click1()" value="确定">
          <input type="button" onclick="reset1()" value="重置">
          <input type="button" onclick="clear1()" value="清空">
        </form>
      </body>
    </center>
  <html>
```

程序运行结果如图 7-9 所示,单击各按钮进行验证。

图 7-9 密码框对象应用示例效果

5. 列表框对象与选项对象

1）列表框对象

列表框对象(select)在 HTML 中表示一个下拉列表形式。创建列表框对象的语法格式如下。

```
<select name="列表框对象名称" [size="列表框中的可见行数"] [multiple=true|false]
[onFocus="列表框获得焦点处理程序"][onChange="列表框内容变化事件处理程序"] [onBlur=
"列表框失去焦点事件处理程序"]
```

列表框对象的常用属性和方法分别如表 7-11 和表 7-12 所示。

表 7-11　密码框对象的常用属性

属　性	说　明
name	用于表示列表框对象的名称
disabled	用于设置列表框是否禁用，取值为 true 表示禁用，取值为 false 表示不禁用
multiple	用于表示列表框是否选择多项，取值为 true 表示可选择多项，取值为 false 表示不可选择多项
length	用于表示列表框中的选项数目
size	用于表示列表框中的可见数目
selectedIndex	用于表示列表框中被选项目的索引号，项目索引号下标从 0 开始，若未被选中项目，其索引号为－1

表 7-12　密码框对象的常用方法

方　法	说　明
add()	用于向列表框中添加一个项目
blur()	用于使列表框失去焦点
focus()	用于使列表框获得焦点
remove()	用于从列表框中删除一个项目

2）选项对象

选项对象(option)与列表框对象结合使用，用于表示列表框中的一个选项。创建选项对象的语法格式如下。

```
<select>
  <option value="选项的值" [selected=true|false ] [text="选项文本内容"]></option>
</select>
```

选项对象的常用属性如表 7-13 所示。

表 7-13　选项对象的常用属性

属　性	说　明
defaultSelected	用于表示 selected 属性的初始值，如果选择了默认的选项，则返回 true；否则返回 false
index	用于表示列表框中某个选项的索引位置

续表

属　性	说　　明
selected	用于表示当前状态下，选项是否被选中，如果取值为 true 表示选中，取值为 false 表示未选中
length	用于表示列表框中的选项数目
text	用于表示选项的文本内容，即出现在<option>之后的文字
value	用于表示选项被选中的情况下，提交表单时传给服务器的值

例 7-6　列表框对象与选项对象应用示例。

```
<html>
  <head>
    <title>列表框对象与选项对象应用示例</title>
    <script type="text/javascript">
      function alertIndex(){
       var text1=document.form1.mySelect.value;
       var index1=document.form1.mySelect.selectedIndex;
       alert("课程名称: "+text1+"\n"+"课程索引号: "+index1);
      }
      function add(){
       var text1=document.form1.mySelect.value;
       var textarea=document.form1.textarea1.value+text1+"\n";
       document.form1.textarea1.value=textarea;
      }
      function del(){
       if(document.form1.textarea1.value!=""){
          var ok=confirm("请选择!");
          if (ok==true){
            var textarea=document.form1.textarea1.value;
            alert("将删除以下内容: "+"\n"+textarea);
            document.form1.textarea1.value="";
           }
        }
        else{
          alert("文本框内没有内容!");
        }
      }
    </script>
  </head>
<center>
<body>
请在下面左边列表框中选择<br>
   <form name="form1">
     <select size="5" name="mySelect">
       <option>大学计算机基础</option>
       <option>C 语言程序设计</option>
       <option>ASP.NET</option>
       <option>网页设计</option>
       <option>Python 程序设计</option>
```

```
    <option>数据库技术</option>
   </select>
   <textarea name="textarea1" rows=5 cols=20></textarea>
   <br>
   <br>
   <input type="button" onclick="alertIndex()" value="显示">
   <input type="button" onclick="add()" value="添加">
   <input type="button" onclick="del()" value="移除">
   </form>
  </body>
  </center>
</html>
```

程序运行结果如图 7-10 所示，单击"显示"按钮，弹出被选内容与课程对应索引号的对话框，如图 7-11 所示。单击图 7-10 中的"添加"按钮，左边列表框中被选项目添加到右边文本区域中，如图 7-12 所示，单击"移除"按钮，右边文本区域内容将被删除，同时弹出提示对话框。

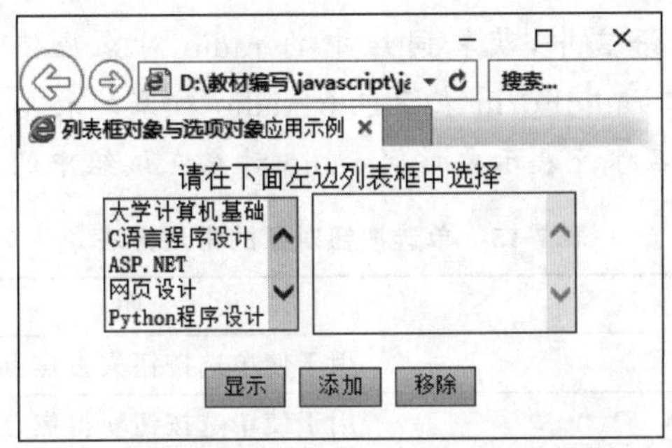

图 7-10　列表框对象与选项对象应用示例效果 1

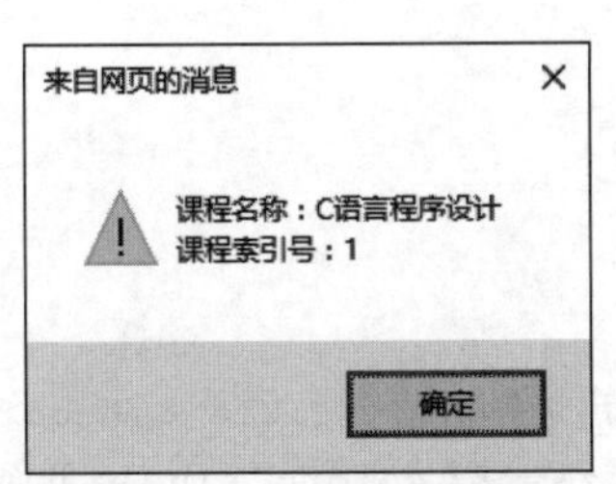

图 7-11　列表框对象与选项对象应用示例效果 2

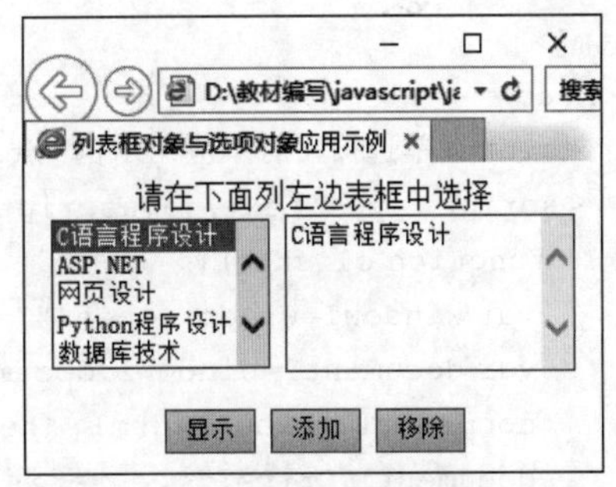

图 7-12　列表框对象与选项对象应用示例效果 3

6. 单选按钮对象

单选按钮对象(radio)是 HTML 文档中的表单元素之一，具有相同 name 名称的单选按钮形成一个组，同组中只能有一个单选按钮被选中，其余为非选中状态。创建单选按钮对象的语法格式如下。

```
<input type="radio" name="单选按钮对象名称" value="单选按钮的值" [checkted=true|
```

```
false] [onClick="单选按钮单击事件处理程序"] [onBlur="单选按钮失去焦点事件处理程序"] [onFocus="单选按钮获得焦点事件处理程序"]>
```

单选按钮对象的常用属性和方法分别如表 7-14 和表 7-15 所示。

表 7-14　单选按钮对象的常用属性

属　性	说　　明
name	用于表示单选按钮对象的名称
checked	用于表示单选按钮是否被选中，如果值为 true 表示选中，如果值为 false 表示未选中
defaultChecked	用于表示单选按钮在默认状态下是否被选中，如果值为 true 表示选中，如果值为 false 表示未选中
length	用于表示同组中的单选按钮数目
value	用于表示单选按钮的 value 属性值
disabled	用于表示单选按钮是否被禁用，如果值为 true 表示禁用，如果值为 false 表示未禁用
alt	用于表示在不支持单选按钮时显示的替代文本

说明：在 JavaScript 语言中，获取同组中的 radio 对象应使用 document.radioForm.radioGroup[i]格式。其中 radioForm 表示包含 radio 对象的表单名称，radioGroup 表示要访问 radio 对象所在组的名称，i 表示要访问 radio 对象在该组中的索引号。

表 7-15　单选按钮对象的常用方法

方　法	说　　明
blur()	用于使单选按钮失去焦点
focus()	用于使单选按钮获得焦点

例 7-7　单选按钮对象应用示例。

```
<html>
  <head>
    <title>单选按钮对象应用示例</title>
    <script type="text/javascript">
      function click1(){
       var window1=window.open("","");
       var document1=window1.document;
       document1.write("<html><head><title>输出选择信息</title></head>");
       document1.write("<center><body><font size='5' color='blue'>下面是您选择
       的信息</font><br><br>");
       document1.write("<form>");
       for(var i=0;i<document.form1.radiogroup.length;i++)
       {
         if(document.form1.radiogroup[i].checked==true){
           document1.write("<font size='4' color='red'>喜欢的学校: ");
           document1.write(document.form1.radiogroup[i].value+"<br></font>");
         }
       }
```

```
    for(var j=0;j<document.form2.radiogroup.length;j++)
    {
     if(document.form2.radiogroup[j].checked==true){
       document1.write("<font size='4' color='red'>喜欢的专业: ");
       document1.write(document.form2.radiogroup[j].value+"<br></font>");
     }
    }
    for(var k=0;k<document.form3.radiogroup.length;k++)
    {
     if(document.form3.radiogroup[k].checked==true){
       document1.write("<font size='4' color='red'>感兴趣的语言: ");
       document1.write(document.form3.radiogroup[k].value+"<br></font>");
     }
    }
     document1.write("</form>");
     document1.write("</center></body></html>");
    }
   function cancel1(){
     for(var i=0;i<document.form1.radiogroup.length;i++)
     {
      document.form1.radiogroup[i].checked=false;
     }
      document.form1.radiogroup[0].checked=true;
     for(var j=0;j<document.form2.radiogroup.length;j++)
     {
      document.form2.radiogroup[j].checked=false;
     }
      document.form2.radiogroup[0].checked=true;
     for(var k=0;k<document.form3.radiogroup.length;k++)
     {
      document.form3.radiogroup[k].checked=false;
     }
      document.form3.radiogroup[0].checked=true;
    }
  </script>
</head>
<center>
  <body>
    <form name="form1">
     <font size="3" color="blue"><b>请选择喜欢的学校</b></font>:
     <input type="radio" name="radiogroup" value="三明学院" checked=true><
    font size="3" color="blue">三明学院</font>
     <input type="radio" name="radiogroup" value="龙岩学院"><font size="3"
     color="blue">龙岩学院</font>
     <input type="radio" name="radiogroup" value="莆田学院"><font size="3"
     color="blue">莆田学院</font>
     <input type="radio" name="radiogroup" value="闽江学院"><font size="3"
```

```
        color="blue">闽江学院</font>
        <input type="radio" name="radiogroup" value="闽南理工学院"><font size="3"
        color="blue">闽南理工学院</font>
        <input type="radio" name="radiogroup" value="仰恩大学"><font size="3"
        color="blue">仰恩大学</font>
        <input type="radio" name="radiogroup" value="武夷学院"><font size="3"
        color="blue">武夷学院</font>
      </form>
      <form name="form2">
        <font size="3" color="blue"><b>请选择喜欢的专业</b></font>:
        <input type="radio" name="radiogroup" value="计算机科学与技术" checked>
        <font size="3" color="blue">计算机科学与技术</font>
        <input type="radio" name="radiogroup" value="电子商务"><font size="3"
        color="blue">电子商务</font>
        <input type="radio" name="radiogroup" value="信息与计算科学"><font size=
        "3" color="blue">信息与计算科学</font>
        <input type="radio" name="radiogroup" value="数据科学与大数据技术"><font
        size="3" color="blue">数据科学与大数据技术</font>
        <input type="radio" name="radiogroup" value="人工智能" ><font size="3"
        color="blue" >人工智能</font>
        <input type="radio" name="radiogroup" value="物联网"><font size="3"
        color="blue">物联网</font>
      </form>
      <form name="form3">
        <font size="3" color="blue"><b>请选择感兴趣的语言</b></font>:
        <input type="radio" name="radiogroup" value="C++" checked=true><font
        size="3" color="blue">
        C++</font>
        <input type="radio" name="radiogroup" value="Java"><font size="3" color=
        "blue">Java</font>
        <input type="radio" name="radiogroup" value="C"><font size="3" color=
        "blue">C</font>
        <input type="radio" name="radiogroup" value="VB"><font size="3" color=
        "blue">VB</font>
        <input type="radio" name="radiogroup" value="Python" ><font size="3"
        color="blue" >
        Python</font>
        <input type="radio" name="radiogroup" value="C#"><font size="3" color=
        "blue">C#</font>
        <input type="radio" name="radiogroup" value="Go"><font size="3" color=
        "blue">Go</font>
      </form>
      <input type="button" value="提交结果" onClick="click1()">
      <input type="button" value="取消选择" onClick="cancel1()">
    </body>
  </center>
</html>
```

程序运行结果如图 7-13 所示，选择各单选按钮选项后，单击“提交结果”按钮效果如图 7-14 所示。

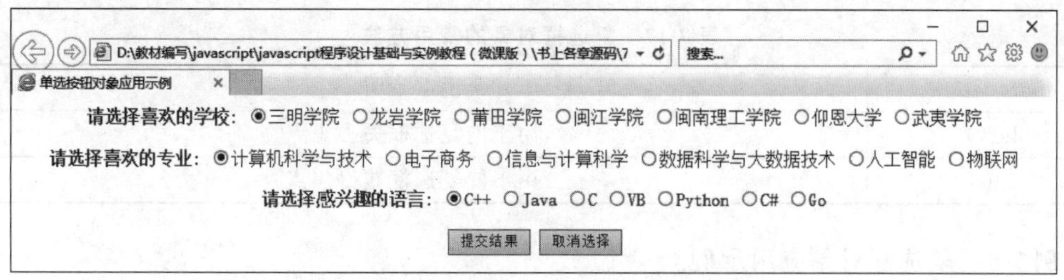

图 7-13　单选按钮对象应用示例效果 1

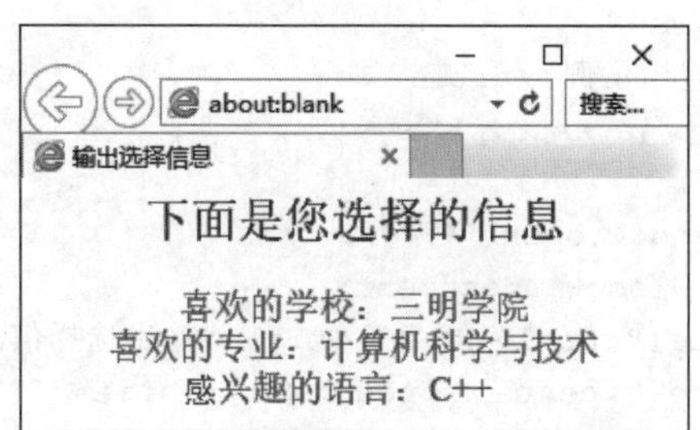

图 7-14　单选按钮对象应用示例效果 2

7. 复选框对象

复选框对象(checkbox)是 HTML 文档中的表单元素之一，具有相同 name 名称的复选框形成一个组，同组中的多个复选框可以同时被选中。创建复选框对象的语法格式如下。

```
<input type="checkbox" name="复选框对象名称" value="复选框的值" [checkted=true|false] [onClick="复选框单击事件处理程序"] [onBlur="复选框失去焦点事件处理程序"] [onFocus="复选框获得焦点事件处理程序"]>
```

复选框对象的常用属性和方法分别如表 7-16 和表 7-17 所示。

表 7-16　复选框对象的常用属性

属　性	说　　明
name	用于表示复选框对象的名称
checked	用于表示复选框是否被选中，如果值为 true 表示选中，如果值为 false 表示未选中
defaultChecked	用于表示复选框在默认状态下是否被选中，如果值为 true 表示选中，如果值为 false 表示未选中
length	用于表示同组中的复选框数目
value	用于表示复选框的 value 属性值
disabled	用于表示复选框是否被禁用，如果值为 true 表示禁用，如果值为 false 表示未禁用
alt	用于表示在不支持复选框时显示的替代文本

说明：在 JavaScript 语言中，获取同组中的 checkbox 对象应使用 document.checkboxForm.checkboxGroup[i]格式。其中 checkboxForm 表示包含 checkbox 对象的表

单名称，checkboxGroup 表示要访问 checkbox 对象所在组的名称，i 表示要访问 checkbox 对象在该组中的索引号。

表 7-17 复选框对象的常用方法

方 法	说 明
blur()	用于使复选框失去焦点
focus()	用于使复选框获得焦点

例 7-8 复选框对象应用示例。

```
<html>
  <head>
    <title>复选框对象应用示例</title>
    <script type="text/javascript">
      function click1(){
        var window1=window.open("","");
        var document1=window1.document;
        document1.write("<html><head><title>输出选择信息</title></head>");
        document1.write("<center><body><font size='5' color='blue'>下面是您选
        择的信息</font><br><br>");
        document1.write("<form>");
        document1.write("<font size='5' color='red'>喜欢的学校: "+"</font>
        <br>");
        for(var i=0;i<document.form1.checkboxgroup1.length;i++)
        {
          if(document.form1.checkboxgroup1[i].checked==true){
            document1.write("              <font
            size='4'
            color='red'>"+document.form1.checkboxgroup1[i].value+"</font>
            <br>");
          }
        }
      document1.write("<br>");
      document1.write("<font size='5' color='red'>喜欢的专业: "+"</font>
      <br>");
        for(var j=0;j<document.form1.checkboxgroup2.length;j++)
        {
        if(document.form1.checkboxgroup2[j].checked==true){
           document1.write("              <font
           size='4'
           color='red'>"+document.form1.checkboxgroup2[j].value+"</font>
           <br>");
          }
        }
        document1.write("<br>");
        document1.write("<font size='4' color='red'>感兴趣的语言: "+"</font>
        <br>");
        for(var k=0;k<document.form1.checkboxgroup3.length;k++)
        {
```

```
        if(document.form1.checkboxgroup3[k].checked==true){
          document1.write("       <font
          size='4'
          color='red'>"+document.form1.checkboxgroup3[k].value+"</font>
          <br>");
        }
      }
      document1.write("</form>");
      document1.write("</center></body></html>");
    }
    function cancel1(){
      for(var i=0;i<document.form1.checkboxgroup1.length;i++)
      {
        document.form1.checkboxgroup1[i].checked=false;
      }
      for(var j=0;j<document.form1.checkboxgroup2.length;j++)
      {
        document.form1.checkboxgroup2[j].checked=false;
      }
      for(var k=0;k<document.form1.checkboxgroup3.length;k++)
      {
        document.form1.checkboxgroup3[k].checked=false;
      }
    }
  </script>
</head>
<center>
  <body>
    <form name="form1">
      <font size="3" color="blue"><b>请选择喜欢的学校</b></font>:
      <input type="checkbox" name="checkboxgroup1" value="三明学院"><font
      size="3" color="blue">三明学院</font>
      <input type="checkbox" name="checkboxgroup1" value="龙岩学院"><font
      size="3" color="blue">龙岩学院</font>
      <input type="checkbox" name="checkboxgroup1" value="莆田学院"><font
      size="3" color="blue">莆田学院</font>
      <input type="checkbox" name="checkboxgroup1" value="闽江学院"><font
      size="3" color="blue">闽江学院</font>
      <input type="checkbox" name="checkboxgroup1" value="闽南理工学院">
      <font size="3" color="blue">闽南理工学院</font>
      <input type="checkbox" name="checkboxgroup1" value="仰恩大学"><font
      size="3" color="blue">仰恩大学</font>
      <input type="checkbox" name="checkboxgroup1" value="武夷学院"><font
      size="3" color="blue">武夷学院</font>
      <br><br>
      <font size="3" color="blue"><b>请选择喜欢的专业</b></font>:
      <input type="checkbox" name="checkboxgroup2" value="计算机科学与技术">
      <font size="3" color="blue">计算机科学与技术</font>
      <input type="checkbox" name="checkboxgroup2" value="电子商务"><font
      size="3" color="blue">电子商务</font>
      <input type="checkbox" name="checkboxgroup2" value="信息与计算科学">
      <font size="3" color="blue">信息与计算科学</font>
```

```
        <input type="checkbox" name="checkboxgroup2" value="数据科学与大数据技
        术"><font size="3" color="blue">数据科学与大数据技术</font>
        <input type="checkbox" name="checkboxgroup2" value="人工智能" ><font
        size="3" color="blue" >人工智能</font>
        <input type="checkbox" name="checkboxgroup2" value="物联网"><font
        size="3" color="blue">物联网</font>
        <br><br>
        <font size="3" color="blue"><b>请选择感兴趣的语言</b></font>:
        <input type="checkbox" name="checkboxgroup3" value="C++"><font size=
        "3" color="blue">C++
        </font>
        <input type="checkbox" name="checkboxgroup3" value="Java"><font size=
        "3" color="blue">Java
        </font>
        <input type="checkbox" name="checkboxgroup3" value="C"><font size=
        "3" color="blue">C
        </font>
        <input type="checkbox" name="checkboxgroup3" value="VB"><font size=
        "3" color="blue">VB
        </font>
        <input type="checkbox" name="checkboxgroup3" value="Python" ><font
        size="3" color="blue" >
        Python</font>
        <input type="checkbox" name="checkboxgroup3" value="C#"><font size=
        "3" color="blue">
        C#</font>
        <input type="checkbox" name="checkboxgroup3" value="Go"><font size=
        "3" color="blue">
        Go</font>
      </form>
      <input type="button" value="提交结果" onClick="click1()">
    <input type="button" value="取消选择" onClick="cancel1()">
  </body>
 </center>
</html>
```

程序运行结果如图 7-15 所示,选择如图 7-16 所示的选项后,单击“提交结果”按钮,效果如图 7-17 所示。

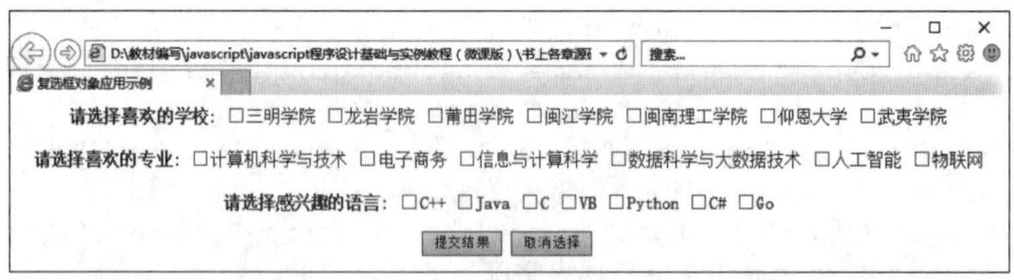

图 7-15 复选框对象应用示例效果 1

图 7-16 复选框对象应用示例效果 2

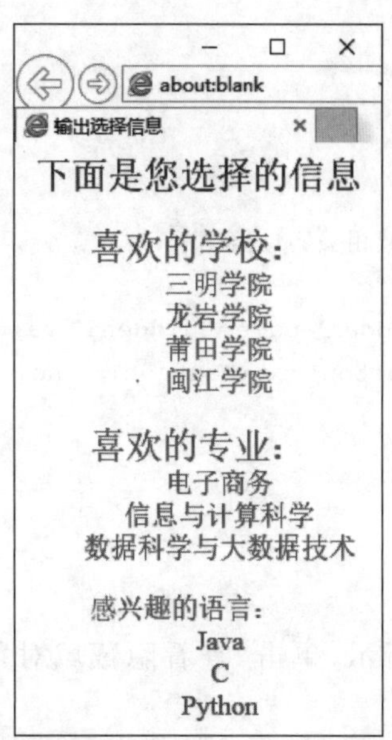

图 7-17　复选框对象应用示例效果 3

8. 隐藏输入域对象

隐藏输入域对象(hidden)是 HTML 文档中的表单元素之一,是不可见的输入域对象。在浏览器页面上无法看到此元素,更无法修改它的值,只能通过 JavaScript 程序控制,并可向服务器或者客户端传递任意类型的数据。创建隐藏输入域对象的语法格式如下。

```
<input type="hidden" name="隐藏输入域对象名称" value="隐藏输入域的值" [onChange=
"隐藏输入域内容变化事件处理程序"] [onBlur="隐藏输入域失去焦点事件处理程序"] [onFocus=
"隐藏输入域获得焦点事件处理程序"]>
```

隐藏输入域对象的常用属性如表 7-18 所示。

表 7-18　隐藏输入域对象的常用属性

属　性	说　明
name	用于表示隐藏输入域的名称
defaultValue	用于表示隐藏输入域的默认值
value	用于表示隐藏输入域的当前值

例 7-9　隐藏输入域对象应用示例。

```
<html>
  <head><title>隐藏输入域对象应用示例</title>
    <script type="text/javascript">
      function alertValue()
      {
        alert("元素名称: "+document.form1.hidden1.name+"\n"+"元素类型: "+
        document.form1.hidden1.type+"\n"+"元素默认值: "+document.form1.hidden1.
        defaultValue);
```

```
        }
    </script>
  </head>
    <center>
      <body>
      单击下面按钮查看隐藏域相关属性信息
        <form name="form1">
          <input type="hidden" name="hidden1" value="这是隐藏域的默认值!">
          <input type="button" id="button1" onclick="alertValue()" value="查看
          隐藏域信息">
        </form>
      </body>
    </center>
</html>
```

程序运行结果如图 7-18 所示，单击“查看隐藏域对象属性信息”按钮效果如图 7-19 所示。

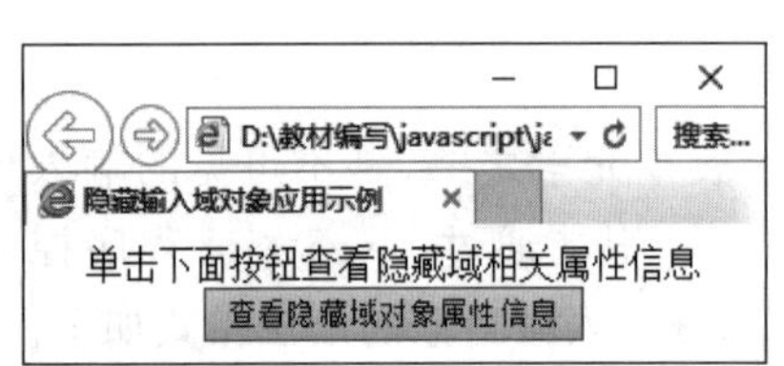

图 7-18 隐藏输入域对象应用示例效果 1

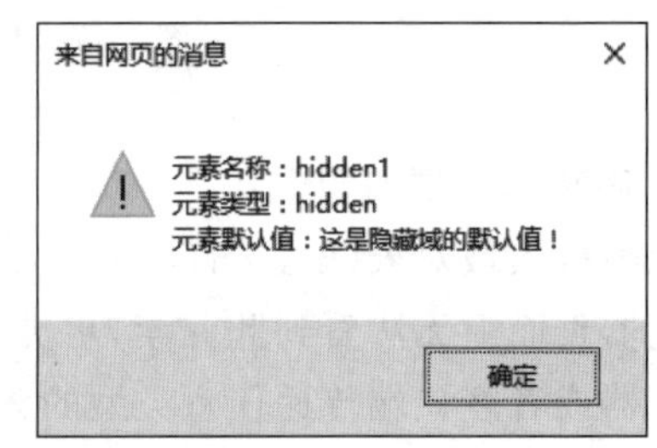

图 7-19 隐藏输入域对象应用示例效果 2

9. 文件上传对象

文件上传对象(fileUpload)是 HTML 文档中的表单元素之一，主要用于上传文件。文件上传对象包含一个文本框和一个用来浏览目录文件的按钮，可直接在文本框中输入需要上传的文件路径，也可通过单击按钮选择文件，选择的文件路径自动填入文本框中。提交表单时，文件名和文件内容一同传输给服务器。创建文件上传对象的语法格式如下。

```
<input type="file" name="文件上传对象名称" value="上传文件名称" [onBlur="文件上传
对象失去焦点事件处理程序"] [onFocus="文件上传对象获得焦点事件处理程序"]>
```

文件上传对象的常用属性和方法分别如表 7-19 和表 7-20 所示。

表 7-19 文件上传对象的常用属性

属 性	说 明
name	用于表示文件上传对象的名称
defaultValue	用于表示文件上传对象的初始值
value	用于表示文件上传对象中的文件名
disabled	用于表示文件上传对象是否禁用，如果值为 true 表示禁用，如果值为 false 表示未禁用

表 7-20　文件上传对象的常用方法

方　法	说　明
blur()	用于使文件上传对象失去焦点
focus()	用于使文件上传对象获得焦点
select()	用于选中文件上传对象中的所有内容

例 7-10　文件上传对象应用示例。

```
<html>
  <head><title>文件上传对象应用示例</title>
    <script type="text/javascript">
      function alertFile()
      {
        alert("元素名称: "+document.form1.file1.name+"\n"+"元素类型:
        "+document.form1.file1.type+"\n"+"元素默认值: "+document.form1.file1.
        value+"\n"+"元素当前值: "+document.form1.file1.defaultValue);
      }
    </script>
  </head>
  <center>
  <body onload="onload1()">
    <form name="form1">
       <input type="file" name="file1" value="7-10.html">
       <input type="button" id="button1" value="查看文件上传对象属性信息"
         onclick="alertFile()" >
    </form>
  </body>
  </center>
</html>
```

程序运行结果如图 7-20 所示，单击“浏览”按钮选择上传文件，如图 7-21 所示。单击图 7-21 中的“查看文件上传对象属性信息”按钮，弹出如图 7-22 所示的对话框。

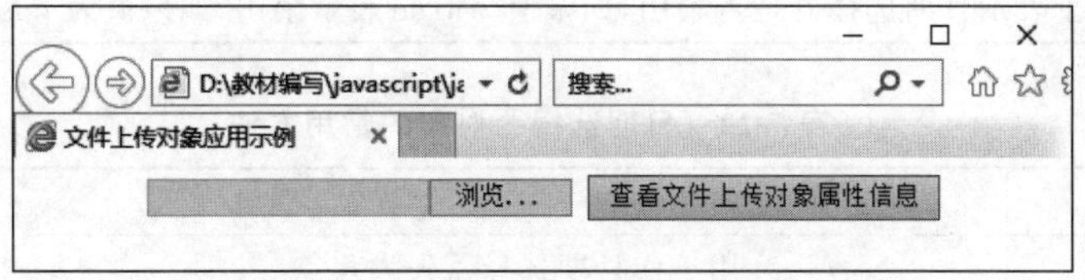

图 7-20　文件上传对象应用示例效果 1

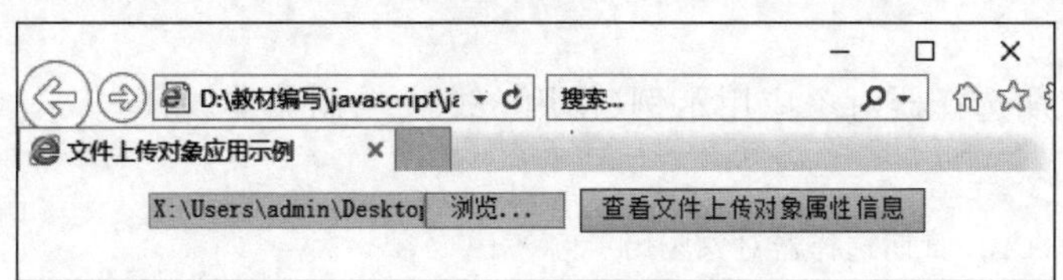

图 7-21　文件上传对象应用示例效果 2

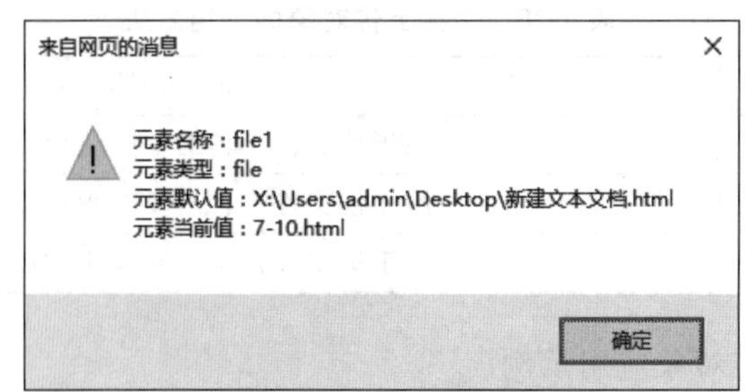

图 7-22　文件上传对象应用示例效果 3

10. 日期选择器对象

日期选择器对象(date)是 HTML5 新增的表单元素之一，主要用于选择日期。创建日期选择器对象的语法格式如下。

```
<input type="date" name="日期选择器对象名称" value="当前日期" [onClick="日期选择器单击事件处理程序"][onChange="日期选择器内容变化事件处理程序"] [onBlur=" 日期选择器失去焦点事件处理程序"] [onFocus="日期选择器获得焦点事件处理程序"]>
```

日期选择器对象的常用属性和方法分别如表 7-21 和表 7-22 所示。

表 7-21　日期选择器对象的常用属性

属　性	说　　明
name	用于表示日期选择器的名称
defaultValue	用于表示日期选择器的默认值
value	用于表示日期选择器的当前值
max	用于表示日期选择器的最大值
min	用于表示日期选择器的最小值
readOnly	用于表示日期选择器是否为只读，如果取值为 true 表示只读，如果取值为 false 表示可编辑
step	用于表示日期选择器的递增或递减值
disabled	用于表示日期选择器是否禁用，如果值为 true 表示禁用，如果值为 false 表示未禁用

表 7-22　日期选择器对象的常用方法

方　法	说　　明
blur()	用于使日期选择器失去焦点
focus()	用于使日期选择器获得焦点
select()	用于选中日期选择器中的内容，默认选中年份

例 7-11　日期选择器对象应用示例(使用 360 安全浏览器验证)。

```
<html>
  <head><title>日期选择器对象应用示例</title>
    //<meta charset="gb2312">
    <script>
      function myFunction() {
```

```
      var x=document.form1.date1.value;
      document.getElementById("p1").innerHTML="";
      alert("选择的日期是: "+x);
    }
    function myFunction1() {
      var x=document.form1.date1.value;
      document.getElementById("p1").innerHTML="选择的日期是: "+x;
    }
  </script>
</head>
<center>
<body>
  单击按钮获取日期
  <form name="form1">
    <input type="date" name="date1" value="2020-01-30" onChange="myFunction1()">
    <button onclick="myFunction()">点我</button>
    <br>
    <p id="p1"></p>
  </form>
</body>
</html>
```

程序运行结果如图 7-23 所示，单击日期控件的向上或向下按钮，显示如图 7-24 所示。单击图 7-23 中的“点我”按钮，弹出如图 7-25 所示的对话框，同时清除页面上出现的日期。

图 7-23　日期选择器对象应用示例效果 1

图 7-24　日期选择器对象应用示例效果 2

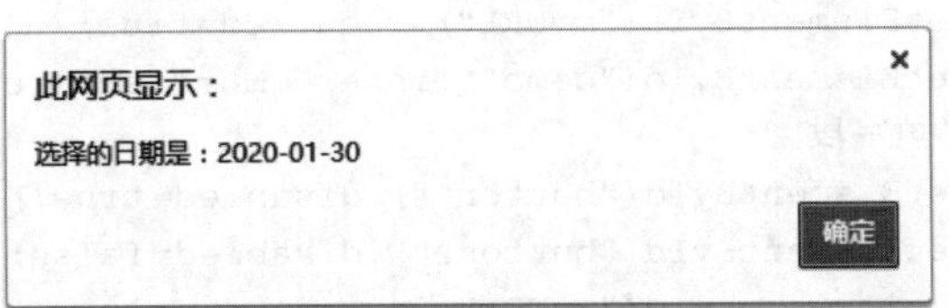

图 7-25　日期提示对话框

11. 网络地址文本框对象

网络地址文本框对象(url)是 HTML5 新增的表单元素之一，主要用于指定网络地址的输入格式。创建网络地址文本框对象的语法格式如下。

```
<input type="url" name="网络地址文本框对象名称" value="当前网络地址" [onClick="网络地址文本框单击事件处理程序"][onChange="网络地址文本框内容变化事件处理程序"][onBlur="网络地址文本框失去焦点事件处理程序"][onFocus="网络地址文本框获得焦点事件处理程序"]>
```

网络地址文本框对象的常用属性和方法分别如表 7-23 和表 7-24 所示。

表 7-23　网络地址文本框对象的常用属性

属　性	说　明
name	用于表示网络地址文本框的名称
defaultValue	用于表示网络地址文本框的默认值
value	用于表示网络地址文本框的当前值
size	用于表示网络地址文本框的宽度
min	用于表示网络地址文本框可容纳的最小字符数
readOnly	用于表示网络地址文本框是否为只读,如果取值为 true 表示只读,如果取值为 false 表示可编辑
required	用于表示网络地址文本框是否必填
disabled	用于表示网络地址文本框是否禁用,如果值为 true 表示禁用,如果值为 false 表示未禁用

表 7-24　网络地址文本框对象的常用方法

方　法	说　明
blur()	用于使网络地址文本框失去焦点
focus()	用于使网络地址文本框获得焦点
select()	用于选中网络地址文本框中的内容

例 7-12　网络地址文本框对象应用示例。

```
<html>
  <head>
    //<meta charset="gb2312">
    <title>网络地址文本框对象应用示例</title>
    <script>
    function click1() {
      document.getElementById("myURL").required=true;
      document.getElementById("demo").innerHTML="required 属性已设置。表单提交前
      URL 字段为必填字段。";
      document.getElementById("button1").disabled=true;
      document.getElementById("button2").disabled=false;
      document.getElementById("myURL").disabled=false;
    }
    function click2() {
      document.getElementById("button1").disabled=false;
      document.getElementById("button2").disabled=true;
      document.getElementById("myURL").required=false;
      document.getElementById("demo").innerHTML="required 属性设置已取消。";
    }
    function click3() {
      document.getElementById("button2").disabled=true;
      document.getElementById("myURL").disabled=true;
    }
    </script>
  </head>
  <center>
```

```
<body onload="click3()">
  <form name="form1" action="http://www.baidu.com">
    <input type="url" name="url1" id="myURL">
    <input type="submit" value="提交">
  </form>
    <input type="button" value="设置 required" id="button1" onclick="click1
    ()">
    <input type="button" value="取消设置 required" id="button2" onclick="
    click2()">
  <p id="demo"></p>
  <p><strong>提示:</strong>在单击"设置 required"按钮和"取消设置 required"按钮
  后,单击"提交"按钮查看效果</p>
</body>
</center>
</html>
```

程序运行结果如图 7-26 所示，单击“设置 required”按钮，效果如图 7-27 所示。单击图 7-27 中的“提交”按钮，显示如图 7-28 所示。单击图 7-28 中的“取消设置 required”按钮，效果如图 7-29 所示，单击“提交”按钮，打开百度网站。

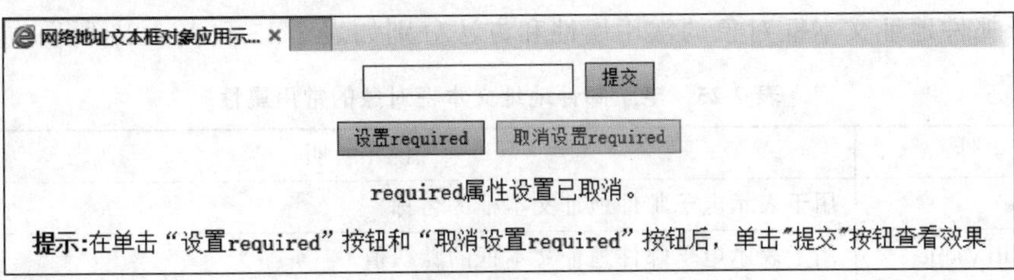

图 7-26　网络地址对象应用示例效果

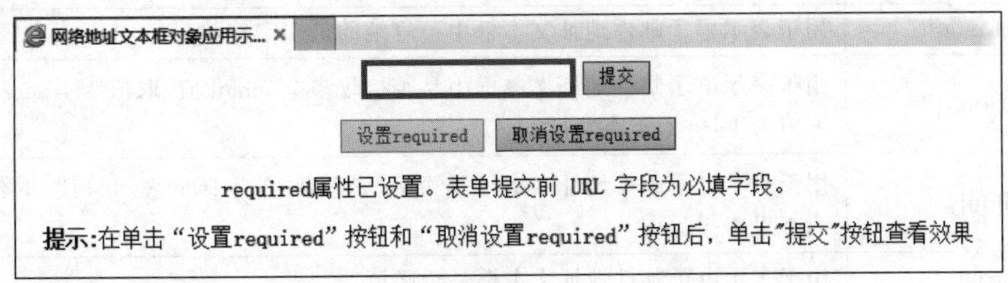

图 7-27　单击“设置 required”按钮后效果

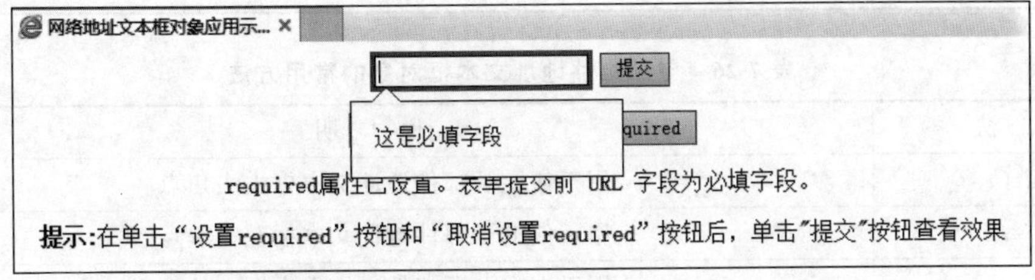

图 7-28　单击“设置 required”按钮后单击“提交”按钮效果

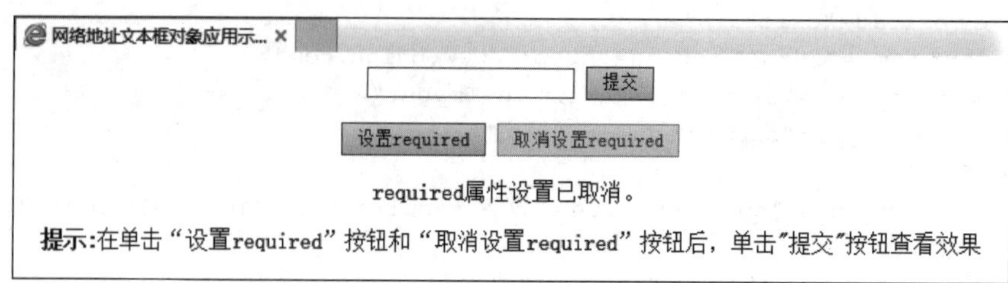

图 7-29 单击“取消设置 required”按钮后效果

12. 电子邮件地址文本框对象

电子邮件地址文本框对象(email)是 HTML5 新增的表单元素之一，主要用于指定邮件地址的输入格式。创建电子邮件地址文本框对象的语法格式如下。

```
<input type="email" name="电子邮件地址文本框对象名称" value="当前邮件地址"
[onClick="电子邮件地址文本框单击事件处理程序"][onChange="电子邮件地址文本框内容变化
事件处理程序"][onBlur="电子邮件地址文本框失去焦点事件处理程序"][onFocus="电子邮件地
址文本框获得焦点事件处理程序"]>
```

电子邮件地址文本框对象的常用属性和方法分别如表 7-25 和表 7-26 所示。

表 7-25 电子邮件地址文本框对象的常用属性

属　性	说　明
name	用于表示电子邮件地址文本框的名称
defaultValue	用于表示电子邮件地址文本框的默认值
value	用于表示电子邮件地址文本框的当前值
size	用于表示电子邮件地址文本框的宽度，默认宽度为可容纳 20 个字符
maxLength	用于表示电子邮件地址文本框中可容纳的最多字符数
multiple	用于表示电子邮件地址文本框中是否接收多个 email 值，取值为 true 表示允许，取值为 false 表示不允许
readOnly	用于表示电子邮件地址文本框是否为只读，取值为 true 表示只读，取值为 false 表示可编辑
required	用于表示电子邮件地址文本框是否必填
disabled	用于表示电子邮件地址文本框是否禁用，如果值为 true 表示禁用，如果值为 false 表示未禁用

表 7-26 电子邮件地址文本框对象的常用方法

方　法	说　明
blur()	用于使电子邮件地址文本框失去焦点
focus()	用于使电子邮件地址文本框获得焦点
select()	用于选中电子邮件地址文本框中的内容

例 7-13 电子邮件地址文本框对象应用示例。

```
<html>
  <head>
  //<meta charset="gb2312">
    <title>电子邮件地址文本框对象应用示例</title>
    <script>
      function click1() {
        document.getElementById("myEmail").multiple=true;
        document.getElementById("demo").innerHTML="multiple 属性已设置,表单提交
        前 Email 字段允许输入多个值。";
        document.getElementById("button1").disabled=true;
        document.getElementById("button2").disabled=false;
        document.getElementById("myEmail").disabled=false;
      }
      function click2() {
        document.getElementById("button1").disabled=false;
        document.getElementById("button2").disabled=true;
        document.getElementById("myEmail").multiple=false;
        document.getElementById("demo").innerHTML="multiple 属性设置已取消,表单
        提交前 Email 字段只允许输入一个值。";
      }
      function click3() {
        document.getElementById("button2").disabled=true;
        document.getElementById("myEmail").disabled=true;
      }
    </script>
  </head>
  <center>
  <body onload="click3()">
    <form name="form1" action="7-13.html">
      <input type="email" name="email1" id="myEmail" size="50">
      <input type="submit" value="提交">
    </form>
    <input type="button" value="设置 multiple" id="button1" onclick="click1()">
    <input type="button" value="取消设置 multiple" id="button2" onclick="click2()">
    <p id="demo"></p>
    <p><strong>提示:</strong>在单击"设置 multiple"按钮和"取消设置 multiple"按钮
    后,单击"提交"按钮查看效果</p>
  </body>
  </center>
</html>
```

程序运行结果如图 7-30 所示,单击“设置 multiple”按钮,效果如图 7-31 所示。在文本框中输入不符合电子邮件格式的内容,单击“提交”按钮,显示如图 7-32 所示。在图 7-32 中,单击“取消设置 multiple”按钮后,输入两个电子邮件地址,单击“提交”按钮,显示如图 7-33 所示。

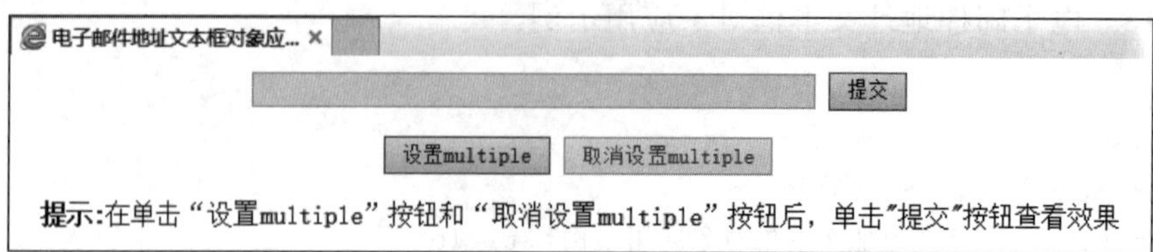

图 7-30　电子邮件地址文本框对象应用示例效果

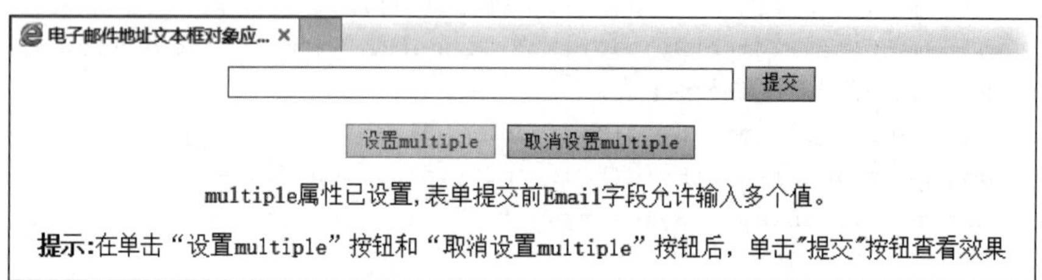

图 7-31　单击“设置 multiple”按钮后效果

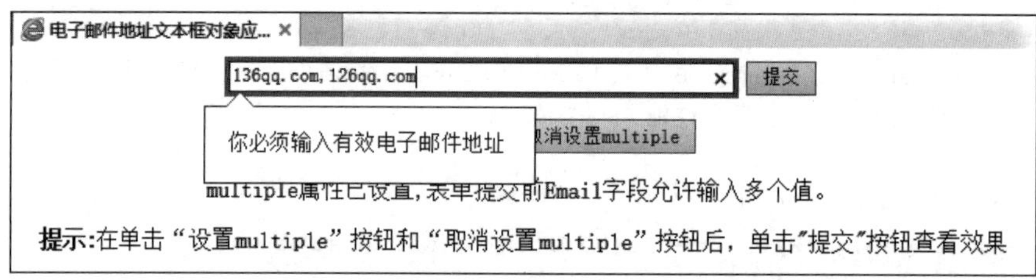

图 7-32　设置 multiple，输入不合法的电子邮件格式，单击“提交”按钮显示提示信息

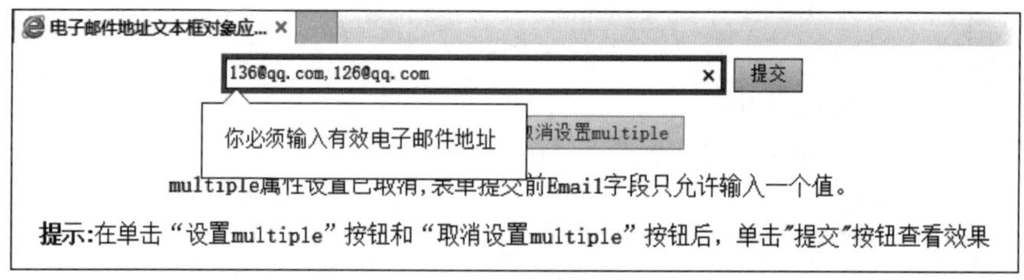

图 7-33　取消 multiple 设置，输入两个合法的电子邮件地址，单击“提交”按钮显示提示信息

13. 数值文本框对象

数值文本框对象(number)是 HTML5 新增的表单元素之一，主要用于显示只能包含数值内的文本。创建数值文本框对象的语法格式如下。

```
<input type="number" name=" 数值文本框对象名称" value="当前数值" [onClick="数值文本框单击事件处理程序"][onChange="数值文本框内容变化事件处理程序"][onBlur=" 数值文本框失去焦点事件处理程序"] [onFocus="文本框获得焦点事件处理程序"]>
```

数值文本框对象的常用属性和方法分别如表 7-27 和表 7-28 所示。

表 7-27　数值文本框对象的常用属性

属　性	说　明
name	用于表示数值文本框的名称
defaultValue	用于表示数值文本框的默认值
value	用于表示数值文本框的当前值
size	用于表示数值文本框的宽度
max	用于表示数值文本框输入的最大值
min	用于表示数值文本框输入的最小值
step	用于表示数值文本框的步长值
readOnly	用于表示数值文本框是否为只读，取值为 true 表示只读，取值为 false 表示可编辑
required	用于表示数值文本框是否必填
disabled	用于表示数值文本框是否禁用，如果值为 true 表示禁用，如果值为 false 表示未禁用

表 7-28　数值文本框对象的常用方法

方　法	说　明
blur()	用于使数值文本框失去焦点
focus()	用于使数值文本框获得焦点
select()	用于选中数值文本框中的内容

例 7-14　数值文本框对象应用示例。

```
<html>
  <head>
    <meta charset="utf-8" >
    <title>数值文本框对象应用示例</title>
    <style>
    form{
        width: 100%;
        margin-top:50px;
        text-align:center;
    }
    div{
        text-align:center;
    }
    </style>
    <script>
      function click1(){
        document.getElementById("number1").disabled=true;
        document.getElementById("submit1").disabled=true;
      }
      function click2(){
        document.getElementById("number1").disabled=false;
        document.getElementById("number1").value=0;
        document.getElementById("number1").focus();
        document.getElementById("submit1").disabled=false;
```

```
        }
        function click3(){
          alert("当前值: "+document.getElementById("number1").value);
        }
      </script>
    </head>
    <body onload="click1()">
      <form name="form1" action="7-14.html">
         <label>请输入能被 3 整数的数:
          <input type="number" name="number" id="number1" min="3" max="50" step="3">
         </label>
       </form>
      <div>
        <input type="submit" value="编辑" onclick="click2()">
        <input type="submit" value="提交" id="submit1" onclick="click3()">
      </div>
    </body>
  </html>
```

程序运行结果如图 7-34 所示，单击“编辑”按钮，效果如图 7-35 所示。单击图 7-35 中的“提交”按钮，显示如图 7-36 所示。

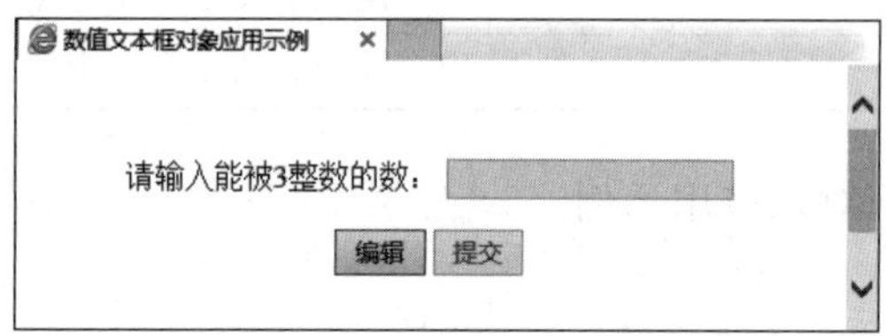

图 7-34 数值文本框对象应用示例效果

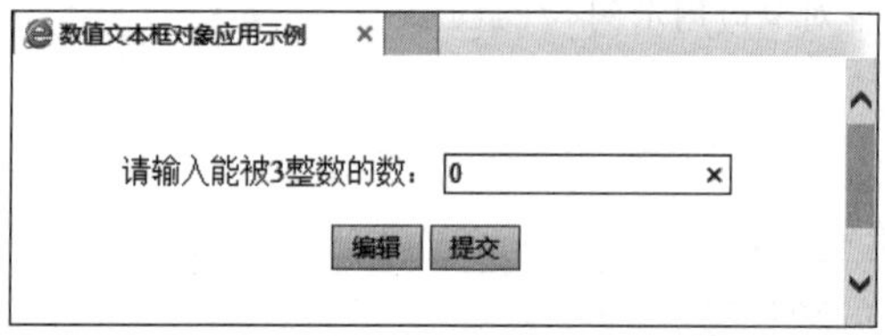

图 7-35 单击“编辑”按钮后效果

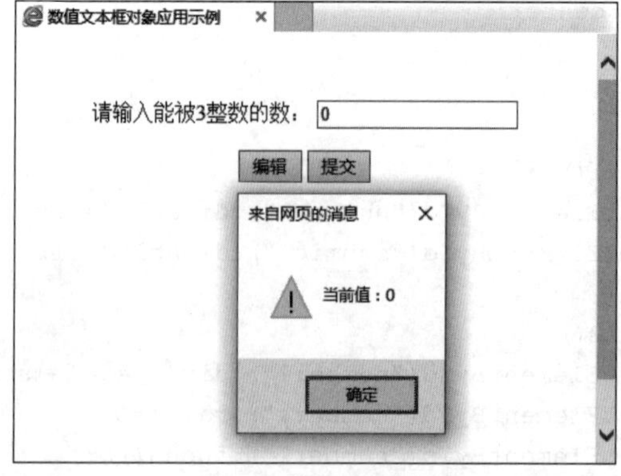

图 7-36 单击“提交”按钮后弹出提示对话框

14. 数值范围对象

数值范围对象(range)是 HTML5 新增的表单元素之一,主要用于显示包含数值范围的滑动条。创建数值范围对象的语法格式如下。

```
<input type="range" name=" 数值范围对象名称" value="当前数值"[onChange="数值范围内容变化事件处理程序"]>
```

数值范围对象的常用属性如表 7-29 所示。

表 7-29　数值范围对象的常用属性

属　性	说　明
name	用于表示数值范围对象的名称
defaultValue	用于表示数值范围的默认值
value	用于表示数值范围的当前值
max	用于表示数值范围的最大值
min	用于表示数值范围的最小值
step	用于表示数值范围的步长值
disabled	用于表示数值范围是否禁用,如果值为 true 表示禁用,如果值为 false 表示未禁用

例 7-15　数值范围对象应用示例。

```
<html>
  <head>
    <meta charset="utf-8">
    <title>数值范围对象应用示例</title>
    <style>
      form{
          margin-top:20px;
          text-align:center;
      }
      span{
          color:blue;
      }
    </style>
    <script>
      //当用户拖动滑动条时触发 onchange 事件调用此函数
      function change(){
          //获取滑动条对象
          var range=document.getElementById("range");
          //获取 span 对象
          var text=document.getElementById("volume");
          text.innerHTML=range.value;
      }
    </script>
  </head>
  <body>
  <form method="post" action="7-15.html">
    <label>数值范围大小:
```

```
        <input type="range" name="range" id="range" min="0" max="200" step="1"
        value="0"  onchange="change()">
      </label><span id="volume">0</span>
    </form>
    </body>
</html>
```

程序运行结果如图 7-37 所示，拖动“滑块”按钮，效果如图 7-38 所示。

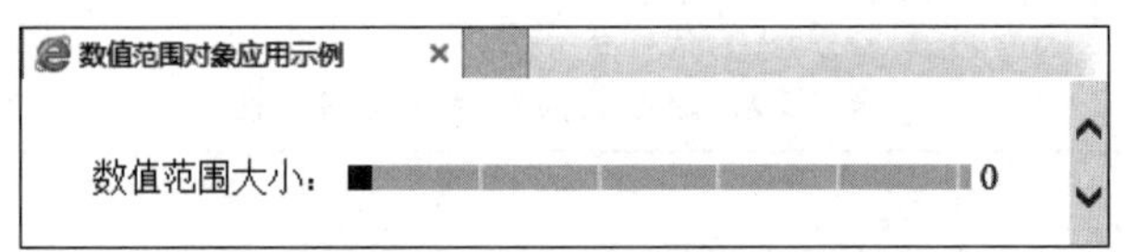

图 7-37 数值范围对象应用示例效果

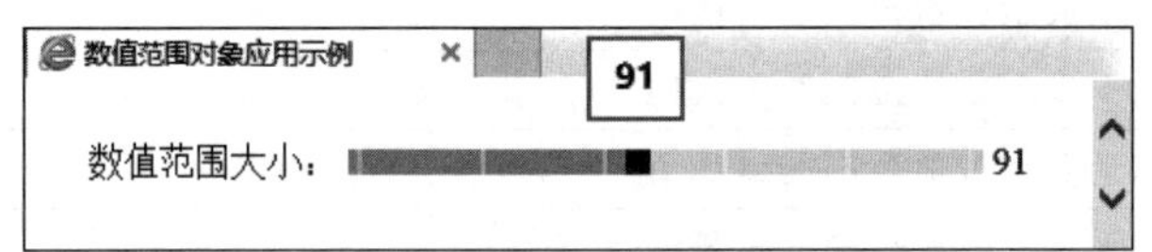

图 7-38 拖动“滑块”按钮显示效果

15. 颜色选择器对象

颜色选择器对象(color)是 HTML5 新增的表单元素之一，主要用于显示颜色选择。创建颜色选择器对象的语法格式如下。

```
<input type="color" name="颜色选择器对象名称" value="当前数值" [onChange="颜色选择变化事件处理程序"]>
```

颜色选择器对象的常用属性如表 7-30 所示。

表 7-30 颜色选择器对象的常用属性

属 性	说 明
name	用于表示颜色选择器对象的名称
defaultValue	用于表示颜色选择器的默认值
value	用于表示颜色选择器的当前值
list	用于表示颜色选择器的 datalist 的引用
disabled	用于表示数值范围是否禁用，如果值为 true 表示禁用，如果值为 false 表示未禁用

例 7-16 颜色选择器对象应用示例(使用 360 安全浏览器验证)。

```
<html>
  <head>
    <meta charset="utf-8" >
    <title>颜色选择器对象应用示例</title>
    <style>
      form{
          width:200;
```

```
            height:80;
            margin-top:20px;
        }
        div{
            text-align:center;
            margin-top:20px;
        }
        label{
            color:blue;
        }
    </style>
    <script>
      //该函数在颜色选择器 onchange 事件发生时被触发
        function change() {
         //获取颜色选择器中的颜色值
         var button2=document.getElementById("button1");
         button2.disabled=false;
        }
        function load1() {
         //var color=document.getElementById("color").value;
         var form2=document.getElementById("form1");
         form2.style.backgroundColor="yellow";
         var button2=document.getElementById("button1");
         button2.disabled=true;
        }
        function click1() {
         var color=document.getElementById("color").value;
         var form2=document.getElementById("form1");
         form2.style.backgroundColor=color;
        }
    </script>
   </head>
   <body onload="load1()">
     <form method="post" action="" id="form1" >
       <label>颜色选择:
         <input type="color" name="color" id="color"  onchange="change()">
       </label>
       <div id="div1">
         <input type="button" value="提交" id="button1" onclick="click1()">
       </div>
     </form>
   </body>
</html>
```

程序运行结果如图 7-39 所示，单击“颜色选择”右侧的按钮，弹出如图 7-40 所示的“颜色”对话框，在“颜色”对话框中选择颜色，单击“确定”按钮，颜色选择器按钮效果如图 7-41 所示，单击“提交”按钮，效果如图 7-42 所示。

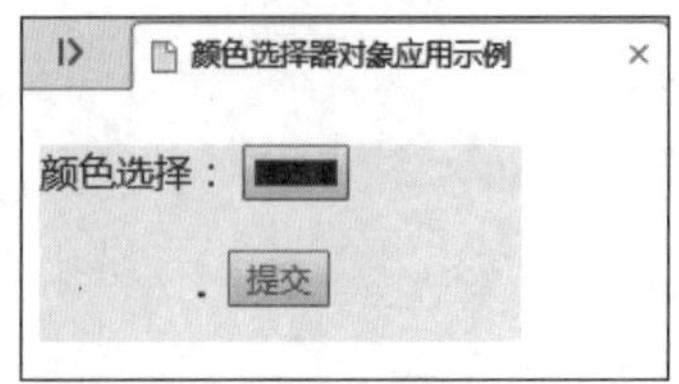

图 7-39　颜色选择器对象应用示例效果

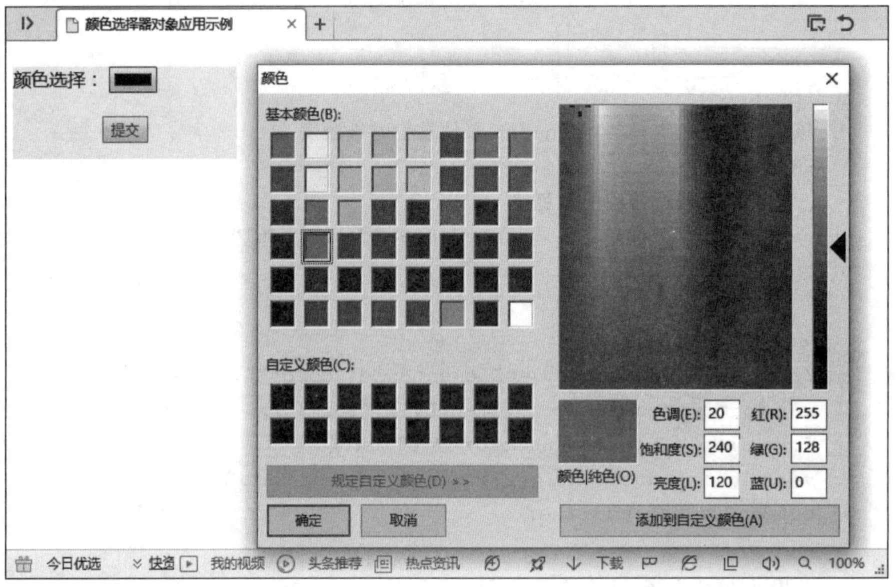

图 7-40　“颜色”对话框

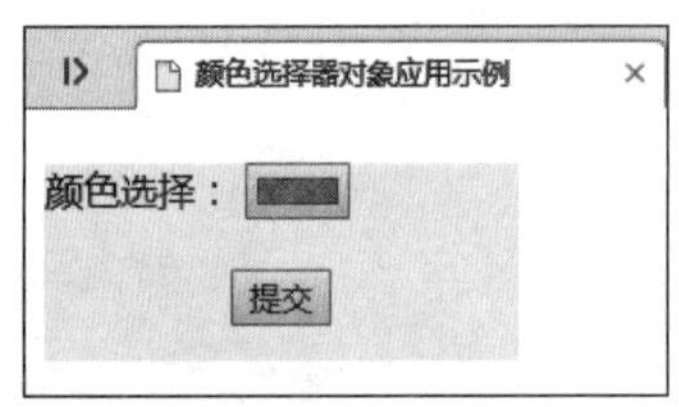

图 7-41　选择颜色

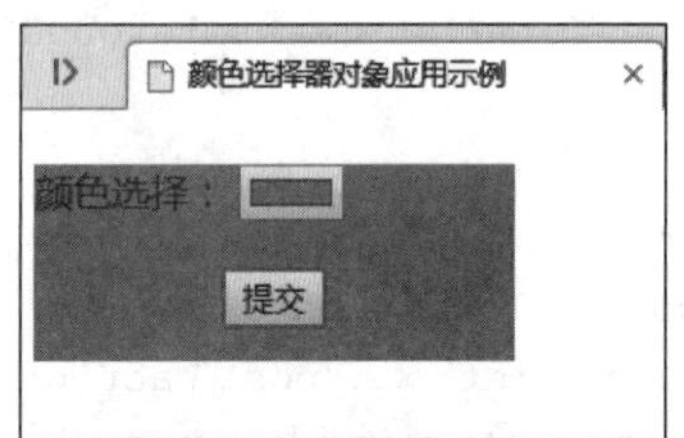

图 7-42　应用选择颜色效果

16. 数据列表标签对象

数据列表标签对象(datalist)是 HTML5 新增的表单元素标签之一，主要用于为普通文本输入框提供提示选项。数据列表标签对象的基本格式如下。

```
<datalist>
  <option value="值 1">选项 1</option>
  <option value="值 1">选项 2</option>
  <option value="值 1">选项 3</option>
  ...
</datalist>
```

其中，<option>标签的 value 值为可选项。如果设置了 value 值，则该属性值会随着用户的选择自动显示在文本输入框中；如果没有设置 value 值，则会显示<option>首尾标签之间的文本内容。

<datalist>无法单独使用，需要与文本输入框配合使用。在需要显示列表选项的文本框中添加 list 属性并将属性赋值为<datalist>元素的 id 名称。例如：

```
<input type="text" list="datalist1">
<datalist id="datalist1">
  <option>选项 1</option>
  <option>选项 2</option>
  <option>选项 3</option>
</datalist>
```

数据列表标签对象的常用属性如表 7-31 所示。

表 7-31　数据列表标签对象的常用属性

属　性	说　明
name	用于表示数据列表标签对象的名称
size	用于表示数据列表标签选项的可见数目
multiple	用于表示数据列表标签是否允许同时选中多个选项
disabled	用于表示数据列表标签是否禁用，如果值为 true 表示禁用，如果值为 false 表示未禁用

例 7-17　数据列表标签对象应用示例。

```
<html>
  <head>
    <meta charset="utf-8">
    <title>数据列表标签应用示例</title>
    <style>
     form{
         margin: 20px;
         text-align: center;
     }
     div{
        text-align: center;
        margin-top: 10px;
     }
    </style>
    <script>
      function click1(){
        var text3=document.getElementById("text1");
        text3.style.color="blue";
      }
      function click2(){
        var text3=document.getElementById("text1");
        text3.style.color="black";
      }
       function click3(){
```

```
            var text2=document.getElementById("text1").value;
            window.open(text2);
          }
        </script>
      </head>
      <body>
        <form method="post" action="">
          <label>请选择:
            <input type="text" id="text1" list="browsers" size="30" onFocus="click1()"
            onBlur="click2()">
          </label>
          <datalist id="browsers">
            <option label="W3school" value="https://www.w3school.com.cn">
            <option label="Google" value="http://www.google.com">
            <option label="Microsoft" value="http://www.microsoft.com">
          </datalist>
            <input type="button" value="提交" onclick="click3()">
        </form>
      </body>
    </html>
```

程序运行结果如图 7-43 所示,将光标移到文本框中,显示如图 7-44 所示,选择文本框中的某个网址后,单击"提交"按钮即可打开相应的网站。

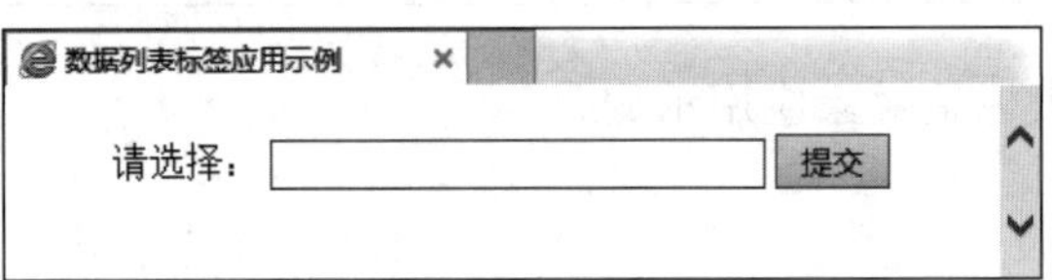

图 7-43　数据列表标签应用示例效果

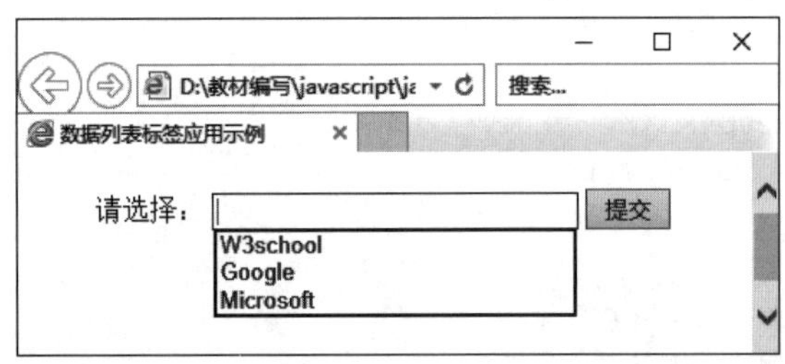

图 7-44　文本框获得焦点效果

17. 输出标签对象

输出标签对象(output)是 HTML5 新增的表单元素标签之一,主要用于显示各类输出结果,可以和表单的 oninput 事件结合使用,动态输出结果。

输出标签的基本格式如下。

```
<output name="输出标签对象名称" for="相关元素 id 名称">文本内容</output>
```

其中,for 属性中可填入关联的一个或多个元素的 id 名称,如果是填入多个名称,中间用空格隔开即可。例如:

```
<input type="range" name="range1" id="range1" min="0" max="200" step="1"
value="0">
<output name="output1" for="range1">0</output>
```

输出标签对象的常用属性如表 7-32 所示。

表 7-32　输出标签对象的常用属性

属　性	说　明
name	用于表示输出标签对象的名称
for	用于表示输出标签关联的一个或多个元素
form	用于表示输出标签隶属于一个或多个表单

例 7-18　输出标签对象应用示例。

```
<html>
  <head>
    <meta charset="utf-8" >
     <title>输出标签对象应用示例</title>
     <style>
       form{
            margin-top:20px;
            text-align:center;
       }
     </style>
     <script>
       function change(){
            var range2=document.getElementById("range1");
            var output2=document.getElementById("output1");
            output2.innerHTML=range2.value;
       }
     </script>
  </head>
  <body>
    <!--使用 360 安全浏览器验证<form method="post" action=""
        oninput="output1.innerHTML=range1.value">-->
    <form method="post" action="" onchange="change()">
      <label>数值范围大小:
        <input type="range" name="range1" id="range1" min="0" max="200" step="1"
          value="0">
        <output name="output1" for="range1" id="output1">
         0
        </output>
    </form>
  </body>
</html>
```

程序运行结果如图 7-45 所示，移动滑块，显示如图 7-46 所示。

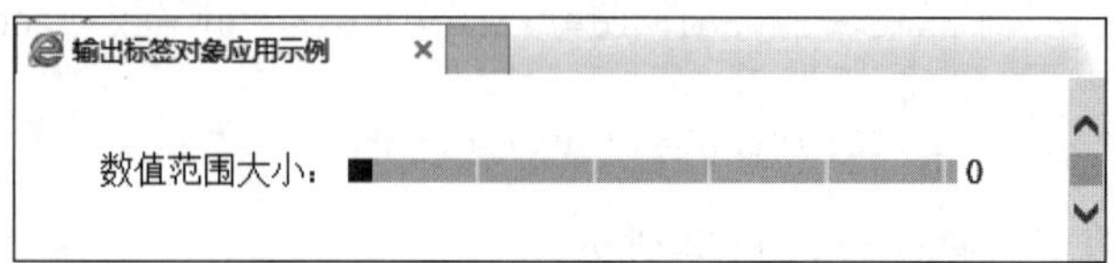

图 7-45 输出标签对象应用示例效果

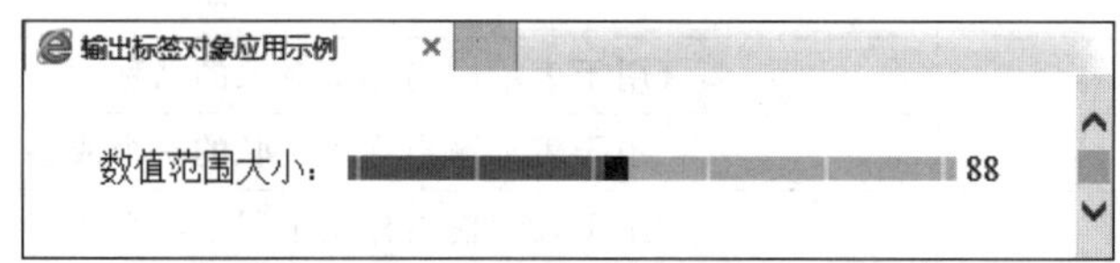

图 7-46 移动滑块的效果

7.3 HTML5 表单新增属性

1. autofocus 属性

autofocus 属性用于当页面加载时，input 元素自动获得焦点。autofocus 的使用方法是在需要获得焦点的 input 元素中添加 autofocus="autofocus"或直接简写为 autofocus，其语法格式如下。

```
<input type="text" name="text1" autofocus>
```

例如：

```
<!DOCTYPE html>
<html>
  <body>
    <center>
      <form action=" ">
        账户：<input type="text" name="text1" autofocus><br>
        密码：<input type="password" name="password1"><br><br>
        <input type="submit" value="提交">
      </form>
    </center>
  </body>
</html>
```

2. form 属性

form 属性用于指定 input 元素所属的一个或多个表单，所属多个表单时需用空格或逗号隔开。form 属性的值必须是其所属表单的 id，其语法格式如下。

```
<form id="form1">
  <!--内容-->
</form>
<form id="form2">
  <!--内容-->
</form>
```

```
<input type="text" name="text1" form="form1,form2">
```

例如：

```
<!DOCTYPE HTML>
<html>
  <body>
    <center>
    <form id="form1">
      账户：<input type="text" name="text1" autofocus><br><br>
      <input type="submit" value="提交">
    </form>
    <p>下面的“密码”元素位于 form 元素之外,但仍然是表单的一部分。</p>
      密码：<input type="password" name="password1" form="form1"><br>
    </center>
  </body>
</html>
```

3. formaction 属性

formaction 属性用于指定对表单的 action 属性进行重写，只适用于类型为 submit 或 image 的 input 元素，其语法格式如下。

```
<form action="1.aspx">
  <!--内容-->
  <input type="submit" formaction="2.aspx" value="提交">
</form>
```

例如：

```
<!DOCTYPE HTML>
<html>
  <body>
    <center>
      <form action="form1.aspx" method="get">
        账户：<input type="text" name="text1" autofocus><br>
        密码：<input type="text" name="password1"><br><br>
        <input type="submit" value="提交" formaction="form2.aspx">
      </form>
    </center>
  </body>
</html>
```

对表单相关属性的重写还有以下几个属性。

（1）formenctype 属性用于重写表单的 enctype 属性。

（2）formmethod 属性用于重写表单的 method 属性。

（3）formnovalidate 属性用于重写表单的 novalidate 属性。

（4）formtarget 属性用于重写表单的 target 属性。

4. placeholder 属性

placeholder 属性用于为指定的 input 元素提供提示信息，该提示信息会在空白输入框中出现，当输入框获得输入内容时提示信息消失，其语法格式如下。

```
<input type="text" name="text1" placeholder="请输入信息">
```

例如：

```
<!DOCTYPE HTML>
<html>
  <body>
    <center>
      <form action="" method="get">
        <input type="search" name="search1" placeholder="请输入搜索内容">
        <input type="submit" value="提交">
      </form>
    </center>
  </body>
</html>
```

5. max、min 和 step 属性

max 和 min 属性用于为指定的数值(number)、数值范围(range)或日期选择器(date pickers)对象规定其允许的数值范围。max 属性用于规定最大值，min 属性用于规定最小值，step 属性用于规定数值的步长值，其语法格式如下。

```
<input type="range" name="range1" min="0" step="2" max="50">
```

例如：

```
<!DOCTYPE HTML>
<html>
  <body>
    <center>
      <form action="" method="get">
        音量大小: <input type="range" name="range1" min="0" max="10" step="2">
      </form>
    </center>
  </body>
</html>
```

6. required 属性

required 属性用于指定输入框在提交前必须填入内容，提交时输入框不能为空。required 属性的使用方式是在 input 元素中添加 required="required"或直接简写为 required，其语法格式如下。

```
<input type="text" name="text1" required>
```

例如：

```
<!DOCTYPE HTML>
<html>
  <body>
```

```
    <center>
      <form action="" method="get">
      请输入信息：<input type="text" name="text1" required="required">
      <input type="submit" value="提交" />
      </form>
    </center>
  </body>
</html>
```

7. multiple 属性

multiple 属性允许指定的电子邮件地址文本框或文件上传对象同时输入多个值。multiple 属性的使用方式是在 input 元素中添加 multiple＝"multiple"或直接简写为 multiple，其语法格式如下。

```
<input type="file" name="file1" multiple>
```

例如：

```
<!DOCTYPE HTML>
<html>
  <body>
    <center>
      <form action="" method="get">
      选择图片：<input type="file" name="file1" multiple="multiple">
      <input type="submit" value="提交">
      </form>
      <p>请尝试在浏览文件时选取一个以上的文件。</p>
    </center>
  </body>
</html>
```

8. width 和 height 属性

width 和 height 属性用于为指定的 image 对象规定图像以像素为单位的宽度和高度，其语法格式如下。

```
<input type="image" src="url" alt="图像" width="像素值" height="像素值">
```

例如：

```
<!DOCTYPE HTML>
<html>
 <body>
  <center>
   <form action="demo_form.asp" method="get">
    <input type="image" src="img1.gif" alt="提交" width="140" height="50">
   </form>
  </center>
 </body>
</html>
```

9. pattern 属性

pattern 属性用于指定约束输入域的内容，该属性以正则表达式的方式对输入内容进行规范，其语法格式如下。

```
<input type="text" name="text1" pattern="正则表达式" title="提示信息" >
```

例如：

```
<!DOCTYPE HTML>
<html>
  <body>
    <center>
      <form action="" method="get">
        请输入三个字母: <input type="text" name="text1" pattern="[A-z]{3}" title=
        "三个字母">
        <input type="submit" value="提交">
      </form>
    </center>
  </body>
</html>
```

10. list 属性

list 属性用于为指定输入框提供预定义选项提示，需要与数据列表标签＜datalist＞配合使用。数据列表标签是输入域的提示预定义选项列表，当输入框获得焦点时，提示的预定义选项自动展开。list 属性的语法格式详见 7.2 节中的数据列表标签对象(datalist)的介绍。

11. autocomplete 属性

autocomplete 属性用于表示指定的 form 或 input 域中是否显示用户曾经输入过的内容，其属性值为 on 和 off。当 autocomplete 属性值为 on 时，则开启显示功能；autocomplete 属性值为 off 时，则不开启显示功能，默认值为 on，其语法格式如下。

```
<form action=" " method="get" autocomplete="on|off">
```

或

```
<input type="email" name="email1" autocomplete="on|off" >
```

例如：

```
<!DOCTYPE HTML>
<html>
 <body>
  <center>
  <form action="1.aspx" method="get" autocomplete="on">
   账   户:<input type="text" name="fname"><br>
   密   码:<input type="text" name="lname"><br>
   E-mail:<input type="email" name="email" autocomplete="off"><br><br>
   <input type="submit" value="提交">
  </center>
 </body>
```

```
</html>
```

12. novalidate 属性

novalidate 属性用于当表单提交时是否对表单中的数据进行验证，其属性值有 true 和 false。当 novalidate 属性值为 true 时，则对表单中的数据进行验证；当 novalidate 属性值为 false 时，则不对表单中的数据进行验证，其语法格式如下。

```
<form action=" " method="get"novalidate="true|false">
```

例如：

```
<!DOCTYPE HTML>
<html>
 <body>
  <center>
  <form action=" " method="get" novalidate="false">
   账   户:<input type="text" name="fname"><br>
   密   码:<input type="text" name="lname"><br>
   E-mail:<input type="email" name="email" novalidate="true"><br><br>
   <input type="submit" value="提交">
  </center>
 </body>
</html>
```

7.4 表　　格

在编写网页时，经常要使用表格来显示数据，标签 table 可以在网页上显示一个表格。当浏览器显示一个带有表格的网页时，可以使用表格对象动态地修改表格，比如可以动态地增加或删除表格中的一行。

1. 表格创建

一个表格由若干行组成，每一行由若干个单元格组成。table 标记表示一个表格，tr 标记表示表格中的行，td 标记表示一行中的单元格。tr 是 table 的子标记，td 是 tr 的子标记。标准的表格创建语法格式如下。

```
<table>
  <tr>
    <td>单元格内容</td>
    <td>单元格内容</td>
    ...
    <td>单元格内容</td>
  </tr>
  <tr>
    <td>单元格内容</td>
    <td>单元格内容</td>
    ...
    <td>单元格内容</td>
  </tr>
    ...
```

```
</table>
```

在一个表格中有几组的<tr></tr>标记，就表示表格中有几行，一行中有几组<td></td>标记，就表示该行中有几个单元格。

例 7-19 创建一个 3 行 2 列的表格。

```
<html>
 <head>
  <title>3 行 2 列表格</title>
 </head>
 <center>
 3 行 2 列表格
 <table border="1">
  <tr>
   <td>第 1 行第 1 列</td>
   <td>第 1 行第 2 列</td>
  </tr>
  <tr>
   <td>第 2 行第 1 列</td>
   <td>第 2 行第 2 列</td>
  </tr>
  <tr>
   <td>第 3 行第 1 列</td>
   <td>第 3 行第 2 列</td>
  </tr>
 </table>
 </center>
</html>
```

程序运行结果如图 7-47 所示。

3行2列表格

第1行第1列	第1行第2列
第2行第1列	第2行第2列
第3行第1列	第3行第2列

图 7-47　3 行 2 列的表格

在创建表格时，可以通过 td 标记的 rowspan 和 colspan 属性设置单元格的行合并和列合并。

例 7-20 创建一个 3 行 3 列且具有合并单元格的表格。

```
<html>
 <head>
  <title>3 行 3 列且具有合并单元格的表格</title>
 </head>
 <center>
 <!--<caption>标签为创建表格标题-->
 <caption><b>3 行 3 列且具有合并单元格的表格</b></caption>
 <table border="1">
  <tr>
   <td colspan="3" align="center">第 1 行的第 1,2,3 列合并</td>
  </tr>
  <tr>
   <td>第 2 行第 1 列</td>
   <td rowspan="2">第 2,3 行的第 2 列合并</td>
   <td>第 2 行第 3 列</td>
  </tr>
```

```
  <tr>
   <td>第 3 行第 1 列</td>
   <td>第 3 行第 3 列</td>
  </tr>
 </table>
 </center>
</html>
```

程序运行结果如图 7-48 所示。

3行3列且具有合并单元格的表格

第1行的第1，2，3列合并		
第2行第1列	第2,3行的第2列合并	第2行第3列
第3行第1列		第3行第3列

图 7-48　3 行 3 列且具有合并单元格的表格

2. 表格对象操作

当浏览器打开带有表格的网页时，将创建表格对象、行对象和行中的单元格对象。表格对象提供了 rows 和 cells 两个属性，rows 属性用于表示表格中的行数组，cells 用于表示表格中的行单元格数组。

1）行和单元格对象的访问

```
var rowobj=tableObj.rows[1];
```

tableObj.rows[1]表示获取 tableObj 表格对象中的第 2 行。

```
var cellobj=rowobj.cells[1];
```

rowobj.cells[1]表示获取 rowobj 行对象中的第 2 个单元格，cellobj 对象即表示获取表格中的第 2 行第 2 列单元格。

获取到单元格对象后，可通过单元格对象的 innerHTML 属性对单元格内容进行访问。例如：

```
cellobj. innerHTML="数据 1";        //将"数据 1"赋给表格中的第 2 行第 2 列单元格
var data=cellobj.innerHTML;        //将表格中的第 2 行第 2 列单元格内容赋给变量 data
```

例 7-21　表格数据的访问应用示例。

```
<html>
 <head>
   <title>表格数据的访问</title>
   <script>
     window.onload=function(){   //创建一个匿名函数来绑定浏览器窗口的加载事件
       document.getElementById("button2").disabled=true;
     }
    function click1(){
     var table2=document.getElementById("table1");
     var rows1=table2.rows.length;
     var cells1;
```

```
            for(var i=1;i<rows1;i++){
                cells1=table2.rows[i].cells.length;
                for(var j=0;j<cells1;j++){
                  table2.rows[i].cells[j].innerHTML="第"+(i+1)+"行"+"第"+(j+1)+"列";
                }
            }
            document.getElementById("button1").disabled=true;
            document.getElementById("button2").disabled=false;
          }
          function click2(){
            location.reload();    //重新加载网页
            document.getElementById("button1").disabled=false;
            document.getElementById("button2").disabled=true;
          }
        </script>
      </head>
      <center>
      <table border="1" id="table1">
       <b>4 行 3 列表格</b>
       <tr>
        <th>第 1 列</th>          <!--<th>标签为创建表格的表头-->
        <th>第 2 列</th>
        <th>第 3 列</th>
       </tr>
       <tr>
        <td>单元格</td>
        <td>单元格</td>
        <td>单元格</td>
       </tr>
       <tr>
        <td>单元格</td>
        <td>单元格</td>
        <td>单元格</td>
       </tr>
       <tr>
        <td>单元格</td>
        <td>单元格</td>
        <td>单元格</td>
       </tr>
      </table>
      <input type="button" id="button1" value="更新" onClick="click1()">
      <input type="button" id="button2" value="重置" onClick="click2()">
      </center>
    </html>
```

程序运行结果如图 7-49 所示，单击“更新”按钮，表格中的第 2 行至第 4 行的单元格内容被更改，如图 7-50 所示，单击“重置”按钮，表格中的内容还原初始状态。

4行3列表格

第1列	第2列	第3列
单元格	单元格	单元格
单元格	单元格	单元格
单元格	单元格	单元格

更新　重置

图 7-49　表格数据的访问应用示例运行效果

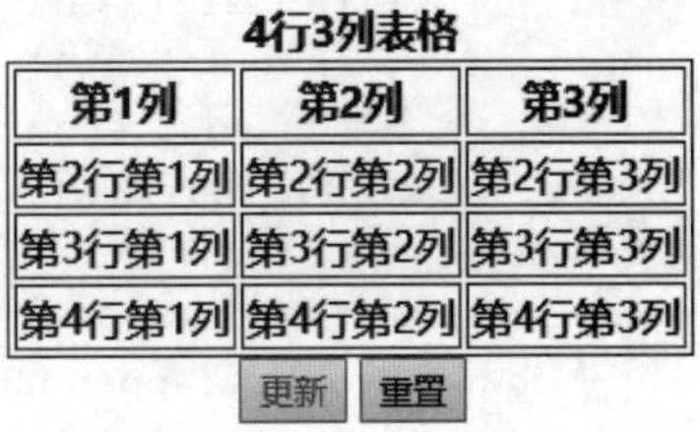

4行3列表格

第1列	第2列	第3列
第2行第1列	第2行第2列	第2行第3列
第3行第1列	第3行第2列	第3行第3列
第4行第1列	第4行第2列	第4行第3列

更新　重置

图 7-50　更新后的表格数据

2）行和单元格对象的创建

表格对象提供了 insertRow()和 insertCell()两个方法，用于行和单元格对象的创建，其中，insertRow()方法用于表示在当前表格中指定的位置插入一行，insertCell()方法用于表示在当前行中指定的位置插入一个单元格。例如：

```
var rowObj=tableObj.insertRow(2);
```

tableObj.insertRow(2)表示在 tableObj 表格对象中的第 2 行位置插入一行，并且该方法将返回一个行对象，rowObj 即表示新插入的行。

在表格对象中新插入的行没有包括单元格，可以使用 insertCell()方法对当前行的指定位置插入一个新单元格，并且该方法将返回一个单元格对象。例如：

```
var rowObj=tableObj.insertRow(2);        //在表格中的第 2 行位置插入一行
var cellObj1=rowObj.insertCell(0);       //在新插入的行中插入第一个单元格
var cellObj2=rowObj.insertCell(1);       //在新插入的行中插入第二个单元格
var cellObj3=rowObj.insertCell(2);       //在新插入的行中插入第三个单元格
```

例 7-22　动态创建表格应用示例。

```
<html>
 <head>
   <title>动态创建表格应用示例</title>
   <script>
    window.onload=function(){            //创建一个匿名函数来绑定浏览器窗口的加载事件
      document.getElementById("button2").disabled=true;
    }
   function click1(){
    var m=parseInt(document.getElementById("text1").value);
    var n=parseInt(document.getElementById("text2").value);
    var table1=document.createElement("table");
                                         //createElement()方法用于创建一个元素
    table1.border=1;
    table1.id="table1";
    table1.align="center";
    var row1,cell1;
    if ((m==0&&n==0)||(document.getElementById("text1").value==""&&
    document.getElementById("text2").value=="")){
      alert("行和列不能为 0 也不能为空,请重新输入!");
    }else{
         for(var i=0;i<m;i++){
```

```
                row1=table1.insertRow();
                for(var j=0;j<n;j++){
                   cell1=row1.insertCell();
                   cell1.innerHTML="第"+(i+1)+"行"+"第"+(j+1)+"列";
                }
             }
             document.body.appendChild(table1); //appendChild()方法用于添加一个元素
             //createCaption()方法用于创建表格标题
             var caption1=document.getElementById("table1").createCaption();
             caption1.innerHTML=i+"行"+j+"列表格";
             document.getElementById("button1").disabled=true;
             document.getElementById("button2").disabled=false;
        }
       }
      function click2(){
        location.reload();   //重新加载网页
        document.getElementById("button1").disabled=false;
        document.getElementById("button2").disabled=true;
      }
     </script>
   </head>
   <center>
   输入行数: <input type="text" id="text1" size="2">  输入列数: <input
  type="text" id="text2" size="2">
   <input type="button" id="button1" value="创建表格" onClick="click1()">
   <input type="button" id="button2" value="重置" onClick="click2()">
   </center>
  </html>
```

程序运行结果如图 7-51 所示,输入行数和列数,如图 7-52 所示,单击“创建表格”按钮,页面效果如图 7-53 所示,单击“重置”按钮,页面中的内容还原到初始状态。

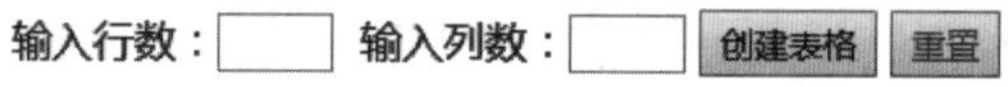

输入行数: [ ] 输入列数: [ ] 创建表格 重置

图 7-51 动态创建表格应用示例运行效果

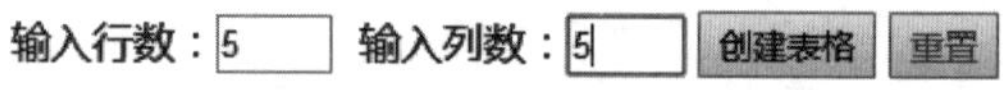

输入行数: 5 输入列数: 5 创建表格 重置

图 7-52 输入行数和列数

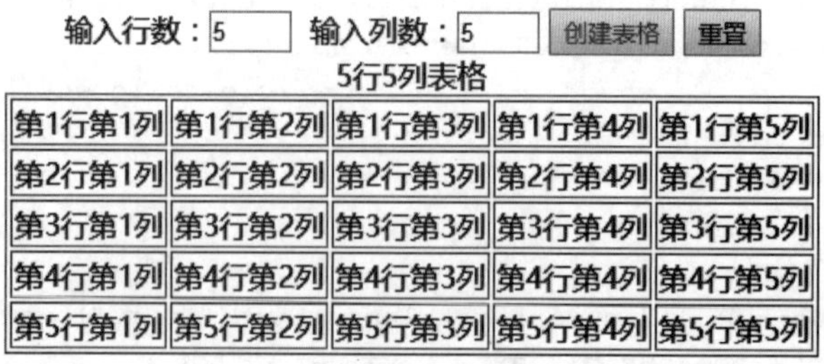

输入行数: 5 输入列数: 5 创建表格 重置

5行5列表格

第1行第1列	第1行第2列	第1行第3列	第1行第4列	第1行第5列
第2行第1列	第2行第2列	第2行第3列	第2行第4列	第2行第5列
第3行第1列	第3行第2列	第3行第3列	第3行第4列	第3行第5列
第4行第1列	第4行第2列	第4行第3列	第4行第4列	第4行第5列
第5行第1列	第5行第2列	第5行第3列	第5行第4列	第5行第5列

图 7-53 创建 5 行 5 列表格

3）行和单元格对象的删除

表格对象提供了 deleteRow()和 deleteCell()两个方法，用于行和单元格对象的删除，其中，deleteRow()方法用于表示在当前表格中从指定的位置删除一行，deleteCell()方法用于表示在当前行中指定的位置删除一个单元格。例如：

```
tableObj.deleteRow(2);
```

tableObj. deleteRow(2)表示将 tableObj 表格对象中位置为 2 的行删除。

```
rowObj. deleteCell(2);
```

rowObj. deleteCell(2)表示将 rowObj 行对象中位置为 2 的单元格删除。

注意：表格对象中的行位置和行对象中的单元格位置从 0 开始。

例 7-23　动态删除表格中的行和单元格应用示例。

```
<html>
  <head>
    <title>动态删除表格中的行和单元格应用示例</title>
    <script>
    window.onload=function(){     //创建一个匿名函数来绑定浏览器窗口的加载事件
      document.getElementById("button2").disabled=true;
      document.getElementById("button3").disabled=true;
      document.getElementById("button4").disabled=true;
    }
    function click1(){
      var m=parseInt(document.getElementById("text1").value);
      var n=parseInt(document.getElementById("text2").value);
      var table1=document.createElement("table");  /* createElement()方法用于创
                                                    建一个元素 */
      table1.border=1;
      table1.id="table1";
      table1.align="center";
      var row1,cell1;
     if((m==0&&n==0)||(document.getElementById("text1").value==""&&
     document.getElementById("text2").value=="")){
       alert("行和列不能为 0 也不能为空,请重新输入!");
     }else{
        for(var i=0;i<m;i++){
          row1=table1.insertRow();
          for(var j=0;j<n;j++){
            cell1=row1.insertCell();
            cell1.innerHTML="第"+(i+1)+"行"+"第"+(j+1)+"列";
          }
        }
      document.body.appendChild(table1);    //appendChild()方法用于添加一个元素
      //createCaption()方法用于创建表格标题
      var caption1=document.getElementById("table1").createCaption();
      caption1.innerHTML=i+"行"+j+"列表格";
      document.getElementById("button1").disabled=true;
      document.getElementById("button2").disabled=false;
```

```
            document.getElementById("button3").disabled=false;
            document.getElementById("button4").disabled=false;
          }
        }
        function click2(){
          var m=parseInt(document.getElementById("text1").value);
          document.getElementById("table1").deleteRow(m-1);
        }
        function click3(){
          var m=parseInt(document.getElementById("text1").value);
          var n=parseInt(document.getElementById("text2").value);
          document.getElementById("table1").rows[m-1].deleteCell(n-1);
        }
        function click4(){
          location.reload();    //重新加载网页
          document.getElementById("button1").disabled=false;
          document.getElementById("button2").disabled=true;
        }
      </script>
    </head>
      <center>
        输入行数: <input type="text" id="text1" size="2">  
        输入列数: <input type="text" id="text2" size="2">
       <input type="button" id="button1" value="创建表格" onClick="click1()">
       <input type="button" id="button2" value="删除行" onClick="click2()">
       <input type="button" id="button3" value="删除单元格" onClick="click3()">
       <input type="button" id="button4" value="重置" onClick="click4()">
      </center>
  </html>
```

程序运行结果如图 7-54 所示，输入行数和列数，单击“创建表格”按钮，页面效果如图 7-55 所示。单击“删除行”按钮，将删除表格中指定的行数，如输入行数 2，单击“删除行”按钮，页面效果如图 7-56 所示。单击“删除单元格”按钮，将删除表格中指定的单元格，如输入行数 4，列数 2，单击“删除单元格”按钮，页面效果如图 7-57 所示，单击“重置”按钮，页面中的内容还原到初始状态。

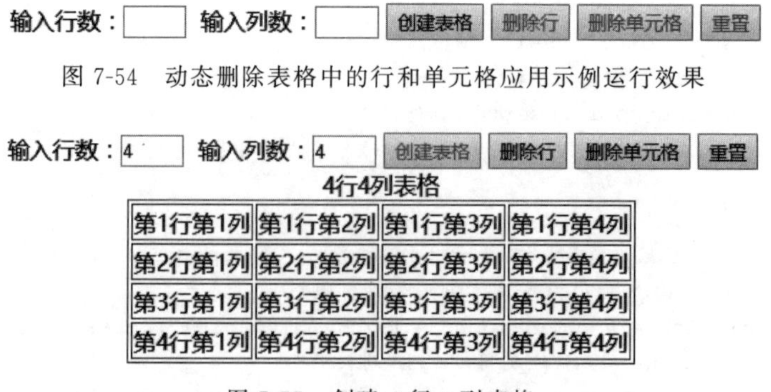

图 7-54 动态删除表格中的行和单元格应用示例运行效果

图 7-55 创建 4 行 4 列表格

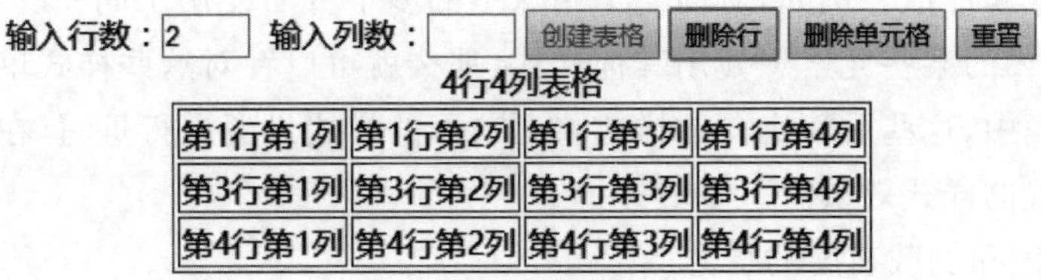

输入行数：2　输入列数：　创建表格　删除行　删除单元格　重置

4行4列表格

第1行第1列	第1行第2列	第1行第3列	第1行第4列
第3行第1列	第3行第2列	第3行第3列	第3行第4列
第4行第1列	第4行第2列	第4行第3列	第4行第4列

图 7-56　删除表格中的第 2 行

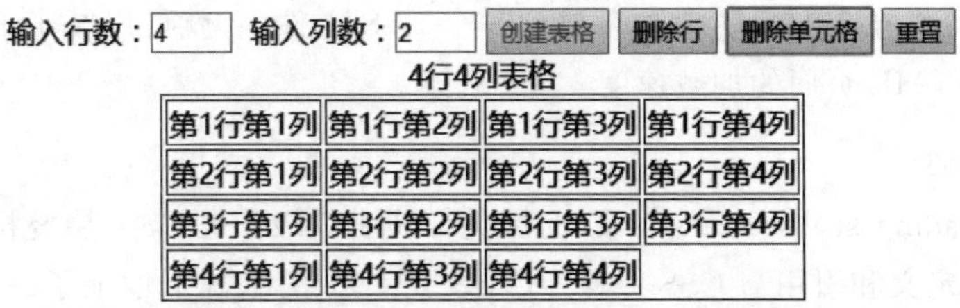

输入行数：4　输入列数：2　创建表格　删除行　删除单元格　重置

4行4列表格

第1行第1列	第1行第2列	第1行第3列	第1行第4列
第2行第1列	第2行第2列	第2行第3列	第2行第4列
第3行第1列	第3行第2列	第3行第3列	第3行第4列
第4行第1列	第4行第3列	第4行第4列	

图 7-57　删除表格中的第 4 行第 2 列单元格

7.5　CSS

1. CSS 概述

CSS(cascading style sheets,层叠样式表)是一种用来表现 HTML 文件样式的计算机语言,其扩展名无限制,但一般采用.css 作为扩展名。CSS 不仅可以静态地修饰网页,还可以结合各种脚本语言动态地对网页各元素进行格式化。CSS 具有如下特点。

1) 丰富的样式定义

CSS 提供了丰富的文档样式外观,以及设置文本和背景属性的能力;允许为任何元素创建边框,修改元素边框与其他元素间的距离,以及元素边框与元素内容间的距离;允许动态改变文本的大小写方式、修饰方式及其他页面效果。

2) 易于使用和修改

CSS 可以将样式定义在 HTML 元素的 style 属性中,或者将其定义在 HTML 文档的 head 部分,也可以将样式声明在一个专门的 CSS 文件中,以供 HTML 页面引用。另外,CSS 可以将相同样式的元素进行归类,使用同一个样式进行定义,或者将某个样式应用到 HTML 页面中的同名标签中,还可以将一个 CSS 样式应用到指定的某个页面元素中。如果需要修改样式,只需在样式列表中找到相应的样式声明进行修改,HTML 页面中的元素格式将自动更改。

3) 多页面应用

CSS 样式表可以单独存放在一个扩展名为.css 的文件中,这样就可以在多个页面中使用同一个 CSS 样式表。CSS 样式文件不属于任何的页面文件,因此在任何页面文件中都可以引用 CSS,以实现多个页面风格的统一。

4) 层叠

层叠是指对 HTML 页面中的一个元素多次设置同一个样式,HTML 页面将引用最后一次设置的样式属性值。例如，对同一个站点中的多个页面使用了同一套设置的 CSS 样式表，而某些页面中的某些元素想使用其他样式，那么就可以针对这些样式单独定义一个样式表应用到该页面中，这些后面定义的样式将对前面的样式设置进行重写，在浏览器中看到的将是最后面设置的样式效果。

5）页面压缩和加载速度的提升

在使用 HTML 定义页面效果的网站中，往往需要大量或重复的表格和 font 元素形成各种规格的文字样式，这样 HTML 页面将会产生大量的 HTML 标签，从而使 HTML 文件的大小增加。若将样式的声明单独存放到一个 CSS 文件中，就可以减小 HTML 文件的体积，从而优化 HTML 页面的加载速度。

2. CSS3 概述

CSS3(cascading style sheets level 3，层叠样式表 3 级）是 CSS(层叠样式表)的升级版本，其样式表的定义和引用与 CSS 一样。CSS3 在 CSS 的基础上增加了一些新特性，例如，圆角效果、图形化边界、块阴影与文字阴影、使用 RGBA 实现透明效果和渐变效果、使用@Font-Face 实现定制字体、多背景图、文字或图像的变形(旋转、缩放、倾斜、移动)处理、多栏布局、媒体查询等。

3. CSS 选择器

在 CSS 中，选择器是一种模式，用于选择需要添加样式的元素。选择器类型主要包括标签名选择器、类选择器、id 选择器、派生选择器、子元素选择器、分组选择器、伪元素选择器等。下面主要介绍标签名选择器、类选择器和 id 选择器的使用方法。

1）标签名选择器

HTML 中的任意标签都可作为标签名选择器，其样式仅作用于指定的 HTML 标签上。标签名选择器的语法格式如下。

```
标签名{属性 1:值 1;属性 2:值 2;属性 3:值 3;...;属性 n:值 n}
```

例如：

```
<html>
 <head>
  <style>
   p{color:white;background-color:#000000;text-align:center;text-decoration:
   underline;
   font-size:larger}
  </style>
 </head>
 <body>
  <p>众志成城，不让疫情魔鬼藏匿</p>
 </body>
</html
```

程序运行效果如图 7-58 所示。

图 7-58　标签名选择器应用示例的效果

2）类选择器

类选择器是指为一类标记定义样式。类选择器允许以一种独立于文档元素的方式来指定样式。该选择器可以单独使用，也可以与其他元素结合使用。在 CSS 中，类选择器以一个圆点(.)开头。

类选择器的语法格式如下。

```
.类选择器名称{属性 1:值 1;属性 2:值 2;属性 3:值 3;...;属性 n:值 n}
```

例如：

```
<html>
 <head>
  <style>
   .import{color: red; background-color: #000000; text-align: center; font-size:
   larger}
  </style>
 </head>
 <body>
  <p class="import">病毒无情,人有情</p>
  <p class="import">一方有难,八方支援</p>
  <p class="import">万众一心,共克时艰</p>
 </body>
</html>
```

程序运行结果如图 7-59 所示。

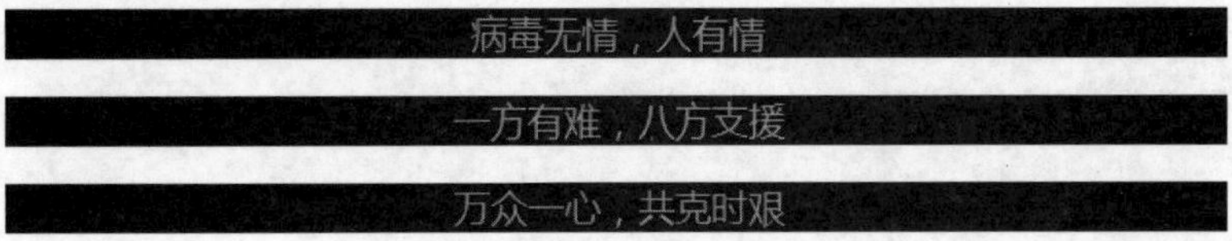

图 7-59　类选择器应用示例的效果

3）id 选择器

id 选择器的使用方法与类选择器基本相同，不同之处在于，id 选择器以＃号开头。一般而言，id 选择器只能在 HTML 页面中使用一次，因此针对性较强。

id 选择器的语法格式如下。

```
#id选择器{属性 1:值 1;属性 2:值 2;属性 3:值 3;...;属性 n:值 n}
```

例如：

```
<html>
 <head>
  <style>
   #import{color:blue;background-color:#000000;text-align:center;font-size:
```

```
  larger}
 </style>
</head>
<body>
 <p id="import">我是共产党员我承诺</p>
 <p id="import">不信谣,不传谣</p>
 <p id="import">当先锋,做表率</p>
 <p id="import">武汉加油,中国加油</p>
</body>
</html>
```

程序运行结果如图 7-60 所示。

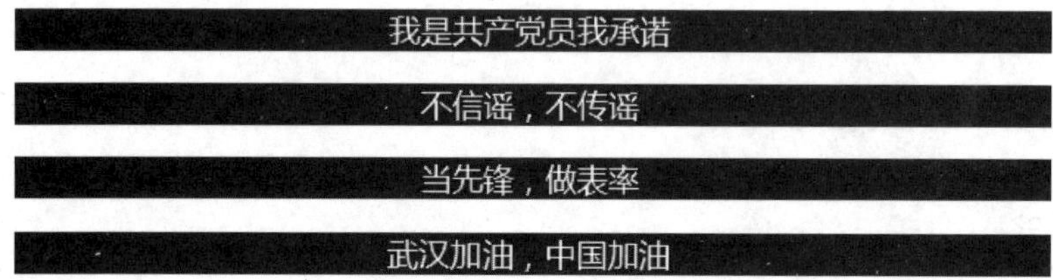

图 7-60　id 选择器应用示例的效果

4. CSS 的使用

CSS 代码可以定义在 HTML 文档内部或外部，可以通过以下三种方式来引用 CSS 样式。

1) 外部样式引用

外部样式引用是指将一系列 CSS 样式存放在一个扩展名为.css 的独立文件中，然后在 HTML 文档中引用这个文件。在 HTML 文档中引用外部样式的语法格式如下。

```
<link rel="stylesheet" type="text/css" href="CSS 文件路径">
```

这行代码必须被放在 HTML 文档的头部<head>和</head>之间。

例如：

```
css1.css 样式文件如下：
p{margin-left:20px;color:blue;text-align:left;font-size:larger;line-height:2}
HTML 文档如下：
<html>
 <head><title>外部样式示例</title>
  <link rel="stylesheet" type="text/css" href="css1.css">  <!--外部样式引用-->
 </head>
 <body>
  <p>       人感染冠状病毒后会有什么症状?<br>
        症状取决于感染病毒的种类,但常见的症状
  包括呼吸道症状,发热、咳嗽、呼吸急促和呼吸困难。在更严重的情况下,感染会导致肺炎,严重的
  急性呼吸道综合征,肾衰竭甚至死亡。</p>
 </body>
</html>
```

程序运行结果如图 7-61 所示。

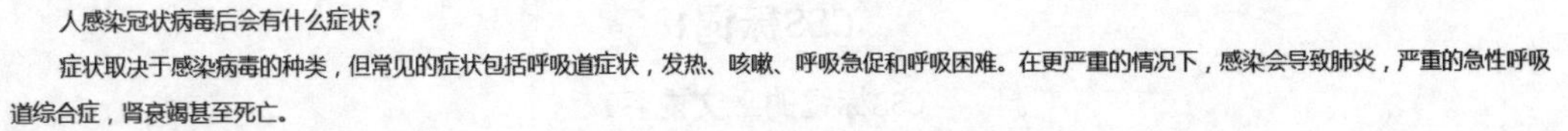

人感染冠状病毒后会有什么症状?

症状取决于感染病毒的种类，但常见的症状包括呼吸道症状，发热、咳嗽、呼吸急促和呼吸困难。在更严重的情况下，感染会导致肺炎，严重的急性呼吸道综合症，肾衰竭甚至死亡。

图 7-61　外部样式引用示例的效果

2）内部样式引用

内部样式引用是指直接在 HTML 文档中引用由一对<style></style>标签定义的样式。<style>标签可以出现在 HTML 文档中的任何地方，但由于浏览器是顺序应用代码，因此最好放在<head>标签中。

内部样式引用的语法格式如下。

```
<style type=" text/css ">
   标签名{属性 1:值 1;属性 2:值 2;属性 3:值 3;...;属性 n:值 n}
   .类选择器名称{属性 1:值 1;属性 2:值 2;属性 3:值 3;...;属性 n:值 n}
   #id 选择器{属性 1:值 1;属性 2:值 2;属性 3:值 3;...;属性 n:值 n}
</style>
```

例如：

```
<html>
 <head>
  <title>内部样式示例</title>
  <style type="text/css">
    h2{font-family:幼圆;color:#0000ff}
    p{font-family:隶书;color:#ee00ff;font-size:18}
    body{text-align:center}
    .p1{font-family:宋体;color:red;font-size:20}
    #p2{font-family:黑体;color:green}
  </style>
 </head>
 <body>
    <h2>CSS 标记 1</h2>
    <p class="p1">CSS 标记的正文内容 1</p>
    <h2>CSS 标记 2</h2>
    <p id="p2">CSS 标记的正文内容 2</p>
    <h2>CSS 标记 3</h2>
    <p>CSS 标记的正文内容 3</p>
    <h2>CSS 标记 4</h2>
    <p>CSS 标记的正文内容 4</p>
 </body>
</html>
```

程序运行结果如图 7-62 所示。

3）行内样式引用

行内样式引用是指直接在 HTML 标签上定义样式的引用。行内样式引用的语法格式如下。

```
<HTML 标签 style="属性 1:值 1;属性 2:值 2;属性 3:值 3;...;属性 n:值 n">
```

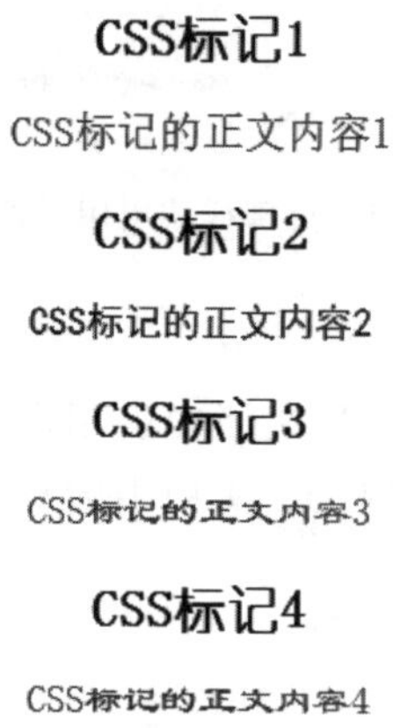

CSS标记1

CSS标记的正文内容1

CSS标记2

CSS标记的正文内容2

CSS标记3

CSS标记的正文内容3

CSS标记4

CSS标记的正文内容4

图 7-62　内部样式引用示例的效果

例如：

```
<html>
  <head>
    <title>行内样式示例</title>
  </head>
  <body style="background-color:#FF0000;color:white;font-size:25;text-align:
  center">
    <p>这是行内样式引用</p>
  </body>
</html>
```

程序运行结果如图 7-63 所示。

这是行内样式引用

图 7-63　行内样式引用示例的效果

例 7-24　CSS 样式应用示例 1。

```
<html>
  <head>
    <meta charset="gb2312">
    <title>CSS 样式应用示例 1</title>
    <style>
      div{
          width: 50%;
          background-color:black;
          text-align:center;
          font-Size:20;
          margin:0 auto;
      }
      body{
            text-align:center;
```

```
  }
  h2{
    font-Size:20;
    color:red;
    cursor:pointer;
  }
 </style>
</head>
<body>
  <h2>【中国近代鼠年大事件】</h2>
  <div>1900 年→鼠年: 八国联军</div>
  <div>1924 年→鼠年: 江浙战争</div>
  <div>1936 年→鼠年: 西安事变</div>
  <div>1948 年→鼠年: 太原战役</div>
  <div>1960 年→鼠年: 中国大饥荒</div>
  <div>1972 年→鼠年: 六一八水灾</div>
  <div>1984 年→鼠年: 老山战役</div>
  <div>1996 年→鼠年: 丽江地震</div>
  <div>2008 年→鼠年: 汶川地震</div>
  <div>2020 年→鼠年: 武汉疫情</div>
</body>
<script type="text/javascript">
var h22=document.getElementsByTagName('h2')[0];
h22.onmouseover=function (){
  div1.style.color='red';
  div2.style.color='red';
  div3.style.color='red';
  div4.style.color='red';
  div5.style.color='red';
  div6.style.color='red';
  div7.style.color='red';
  div8.style.color='red';
  div9.style.color='red';
  div10.style.color='red';
}
h22.onmouseout=function (){
  div1.style.color='black';
  div2.style.color='black';
  div3.style.color='black';
  div4.style.color='black';
  div5.style.color='black';
  div6.style.color='black';
  div7.style.color='black';
  div8.style.color='black';
  div9.style.color='black';
  div10.style.color='black';
}
var div1=document.getElementsByTagName('div')[0];
div1.onmouseover=function () {
  div1.style.backgroundColor='yellow'
  div1.style.color='red';
```

```
    div1.style.fontSize=25;
    div1.style.width=800;
    div1.style.cursor='pointer';
  }
  div1.onmouseout=function () {
    div1.style.backgroundColor='black'
    div1.style.color='black';
    div1.style.fontSize=20;
    div1.style.width=675;
  }
  var div2=document.getElementsByTagName('div')[1];
  div2.onmouseover=function () {
    div2.style.backgroundColor='yellow'
    div2.style.color='red';
    div2.style.fontSize=25;
    div2.style.width=800;
    div2.style.cursor='pointer';
  }
  div2.onmouseout=function () {
  div2.style.backgroundColor='black'
    div2.style.color='black';
    div2.style.fontSize=20;
    div2.style.width=675;
  }
  var div3=document.getElementsByTagName('div')[2];
  div3.onmouseover=function () {
    div3.style.backgroundColor='yellow'
    div3.style.color='red';
    div3.style.fontSize=25;
    div3.style.width=800;
    div3.style.cursor='pointer';
  }
  div3.onmouseout=function () {
  div3.style.backgroundColor='black'
    div3.style.color='black';
    div3.style.fontSize=20;
    div3.style.width=675;
  }
  var div4=document.getElementsByTagName('div')[3];
  div4.onmouseover=function () {
    div4.style.backgroundColor='yellow'
    div4.style.color='red';
    div4.style.fontSize=25;
    div4.style.width=800;
    div4.style.cursor='pointer';
  }
  div4.onmouseout=function () {
    div4.style.backgroundColor='black'
    div4.style.color='black';
    div4.style.fontSize=20;
    div4.style.width=675;
```

```
}
var div5=document.getElementsByTagName('div')[4];
div5.onmouseover=function () {
  div5.style.backgroundColor='yellow'
  div5.style.color='red';
  div5.style.fontSize=25;
  div5.style.width=800;
  div5.style.cursor='pointer';
}
div5.onmouseout=function () {
  div5.style.backgroundColor='black'
  div5.style.color='black';
  div5.style.fontSize=20;
  div5.style.width=675;
}
var div6=document.getElementsByTagName('div')[5];
div6.onmouseover=function () {
  div6.style.backgroundColor='yellow'
  div6.style.color='red';
  div6.style.fontSize=25;
  div6.style.width=800;
  div6.style.cursor='pointer';
}
div6.onmouseout=function () {
  div6.style.backgroundColor='black'
  div6.style.color='black';
  div6.style.fontSize=20;
  div6.style.width=675;
}
var div7=document.getElementsByTagName('div')[6];
div7.onmouseover=function () {
  div7.style.backgroundColor='yellow'
  div7.style.color='red';
  div7.style.fontSize=25;
  div7.style.width=800;
  div7.style.cursor='pointer';
}
div7.onmouseout=function () {
  div7.style.backgroundColor='black'
  div7.style.color='black';
  div7.style.fontSize=20;
  div7.style.width=675;
}
var div8=document.getElementsByTagName('div')[7];
div8.onmouseover=function () {
  div8.style.backgroundColor='yellow'
  div8.style.color='red';
  div8.style.fontSize=25;
  div8.style.width=800;
  div8.style.cursor='pointer';
}
```

```
      div8.onmouseout=function () {
        div8.style.backgroundColor='black'
        div8.style.color='black';
        div8.style.fontSize=20;
        div8.style.width=675;
      }
      var div9=document.getElementsByTagName('div')[8];
      div9.onmouseover=function () {
        div9.style.backgroundColor='yellow'
        div9.style.color='red';
        div9.style.fontSize=25;
        div9.style.width=800;
        div9.style.cursor='pointer';
      }
      div9.onmouseout=function () {
        div9.style.backgroundColor='black'
        div9.style.color='black';
        div9.style.fontSize=20;
        div9.style.width=675;
      }
      var div10=document.getElementsByTagName('div')[9];
      div10.onmouseover=function () {
        div10.style.backgroundColor='yellow'
        div10.style.color='red';
        div10.style.fontSize=25;
        div10.style.width=800;
        div10.style.cursor='pointer';
      }
      div10.onmouseout=function () {
        div10.style.backgroundColor='black'
        div10.style.color='black';
        div10.style.fontSize=20;
        div10.style.width=675;
      }
    </script>
  </html>
```

程序运行结果如图 7-64 所示，将光标移到黑色矩形块上显示如图 7-65 所示，将光标移到【中国近代鼠年大事件】行上显示如图 7-66 所示。

图 7-64　CSS 样式应用示例 1

【中国近代鼠年大事件】

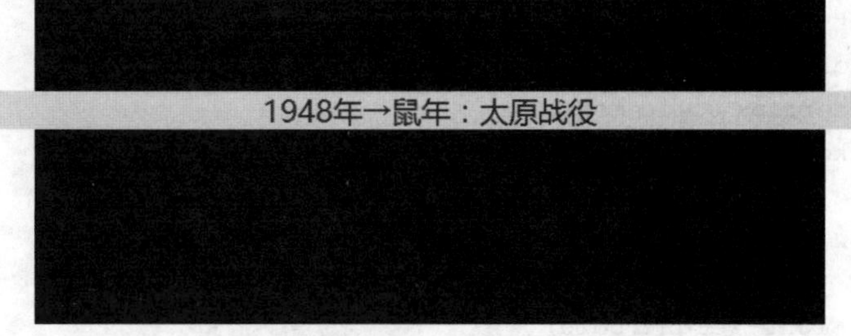

图 7-65　光标移到黑色矩形块上

【中国近代鼠年大事件】

1900年→鼠年：八国联军
1924年→鼠年：江浙战争
1936年→鼠年：西安事变
1948年→鼠年：太原战役
1960年→鼠年：中国大饥荒
1972年→鼠年：六一八水灾
1984年→鼠年：老山战役
1996年→鼠年：丽江地震
2008年→鼠年：汶川地震
2020年→鼠年：武汉疫情

图 7-66　光标移到【中国近代鼠年大事件】行上

例 7-25　CSS 样式应用示例 2。

```
<html>
  <head>
    <title>CSS 样式应用示例 2</title>
    <style type="text/css">
      body{
          margin:0;
          padding:0;
          background:#f1f1f1;
          font:90%Arial,Helvetica,dans-serif;
          color:#555555;
          line-height:150%;
          text-align:center;
          font-weight:bold;
      }
      table,id{
          font:100%Arial,Helvetica,sans-serif;
      }
      table{
           width:auto;
           border-collapse:collapse;
           text-align:center;
```

```
      }
      td{
         text-align:center;
         padding:.5em;
         border:1px solid #fff;
         background:#e5f1f4;
      }
      caption{
            caption-side:top;
            font-weight:bold;
            cursor:pointer;
            color:red;
      }
  </style>
  <script>
  window.onload=function(){        //创建一个匿名函数来绑定浏览器窗口的加载事件
   document.getElementById("button2").disabled=true;
   document.getElementById("text1").focus();
  }
  function click1(){
  var m=parseInt(document.getElementById("text1").value);
  var n=parseInt(document.getElementById("text2").value);
  var table1=document.createElement("table");  /* createElement()方法用于创建一
                                                  个元素 */
  table1.border=1;
  table1.id="table1";
  table1.align="center";
  var row1,cell1;
  if((m==0&&n==0)||(document.getElementById("text1").value==""&& document.
  getElementById("text2").value=="")){
    alert("行和列不能为空也不能为 0,请重新输入!");
  }else{
          for(var i=0;i<m;i++){
             row1=table1.insertRow();
             for(var j=0;j<n;j++){
                cell1=row1.insertCell();
                cell1.innerHTML="第"+(i+1)+"行"+"第"+(j+1)+"列";
             }
          }
          document.body.appendChild(table1); //appendChild()方法用于添加一个元素
          //createCaption()方法用于创建表格标题
          var caption1=document.getElementById("table1").createCaption();
          caption1.innerHTML=i+"行"+j+"列表格";
          document.getElementById("button1").disabled=true;
          document.getElementById("button2").disabled=false;
    }
    var table2=document.getElementById("table1");
    table2.onmouseover=function(e){   //创建一个匿名函数绑定鼠标悬停事件
```

```
    var e=e||event;                    //实现浏览器兼容,e或event为监听事件
    //获取当前监听事件的源,event.srcElement.tagName可以捕获活动标记名称
    var target=e.target||e.srcElement;
    if(target.tagName=="CAPTION"){
                                 //判断监听活动标记名称是否为CAPTION(表格标题标签),
       this.caption.style.color="blue";  //设置表格标题的颜色
       this.caption.style.fontSize="18"; //设置表格标题的字号
    }
    if(target.tagName=="TD"){      //判断监听活动标记名称是否为TD(表格列标签),
         for(var i=0,l=this.rows.length;i<l;i++){
           //设置所在行监听到的列的背景色,cellIndex表示列索引
           this.rows[i].cells[target.cellIndex].style.background="#bce774";
         }
         var cells=target.parentNode.cells;//获取当前事件源的父节点的单元格数组
         for(var i=0,l=cells.length;i<l;i++){  /*循环设置所在行的所有单元格的
                                                  字体颜色和字号大小*/
             cells[i].style.color="blue";
             cells[i].style.fontSize="18";
         }
    }
    }
    table2.onmouseout=function(e){              //创建一个匿名函数绑定鼠标移开事件
    var e=e||event;
    var target=e.target||e.srcElement;
    if(target.tagName=="CAPTION"){
       this.caption.style.color="red";
       this.caption.style.fontSize="14";
    }
    if(target.tagName=="TD"){
       for(var i=0,l=this.rows.length;i<l;i++){
           this.rows[i].cells[target.cellIndex].style.background="#e5f1f4";
       }
       var cells=target.parentNode.cells;
       for(var i=0,l=cells.length;i<l;i++){
           cells[i].style.color="black";
           cells[i].style.fontSize="14";
       }
    }
    }
  }
  function click2(){
   location.reload();          //重新加载网页
   document.getElementById("button1").disabled=false;
   document.getElementById("button2").disabled=true;
  }
 </script>
</head>
<center>
```

```
        输入行数：<input type="text" id="text1" size="2">  输入列数：
        <input type="text" id="text2" size="2">
        <input type="button" id="button1" value="创建表格" onClick="click1()">
        <input type="button" id="button2" value="重置" onClick="click2()">
        <br><br>
    </center>
</html>
```

程序运行结果如图 7-67 所示，输入行数和列数，单击“创建表格”按钮，页面效果如图 7-68 所示。在图 7-68 中，将鼠标移到表格中的某一列上，表格显示效果如图 7-69 所示，当鼠标离开表格区域，表格显示效果回到初始创建效果状态。

图 7-67　CSS 样式应用示例 2 运行效果

图 7-68　创建 7 行 7 列表格

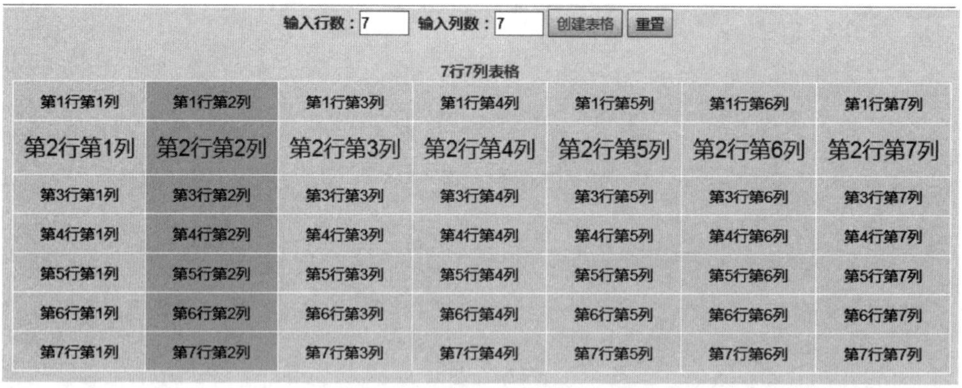

图 7-69　鼠标移到某一列上的显示效果

说明：任何支持 style 特性的 HTML 元素在 JavaScript 中都对应着有一个 style 属性，几个常见的 CSS 属性对应的 JavaScript 属性如表 7-33 所示。

表 7-33　CSS 属性对应的 JavaScript 属性

CSS 属性	JavaScript 属性	CSS 属性	JavaScript 属性
font-family	style.fontFamily	background-color	style.backgroundColor
font-size	style.fontSize	background-repeat	style.backgroundRepeat
font-style	style.fontStyle	height	style.Height
font-weight	style.fontWeight	width	style.Width
line-height	style.lineHeight	cursor	style.Cursor
text-align	style.textAlign	border-style	style.borderStyle
text-decoration	style.textDecoration	border-width	style.borderWidth
background-image	style.backgroundImage	border-color	style.borderColor
color	style.color	display	style.display

例如，将下面 div 的 CSS 属性格式转换为在 HTML 文档中使用 JavaScript 对应的属性格式。

CSS 属性格式如下。

```
div{
    width:500;
    background-color:black;
    text-align:center;
    font-Size:20;
}
```

转换为 JavaScript 的属性格式如下。

```
document.getElementsByTagName('div')[0].stye.width=500;
document.getElementsByTagName('div')[0].stye.backgroundColor=black;
document.getElementsByTagName('div')[0].stye.textAlign:center;
document.getElementsByTagName('div')[0].stye.fontSize=20;
```

document.getElementsByTagName('div')[0]表示获取 HTML 页面中的第一个 div。

7.6　习　　题

1. 填空题

(1) 表单是用________标记定义，一个 HTML 文档中可以定义________表单，它们按照出现的先后顺序存储在 document 对象的________属性数组中，在表单中可以通过________属性来访问其包含的元素。

(2) 按钮对象是 HTML 文档上的表单元素之一，是指某个表单内的按钮。按钮分为 4 种类型，分别为________、________、________、________。

(3) 文本框对象中的________属性用于表示可容纳的最大字符数。

(4) 多行文本框对象也是 HTML 表单内的文本输入框，它与单行文本框对象不同的是，可创建________具有滚动的编辑框且使用________标签来创建。

(5) 在密码框对象中输入的字符都是以________或________等其他符号代替。

(6) 列表框对象中的________属性用于表示是否选择多项。

(7) ________对象应与列表框对象结合使用,用于表示列表框中的一个选项。

(8) 单选按钮对象是 HTML 文档中的表单元素之一,设置具有相同 name 名称的单选按钮形成一个组,同组中________单选按钮被选中,其余为非选中状态。

(9) 复选框对象是 HTML 文档中的表单元素之一,设置具有相同 name 名称的复选框形成一个组,同组中的________复选框可以同时被选中。

(10) 隐藏输入域对象是 HTML 文档中的表单元素之一,是________的输入域对象,只能通过________控制,并可向服务器或者客户端传递任意类型的数据。

(11) 文件上传对象主要用于对文件进行上传,包含一个________和一个用来浏览目录文件的按钮。

(12) ________方法用于在表格中插入一行,________方法用于在表格的行中插入一个单元格。

(13) ________方法用于在表格中删除一行,________方法用于在表格中删除一个单元格。

(14) 在 CSS 中,类选择器以________开头。

(15) 在 CSS 中,ID 选择器以________开头。

2. 选择题

(1) 在 HTML 文档页面中看不见的表单元素是(　　)。

A. <input type="password">　　B. <input type="radio">

C. <input type="reset">　　D. <input type="hidden">

(2) 下列表示单选按钮的是(　　)。

A. <input type="button">　　B. <input type="radio">

C. <input type="checkbox">　　D. <input type="reset”>

(3) 下列表单元素中可以产生复选框的是(　　)。

A. <input type="checkbox">　　B. <checkbox>

C. <check>　　D. <input type="check">

(4) 下列不属于表单元素的 type 属性值的是(　　)。

A. text　　B. radio　　C. password　　D. body

(5) 下列不属于表示按钮的是(　　)。

A. <input type="button">　　B. <input type="submit">

C. <input type="reset">　　D. <input type="text">

(6) 下列不属于表单元素的是(　　)。

A. <input>　　B. <textarea >

C. <set>　　D. <select>

(7) 关于表单中的 input 输入项说法不正确的是(　　)。

A. type="radio"表示单选按钮,适合多选一使用

B. type="checkbox"表示复选框,适合多选使用

C. type＝"password"表示密码框，用于使输入的字符串用其他符号替代

D. type＝"submit"表示提交按钮，提交方式是 post

(8) 要使单选按钮或复选框按钮的初始状态为已选定，要在 input 标签中设置(　　)属性。

A. selected　　B. disabled　　C. type　　D. checked

(9) 要使文本框在预览时处于不可编辑状态，要在 input 标签中设置(　　)属性。

A. selected　　B. disabled　　C. type　　D. checked

(10) 定义表单所用的标签是(　　)。

A. <body></body>　　B. <title></title>

C. <form></form>　　D. <input></input>

(11) 当光标移到文本框上方时，文本框中的字体颜色就改变，这是由以下(　　)事件产生的。

A. onFocus　　B. onMouseUp

C. onMouseOver　　D. onMouseMove

(12) 下列不属于文本属性的是(　　)。

A. font-size　　B. font-style　　C. text-align　　D. font-color

(13) 下列不是用来引用 CSS 样式的是(　　)。

A. 外部样式引用　　B. 内部样式引用

C. 行内样式引用　　D. 段落样式引用

(14) 下列 CSS 属性对应 JavaScript 属性不正确的是(　　)。

A. CSS 属性 font-family 对应 JavaScript 属性 style.fontFamily

B. CSS 属性 font-size 对应 JavaScript 属性 style.fontsize

C. CSS 属性 color 对应 JavaScript 属性 style.Color

D. CSS 属性 width 对应 JavaScript 属性 style.Width

3. 编程题

(1) 编写一个如图 7-70 所示的页面，该页面包含一个表单，表单中有两个文本框和两个按钮，单击"提交"按钮时对两个文本框进行判断。如果第一个文本框不满足条件，则弹出如图 7-71 所示的对话框；如果第二个文本框不满足条件，则弹出如图 7-72 所示的对话框；如果两个文本框都满足条件，则弹出如图 7-73 所示的对话框。

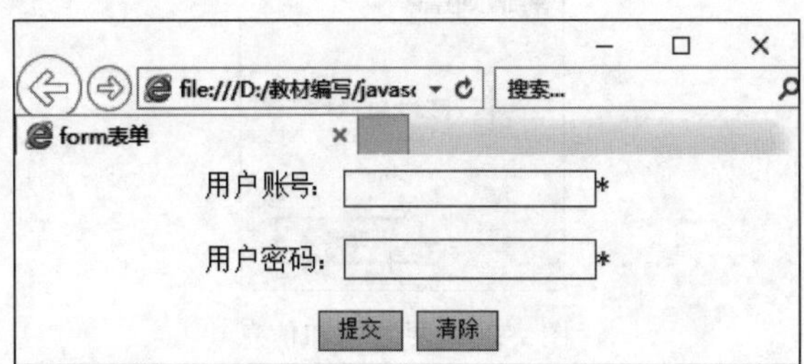

图 7-70　表单运行界面

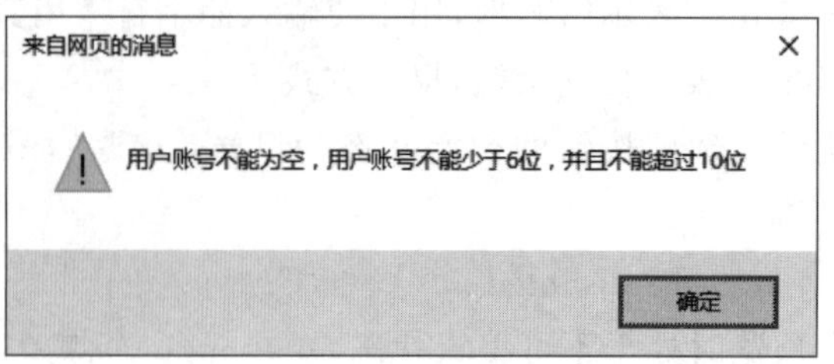

图 7-71　第一个文本框不满足条件的提示信息

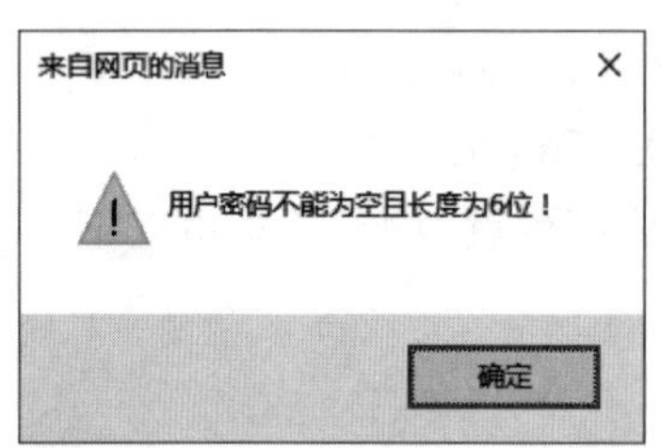

图 7-72　第二个文本框不满足条件的提示信息

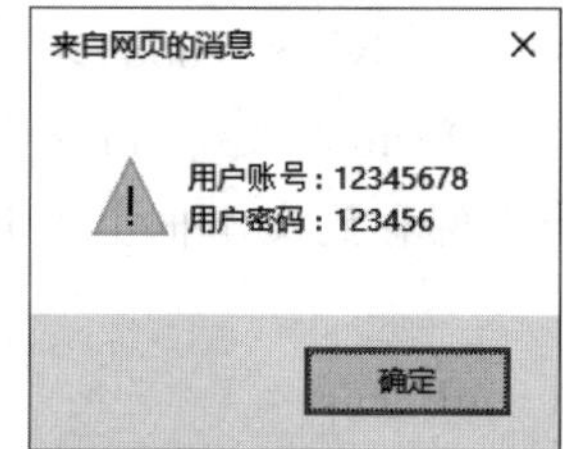

图 7-73　两个文本框都满足条件的提示信息

(2) 编写一个如图 7-74 所示的页面，该页面包含两个文本框和两个按钮，在两个文本框中输入数，如图 7-75 所示，单击“计算”按钮弹出计算两数之和的对话框，如图 7-76 所示。

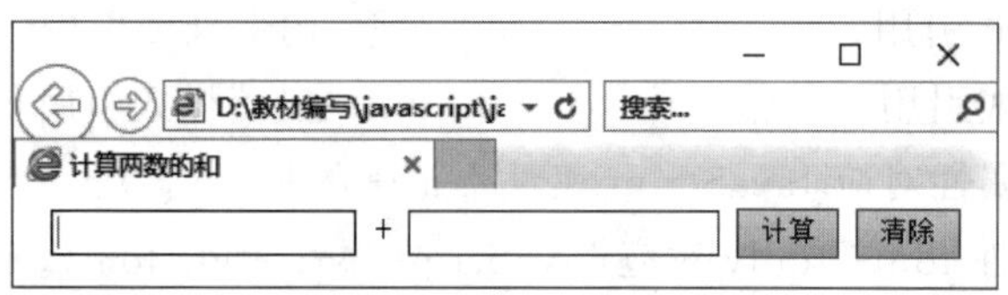

图 7-74　两数之和运行界面

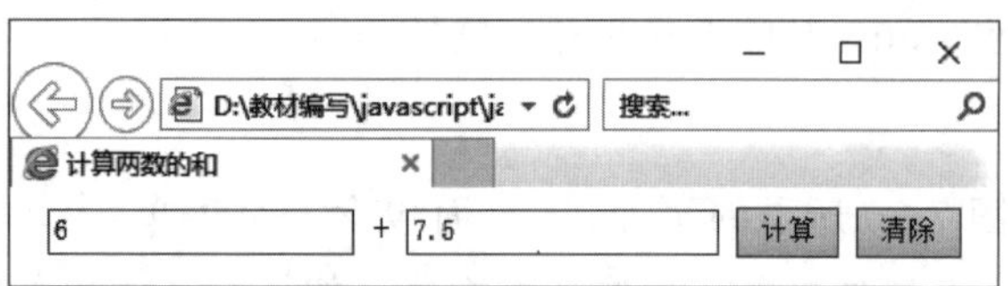

图 7-75　在两个文本框中输入数

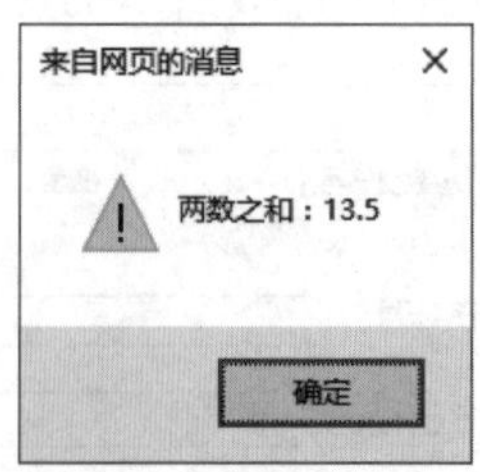

图 7-76　两数之和信息

(3) 编写一个如图 7-77 所示的页面，该页面包含两个文本框、两个密码框和两个按钮。

在页面中输入内容,如图 7-78 所示,单击"确定"按钮,弹出如图 7-79 所示的对话框。单击图 7-78中的"清除"按钮,页面中的控件被清空。

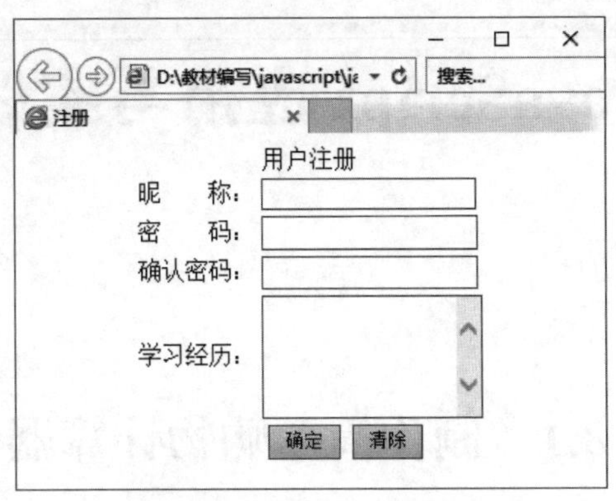

图 7-77　注册页面运行效果

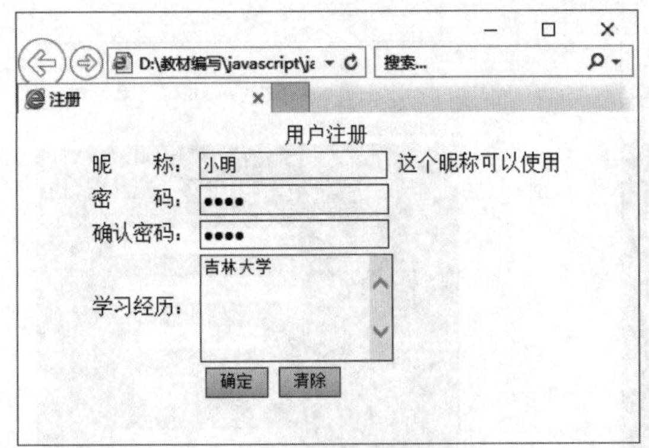

图 7-78　注册页面输入内容

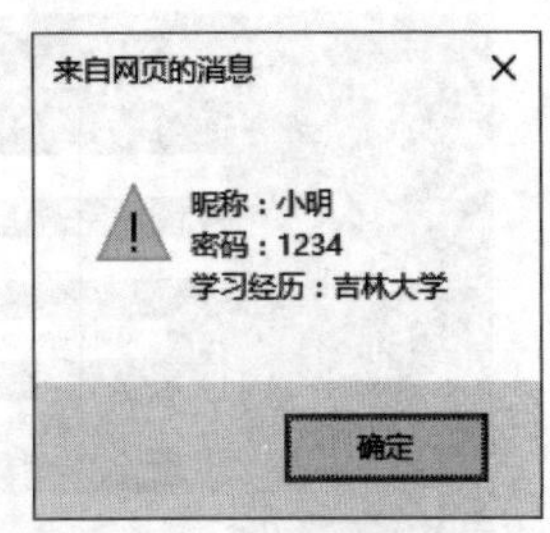

图 7-79　注册页面信息

(4) 编写一个如图 7-80 所示的页面,当光标移到文本框控件或按钮控件上时,就改变此控件的字体颜色和大小,如图 7-81 所示。当光标移出文本框控件或按钮控件时,该控件恢复运行时的初始状态。

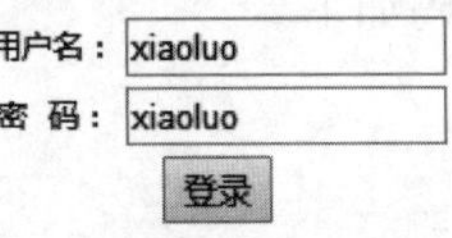

图 7-80　文本框控件与按钮控件运行界面

图 7-81　光标移到第一个文本框上的效果

第 8 章

JavaScript 应用与实践

8.1　制作简单购物计算器

简单购物计算器运行界面如图 8-1 所示，在页面中输入单价和数量，根据需要选择折扣，单击“计算”按钮，效果如图 8-2 所示。

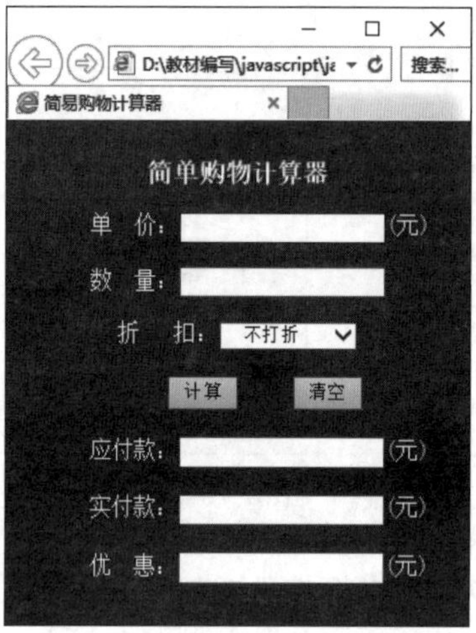

图 8-1　简单购物计算器运行界面

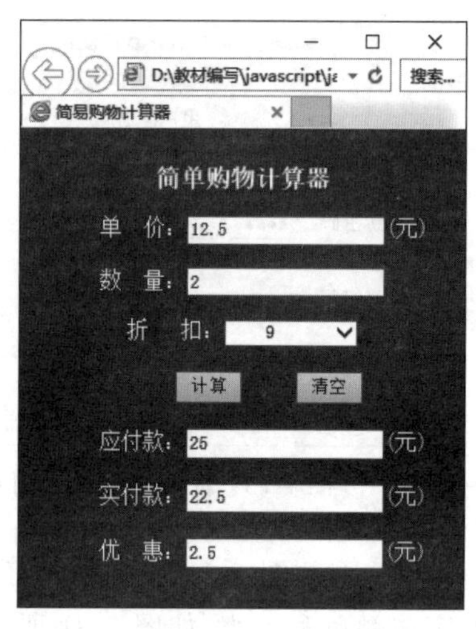

图 8-2　输入数据及计算结果

简单购物计算器设计与实现代码如下。

```
<html>
  <head>
    <title>简单购物计算器</title>
     <script type="text/javascript">
       function click1(){

         if(document.form1.text1.value==""||document.form1.text2.value==""){
            alert("请输入单价和数量!");
         }
         else{
           var a=parseFloat(document.form1.text1.value) * parseFloat(document.
           form1.text2.value);
          document.form1.text3.value=a;
```

```
        if(document.form1.select1.value=="不打折"){
        document.form1.text4.value=a;
        document.form1.text5.value=a
      }
      else{
        document.form1.text4.value=a*(parseFloat(document.form1.select1.
        value)/10);
        var c=a-document.form1.text4.value
        document.form1.text5.value=c.toFixed(1);
        //toFixed()方法可将数值型进行四舍五入为指定小数位数的数字
      }
      }
    }
    function load1(){
      document.form1.text1.focus();
    }
    function clear1(){
      document.form1.text1.value="";
      document.form1.text2.value="";
      document.form1.text3.value="";
      document.form1.text4.value="";
      document.form1.text5.value="";
      document.form1.select1.value="不打折"
    }
  </script>
</head>
<center>
<body bgcolor="blue" onload="load1()">
<form name="form1">
  <br>
  <font size="4" color="white"><b>简单购物计算器</b></font><br>
  <p>
   <font size="3" color="white">    单  价:
   <input name="text1" type="text">(元)</font></p>
  <p>
   <font size="3" color="white">数  量:</font><input name=
   "text2" type="text"></p>
  <font size="3" color="white">折   扣:</font><select size=
  "1" name="select1">
   <option value="不打折">  不打折  </option>
   <option value="9.5折">    9.5   
    </option>
   <option value="9折">    9    
   </option>
   <option value="8.5折">    8.5   
    </option>
   <option value="8折">    8    
   </option>
   <option value="7.5折">    7.5   
    </option>
   <option value="7折">    7    
```

```
        </option>
        <option value="6.5 折">    6.5   
         </option>
        <option value="6 折">    6    
        </option>
        <option value="5.5 折">    5.5   
         </option>
        <option value="5 折">    5    
        </option>
        <option value="4.5 折">    4.5   
         </option>
        <option value="4 折">    4    
        </option>
        <option value="3.5 折">    3.5   
         </option>
        <option value="3 折">    3    
        </option>
        <option value="2.5 折">    2.5   
         </option>
        <option value="2 折">    2    
        </option>
        <option value="1.5 折">    1.5   
         </option>
        <option value="1 折">    1    
        </option>
      </select><br><br>
           <input name="button1" type="button" value=
      "计算" onclick="click1()">    
      <input name="button2" type="button" value="清空" onclick="clear1()">
     <br><br>
     <font size="3" color="white">    应付款: <input name=
     "text3" type="text3">(元)</font><br><br>
     <font size="3" color="white">    实付款: <input name=
     "text4" type="text4">(元)</font><br><br>
     <font size="3" color="white">    优   惠:
     <input name="text5" type="text5" readonly>(元)</font><br><br>
   </form>
  </body>
  </center>
</html>
```

8.2 制作悬浮滚动窗口

悬浮滚动窗口运行界面如图 8-3 所示，在页面中单击 close 按钮，浮动窗口停止滚动且隐藏，同时，该按钮切换为 open 按钮，如图 8-4 所示。在图 8-4 中，单击 open 按钮，显示浮动窗口且继续滚动。

悬浮滚动窗口页面设计与实现代码如下。

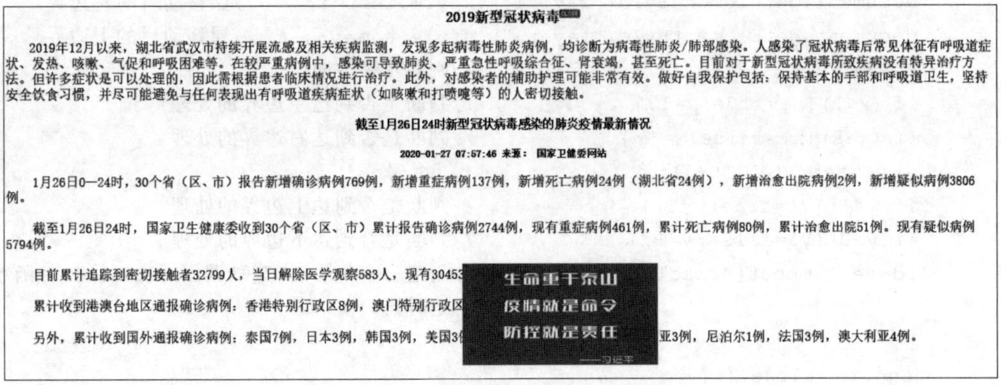

2019新型冠状病毒

2019年12月以来，湖北省武汉市持续开展流感及相关疾病监测，发现多起病毒性肺炎病例，均诊断为病毒性肺炎/肺部感染。人感染了冠状病毒后常见体征有呼吸道症状、发热、咳嗽、气促和呼吸困难等。在较严重病例中，感染可导致肺炎、严重急性呼吸综合征、肾衰竭，甚至死亡。目前对于新型冠状病毒所致疾病没有特异治疗方法。但许多症状是可以处理的，因此需根据患者临床情况进行治疗。此外，对感染者的辅助护理可能非常有效。做好自我保护包括：保持基本的手部和呼吸道卫生，坚持安全饮食习惯，并尽可能避免与任何表现出有呼吸道疾病症状（如咳嗽和打喷嚏等）的人密切接触。

截至1月26日24时新型冠状病毒感染的肺炎疫情最新情况

2020-01-27 07:57:46 来源： 国家卫健委网站

1月26日0—24时，30个省（区、市）报告新增确诊病例769例，新增重症病例137例，新增死亡病例24例（湖北省24例），新增治愈出院病例2例，新增疑似病例3806例。

截至1月26日24时，国家卫生健康委收到30个省（区、市）累计报告确诊病例2744例，现有重症病例461例，累计死亡病例80例，累计治愈出院51例。现有疑似病例5794例。

目前累计追踪到密切接触者32799人，当日解除医学观察583人，现有30453

累计收到港澳台地区通报确诊病例：香港特别行政区8例，澳门特别行政区

另外，累计收到国外通报确诊病例：泰国7例，日本3例，韩国3例，美国3　亚3例，尼泊尔1例，法国3例，澳大利亚4例。

生命重于泰山
疫情就是命令
防控就是责任
——习近平

图 8-3　悬浮滚动窗口运行界面

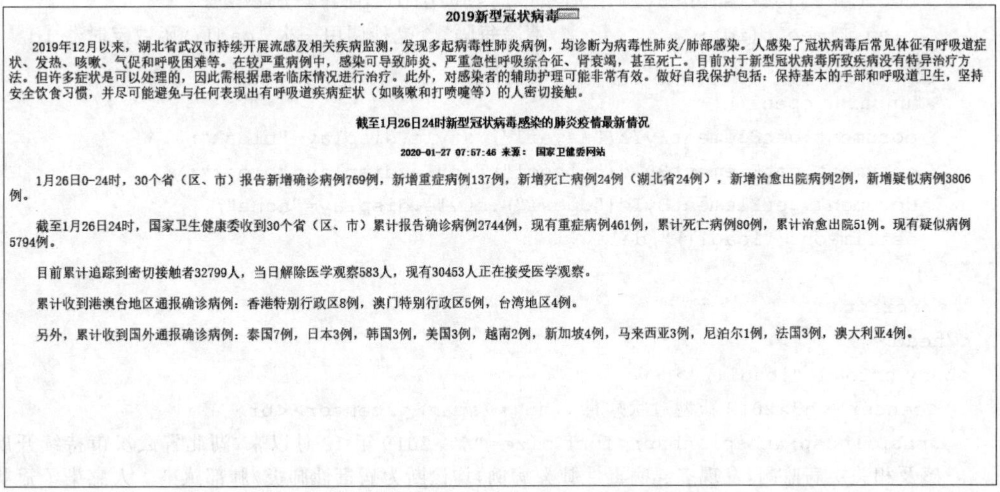

2019新型冠状病毒

2019年12月以来，湖北省武汉市持续开展流感及相关疾病监测，发现多起病毒性肺炎病例，均诊断为病毒性肺炎/肺部感染。人感染了冠状病毒后常见体征有呼吸道症状、发热、咳嗽、气促和呼吸困难等。在较严重病例中，感染可导致肺炎、严重急性呼吸综合征、肾衰竭，甚至死亡。目前对于新型冠状病毒所致疾病没有特异治疗方法。但许多症状是可以处理的，因此需根据患者临床情况进行治疗。此外，对感染者的辅助护理可能非常有效。做好自我保护包括：保持基本的手部和呼吸道卫生，坚持安全饮食习惯，并尽可能避免与任何表现出有呼吸道疾病症状（如咳嗽和打喷嚏等）的人密切接触。

截至1月26日24时新型冠状病毒感染的肺炎疫情最新情况

2020-01-27 07:57:46 来源： 国家卫健委网站

1月26日0—24时，30个省（区、市）报告新增确诊病例769例，新增重症病例137例，新增死亡病例24例（湖北省24例），新增治愈出院病例2例，新增疑似病例3806例。

截至1月26日24时，国家卫生健康委收到30个省（区、市）累计报告确诊病例2744例，现有重症病例461例，累计死亡病例80例，累计治愈出院51例。现有疑似病例5794例。

目前累计追踪到密切接触者32799人，当日解除医学观察583人，现有30453人正在接受医学观察。

累计收到港澳台地区通报确诊病例：香港特别行政区8例，澳门特别行政区5例，台湾地区4例。

另外，累计收到国外通报确诊病例：泰国7例，日本3例，韩国3例，美国3例，越南2例，新加坡4例，马来西亚3例，尼泊尔1例，法国3例，澳大利亚4例。

图 8-4　关闭悬浮滚动窗口运行界面

```
<html>
 <head>
  <title>悬浮滚动窗口</title>
  <script>
    var x=0,y=0;              //浮动窗初始位置
    var x1=true,y1=true;  //x1 为真向右运动,否则向左运动;y1 为真向下运动,否则向上运动
    var step=1;               //移动的距离
    var delay=20;             //移动的时间间隔
    var id;
    function load1(){
     var L=0,T=0;             //L 左边界,T 上边界
     //层移动的右边界
      var R = document.body.offsetWidth - document.getElementById("layer1").
      offsetWidth;
     //层移动的下边界
      var B = document.body.offsetHeight - document.getElementById("layer1").
      offsetHeight;
```

```
    document.getElementById("layer1").style.left=x;     //层移动后的左边界
    document.getElementById("layer1").style.top=y;      //层移动后的上边界
    x=x+step*(x1?1:-1);                     //判断水平方向
    if (x<L){x1=true;x=L;}                  //判断是否到达左边界的处理
    if (x>R){x1=false;x=R;}                 //判断是否到达右边界的处理
    y=y+step*(y1?1:-1);
    if(y<T){y1=true;y=T;}                   //判断是否到达上边界的处理
    if(y>B){y1=false;y=B;}                  //判断是否到达下边界的处理
    id=setTimeout("load1()",delay)          //创建一个每隔 20 毫秒调用一次 load1()函数的
                                              定时器
    }
   function close1(){
    document.getElementById("layer1").style.display="none";
    document.getElementById("close1").style.display="none";
    document.getElementById("open1").style.display="block";
    clearTimeout(id);              //清除每隔 20 毫秒调用一次 load1()函数定时器 id
   }
   function open1(){
    document.getElementById("layer1").style.display="block";
    document.getElementById("close1").style.display="block";
    document.getElementById("open1").style.display="none";
    setTimeout("load1()",delay)
   }
  </script>
</head>
<body onLoad="load1()">
  <center><h3>2019 新型冠状病毒</h3></span></center><br>
      <font size="4">2019 年 12 月以来,湖北省武汉市持续开展流
  感及相关疾病监测,发现多起病毒性肺炎病例,均诊断为病毒性肺炎/肺部感染。人感染了冠状病
  毒后常见体征有呼吸道症状、发热、咳嗽、气促和呼吸困难等。在较严重病例中,感染可导致肺炎、
  严重急性呼吸综合征、肾衰竭,甚至死亡。目前对于新型冠状病毒所致疾病没有特异治疗方法。
  但许多症状是可以处理的,因此需根据患者临床情况进行治疗。此外,对感染者的辅助护理可能
  非常有效。做好自我保护包括:保持基本的手部和呼吸道卫生,坚持安全饮食习惯,并尽可能避
  免与任何表现出有呼吸道疾病症状(如咳嗽和打喷嚏等)的人密切接触。</font><br>
  <center><h4>截至 1 月 26 日 24 时新型冠状病毒感染的肺炎疫情最新情况</h4>
  </center>
  <center><h5>2020-01-27 07:57:46 来源:国家卫健委网站</h5></center><br>
   <font size="4">    1 月 26 日 0—24 时,30 个省(区、市)报告新
   增确诊病例 769 例,新增重症病例 137 例,新增死亡病例 24 例(湖北省 24 例),新增治愈出院病
   例 2 例,新增疑似病例 3806 例。<br><br>
       截至 1 月 26 日 24 时,国家卫生健康委收到 30 个省(区、市)累计
   报告确诊病例 2744 例,现有重症病例 461 例,累计死亡病例 80 例,累计治愈出院 51 例。现有
   疑似病例 5794 例。<br><br>
       目前累计追踪到密切接触者 32799 人,当日解除医学观察
   583 人,现有 30453 人正在接受医学观察。<br><br>
       累计收到港澳台地区通报确诊病例:香港特别行政区 8 例,澳门
   特别行政区 5 例,台湾地区 4 例。<br><br>
       另外,累计收到国外通报确诊病例:泰国 7 例,日本 3 例,韩国
```

```
3 例,美国 3 例,越南 2 例,新加坡 4 例,马来西亚 3 例,尼泊尔 1 例,法国 3 例,澳大利亚 4 例。
  </font>
 <div id="layer1" style="position: absolute; left: 0px; top: 0px; width: 250px;
  height:120px;z-index:1;">
  <a href="http://www.nhc.gov.cn/"><img src="images/01.jpg" width="264"
  height="134" border="0">
  </a></div>
 <div id="open1" onClick="open1()" style="position:fixed;left:55.5%;top:1%;
 width:100px;height:15px;
 z-index:2; cursor:hand"><img src="images/open.gif" width="30" height="14">
 </div>
 <div id="close1" onClick="close1()" style="position:fixed;left:55.5%;top:1%;
 width:100px;height:15px;
 z-index:3; cursor:hand"><img src="images/close.gif" width="30" height="14">
</div>
</body>
</html>
```

8.3　制作新浪用户注册页面

新浪用户注册页面运行如图 8-5 所示,在页面中输入用户名、密码和确认密码后,单击“同意以下协议条款并提交”按钮,如果输入的信息不符合用户名、密码、确认密码的格式要求,则弹出相应的提示信息对话框,如图 8-6～图 8-8 所示。如果输入的信息符合要求,单击“同意以下协议条款并提交”按钮,则提交表单。

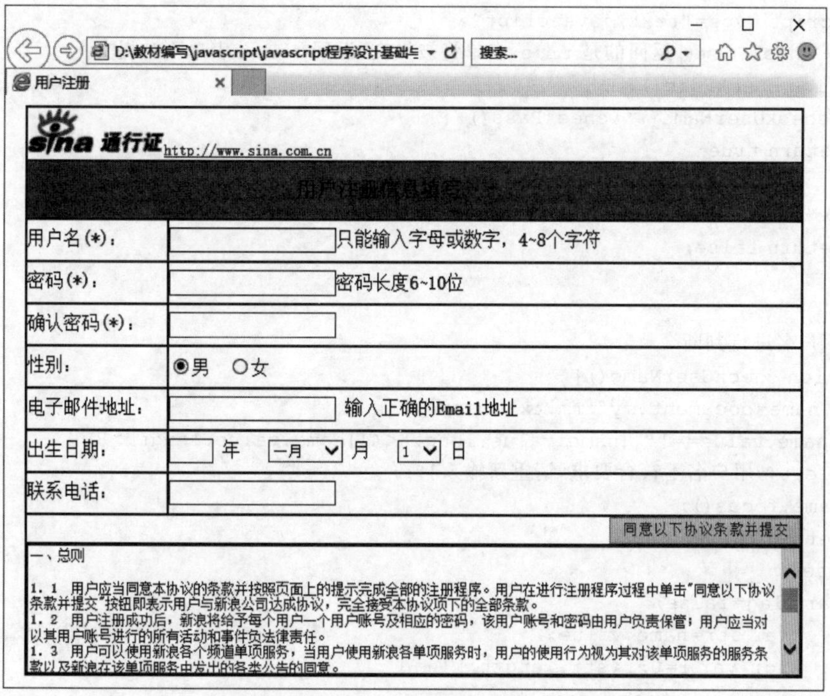

图 8-5　用户注册页面运行效果

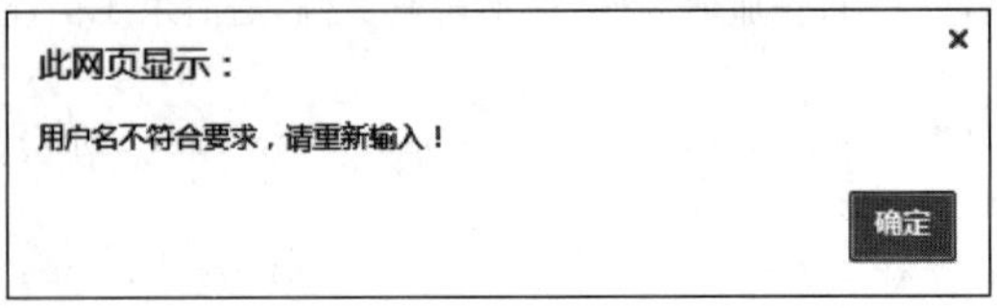

此网页显示：

用户名不符合要求，请重新输入！

确定

图 8-6　用户名不符合要求提示对话框

此网页显示：

密码不符合要求，请重新输入！

确定

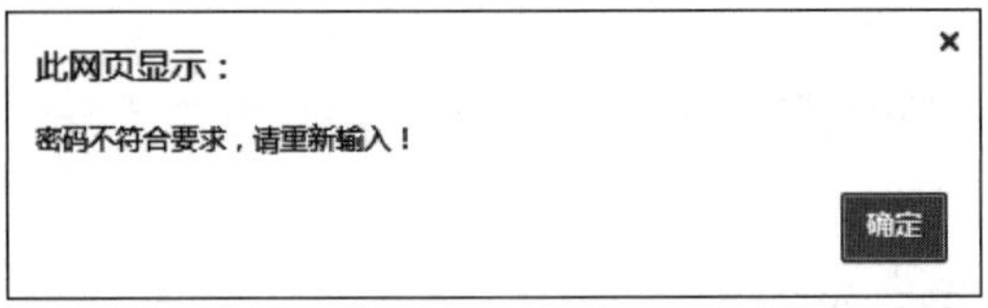

图 8-7　密码不符合要求提示对话框

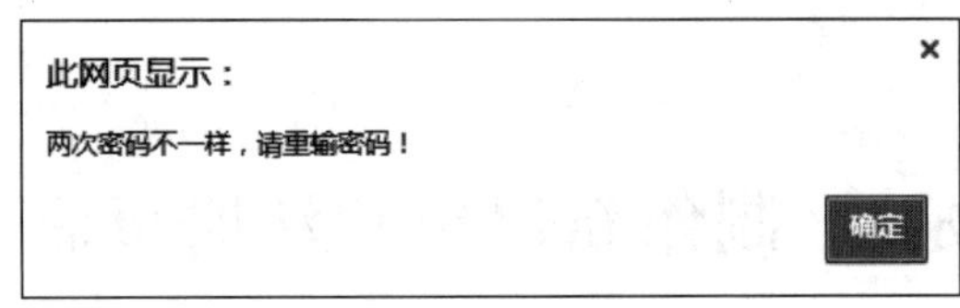

图 8-8　两次密码不一致提示对话框

新浪用户注册页面设计与实现代码如下。

```
<html>
  <head><title>用户注册</title>
   <script type="text/javascript">
//如果 checkForm()返回的是 true,表单将被提交,返回 false 表单不被提交
function checkForm(){
  if(checkUserName()&&checkPass()){
    return true;
  }
  else{
    return false;
  }
}
//对用户名进行判断
function checkUserName(){
  var name=document.myform.txtUser;
  if(name.value==""||name.value.length<4||name.value.length>8){
    alert("用户名不符合要求,请重新输入!");
    name.focus();
    return false;
  }else{
    var flag=false;
         var str=name.value;
         for(var i=0;i<str.length;i++){
               var j=str.charAt(i);
               if((j>='a'&&j<='z')||(j>='0'&&j<='9')){
```

```
                flag=true;
            }else{
                alert("用户名不符合要求,请重新输入!");
                flag=false;
                break;
            }
          }
        }
        if(flag){
          return true;
        }else{
          return false;
        }
    }
    //对密码进行判断
    function checkPass(){
      var pass=document.myform.txtPass;
      var pass1=document.myform.txtRPass;
      if(pass.value==""||pass.value.length<6||pass.value.length>10){
        alert("密码不符合要求,请重新输入!");
        pass.focus();
        return false;
      }
      if(pass.value!=pass1.value){
        alert("两次密码不一样,请重输密码!");
        pass.focus();
        return false;
      }
      return true;
    }
    function scroll1(){
      document.myform.submit1.disabled=false;
    }
    function load1(){
      document.myform.txtUser.focus();
    }
  </script>
</head>
<body>
  <form action="" method="post" name="myform"  onSubmit="return checkForm()">
   <table  border="1" cellpadding="0" cellspacing="0" align="center">
    <tr >
     <td height="40" colspan="2"><img src="images/logo_sso.gif" height="40">
     <font color="blue" size="2"><a href="http://www.sina.com.cn" target="_
     blank">http://www.sina.com.cn</a></font></td>
    </tr>
    <tr align="center" bgcolor="red">
     <td height="50" colspan="2"><font size="4">
      用户注册信息填写        </font>
     </td>
    </tr>
```

```
<tr>
 <td width="107" height="36">用户名(*): </td>
 <td width="524"><input name="txtUser" type="text" maxlength="8">只能输入字
 母或数字,4~8 个字符</td>
</tr>
<tr>
  <td width="107" height="36">密码(*): </td>
  <td width="524"><input name="txtPass" type="password" maxlength="10">密
  码长度 6~10 位</td>
 </tr>
 <tr>
  <td width="107" height="36">确认密码(*): </td>
  <td width="524"><input name="txtRPass" type="password"></td>
 </tr>
 <tr>
  <td width="107" height="36">性别: </td>
  <td width="524">
    <input name="gen" type="radio" value="男" class="input" checked>男  
    <input name="gen" type="radio" value="女" class="input">女
  </td>
 </tr>
 <tr>
  <td width="107" height="36">电子邮件地址: </td>
  <td width="524"><input name="txtEmail" type="email">
  输入正确的 Email 地址</td>
 </tr>
 <tr>
  <td width="107" height="36">出生日期: </td>
  <td width="524">
   <input name="datetime" id="year" size=4 maxlength=4> 年   
    <select name="month">
     <option value=1>一月</option>
     <option value=2>二月</option>
     <option value=3>三月</option>
     <option value=4>四月</option>
     <option value=5>五月</option>
     <option value=6>六月</option>
     <option value=7>七月</option>
     <option value=8>八月</option>
     <option value=9>九月</option>
     <option value=10>十月</option>
     <option value=11>十一月</option>
     <option value=12>十二月 </option>
    </select> 月   
     <select name="day"  >
     <option value=1>1</option>
     <option value=2>2</option>
     <option value=3>3</option>
```

```
    <option value=4>4</option>
    <option value=5>5</option>
    <option value=6>6</option>
    <option value=7>7</option>
    <option value=8>8</option>
    <option value=9>9</option>
    <option value=10>10</option>
    <option value=11>11</option>
    <option value=12>12 </option>
    <option value=13>13</option>
    <option value=14>14</option>
    <option value=15>15</option>
    <option value=16>16</option>
    <option value=17>17</option>
    <option value=18>18</option>
    <option value=19>19</option>
    <option value=20>20</option>
    <option value=21>21</option>
    <option value=22>22</option>
    <option value=23>23</option>
    <option value=24>24</option>
    <option value=25>25</option>
    <option value=26>26</option>
    <option value=27>27</option>
    <option value=28>28</option>
    <option value=29>29</option>
    <option value=30>30</option>
    <option value=7>31</option>
    </select> 日
   </td>
 </tr>
 <tr>
  <td width="107" height="36">联系电话: </td>
  <td width="524"><input name="number1" type="text" maxlength="11">
 </tr>
 <tr>
  <td colspan="2" align="right">
   <input type="submit" id="submit1" disabled value="同意以下协议条款并提交" >
  </td>
</tr>
<tr>
 <td colspan="2">
   <textarea readOnly="true" style="width: 680px; height: 110px; font-size:
   12px;color:#666"
   onscroll="scroll1()">
    一、总则
    1.1  用户应当同意本协议的条款并按照页面上的提示完成全部的注册程序。用户在进行
    注册程序过程中单击“同意以下协议条款并提交”按钮即表示用户与新浪公司达成协议,完
```

```
全接受本协议项下的全部条款。
    1.2 用户注册成功后,新浪将给予每个用户一个用户账号及相应的密码,该用户账号和密码由用户负责保管;用户应当对以其用户账号进行的所有活动和事件负法律责任。
    1.3 用户可以使用新浪各个频道单项服务,当用户使用新浪各单项服务时,用户的使用行为视为其对该单项服务的服务条款及新浪在该单项服务中发出的各类公告的同意。
    1.4 新浪会员服务协议及各个频道单项服务条款和公告可由新浪公司随时更新,且无须另行通知。您在使用相关服务时,应关注并遵守其所适用的相关条款。
    您在使用新浪提供的各项服务之前,应仔细阅读本服务协议。如您不同意本服务协议或随时对其的修改,您可以主动取消新浪提供的服务;您一旦使用新浪服务,即视为您已了解并完全同意本服务协议各项内容,包括新浪对服务协议随时所做的任何修改,并成为新浪用户。
      </textarea>
     </td>
    </tr>
   </table>
   </form>
 </body>
</html>
```

8.4 制作复选框全选与取消页面

复选框全选与取消页面运行效果如图 8-9 所示。如果“全选/取消”复选框被选中,则页面中的所有复选框被选中,如图 8-10 所示;反之,页面中的所有复选框未被选中。在各图片上单击即可打开相应的店铺。

图 8-9 复选框未选中效果

图 8-10　复选框选中效果

复选框全选与取消页面设计与实现代码如下。

```
<html>
 <head>
   <title>复选框全选/取消</title>
   <meta charset="gb2312">
   <script type="text/javascript">
   function checkAll(checked)
   {
     var allCheckBoxs=document.getElementsByName("isBuy") ;
     for (var i=0;i<allCheckBoxs.length ;i++)
     {
        allCheckBoxs[i].checked=checked;
     }
   }
   </script>
  </head>
  <center>
  <body>
  <form name="form1">
    <table width="984" border="0">
    <tr>
    <td colspan="6"><img src="images/top.png" width="980" height="100"></td>
```

```
    </tr>
   <tr>
   <td width="100" align="center"><font size="-1">全选/取消</font><br>
     <input name="selectall" type="checkbox" id="selectall" onClick=
     "checkAll(this.checked)"></td>
   <td></td><td></td><td></td><td></td><td></td>
   </tr>
   <tr>
   <td height="113" align="center"><input name="isBuy" type="checkbox" id="isBuy"
   value="sanguo"></td>
   <td><a href="https://item.taobao.com/item.htm?spm=a230r.1.14.4.635a38e1zU36S7&
   id=558149302844&ns=1&abbucket=10#detail"><img src="images/1.jpg" width=
   "80%" height="70%">
   </a></td>
   <td height="113" align="center"><input name="isBuy" type="checkbox" id="isBuy"
   value="sanguo"></td>
   <td><a href="https://item.taobao.com/item.htm?spm=a230r.1.14.22.635a38e1zU36S7&
   id=547857209247&ns=1&abbucket=10#detail"><img src="images/2.jpg" width=
   "80%"height="70%">
   </a></td>
   <td height="113" align="center"><input name="isBuy" type="checkbox" id="isBuy"
   value="sanguo"></td>
   <td><a href="https://item.taobao.com/item.htm?spm=a230r.1.14.16.635a38e1zU36S7&
   id=586027959469&ns=1&abbucket=10#detail"><img src="images/3.jpg" width=
   "80%" height="70%">
   </a></td>
   </tr>
 <tr>
   <td colspan="6" align="center"><hr width="963px" noshade="noshade" style=
   "border:1px red dotted"></td>
 </tr>
 <tr>
 <td height="113" align="center"><input name="isBuy" type="checkbox" id="isBuy"
 value="sanguo"></td>
   <td><a href="https://item.taobao.com/item.htm?spm=a230r.1.14.10.635a38e1zU36S7&
   id=603636933344&ns=1&abbucket=10#detail"><img src="images/4.jpg" width=
   "80%" height="70%">
   </a></td>
   <td height="113" align="center"><input name="isBuy" type="checkbox" id="isBuy"
   value="sanguo"></td>
   <td><a href="https://item.taobao.com/item.htm?spm=a230r.1.14.28.635a38e1zU36S7&
   id=562939726366&ns=1&abbucket=10#detail"><img src="images/5.jpg" width=
   "80%" height="70%">
   </a></td>
   <td height="113" align="center"><input name="isBuy" type="checkbox" id="isBuy"
```

```
value="sanguo"></td>
<td><a href="https://item.taobao.com/item.htm?spm=a230r.1.14.34.635a38e1zU36S7&
id=582926970473&ns=1&abbucket=10#detail"><img src="images/6.jpg" width=
"80%" height="70%">
</a></td>
 </tr>
<tr>
 <td colspan="6" align="center"><hr width="963px" noshade="noshade" style=
 "border:1px red dotted"></td>
</tr>
<tr>
<td height="113" align="center"><input name="isBuy" type="checkbox" id="isBuy"
value="sanguo"></td>
<td><a href="https://item.taobao.com/item.htm?spm=a230r.1.14.43.635a38e1zU36S7&
id=607089868122&ns=1&abbucket=10#detail"><img src="images/7.jpg" width=
"80%" height="70%">
</a></td>
<td height="113" align="center"><input name="isBuy" type="checkbox" id="isBuy"
value="sanguo"></td>
<td><a href="https://item.taobao.com/item.htm?spm=a230r.1.14.49.635a38e1zU36S7&
id=547541916978&ns=1&abbucket=10#detail"><img src="images/8.jpg" width=
"80%" height="70%">
</a></td>
 <td height="113" align="center"><input name="isBuy" type="checkbox" id="isBuy"
 value="sanguo"></td>
 <td><a href="https://item.taobao.com/item.htm?spm=a230r.1.14.49.635a38e1zU36S7&
 id=547541916978&ns=1&abbucket=10#detail"><img src="images/9.jpg" width=
 "80%" height="70%">
 </a></td>
 </tr>
 <tr>
   <td colspan="6" align="center"><hr width="963px" noshade="noshade"
   style="border:1px red solid"></td>
   </tr>
   <tr>
    <td colspan="6"><img src="images/bottom.png" width="980" height="150"></td>
   </tr>
  </table>
 </form>
</body>
</center>
</html>
```

8.5 制作课程表添加与删除页面

课程表添加与删除页面运行效果如图 8-11 所示。在课程表中输入课程信息,如图 8-12 所示,单击“添加课程”按钮,输入的课程信息被添加到课表中,如图 8-13 所示。单击图 8-13 中的“删除课程”按钮,弹出如图 8-14 所示的对话框,输入课程编号,如图 8-15 所示,单击“确定”按钮,该课程从课表删除,如图 8-16 所示。单击图 8-16 中的“撤销”按钮,课表中的末条记录被删除,如图 8-17 所示。单击图 8-17 中的“清空”按钮,课表中的记录全部被删除,如图 8-18 所示,单击“重置”按钮,该页面内容重新载入。

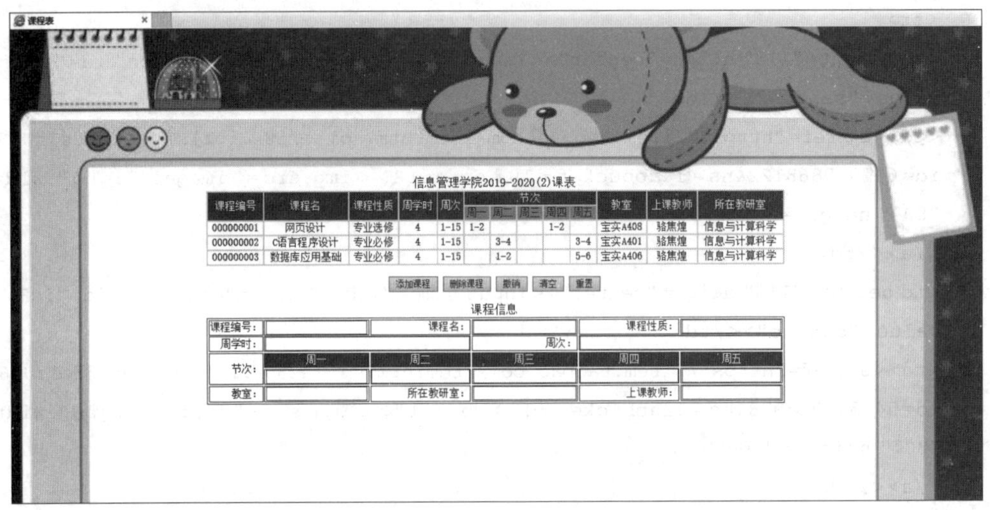

图 8-11 课程表添加与删除页面运行效果

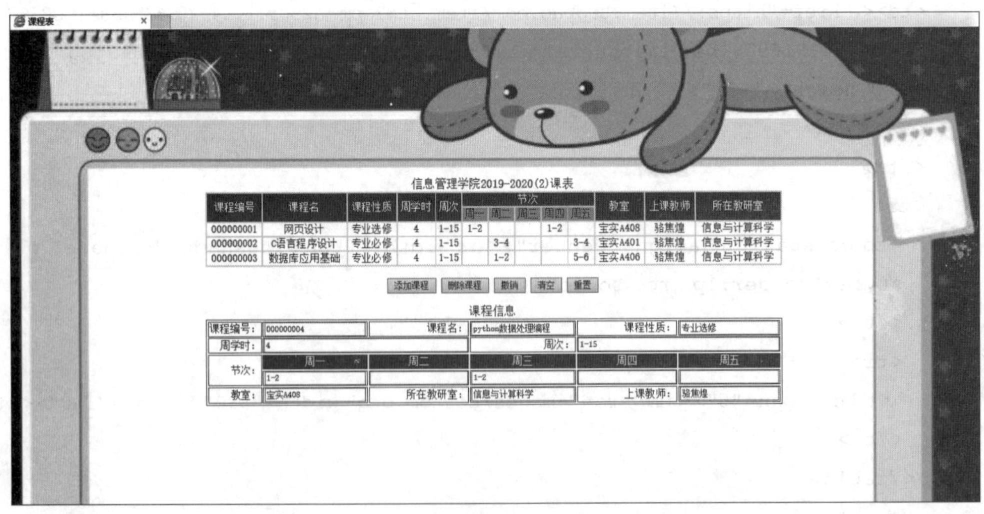

图 8-12 输入课程信息

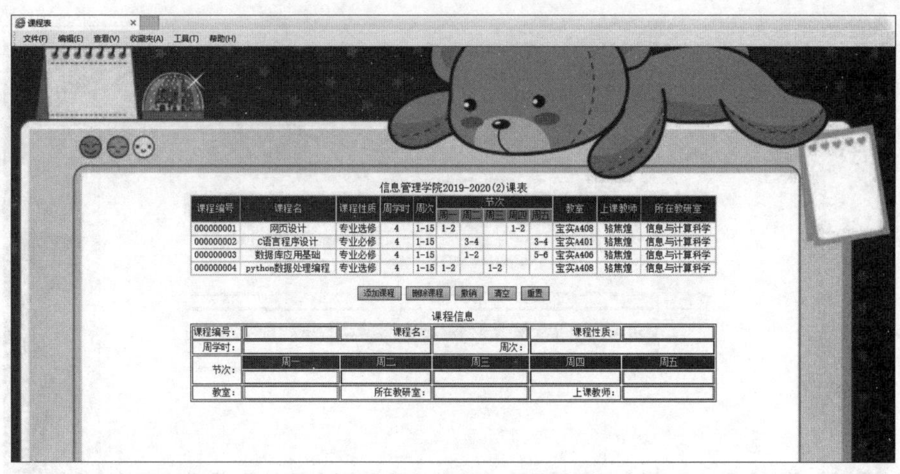

图 8-13 课程信息添加到课表中

Explorer 用户提示

脚本提示:

请输入课程编号：

确定

取消

图 8-14 删除对话框

Explorer 用户提示

脚本提示:

请输入课程编号：

000000004

确定

取消

图 8-15 输入删除的课程编号

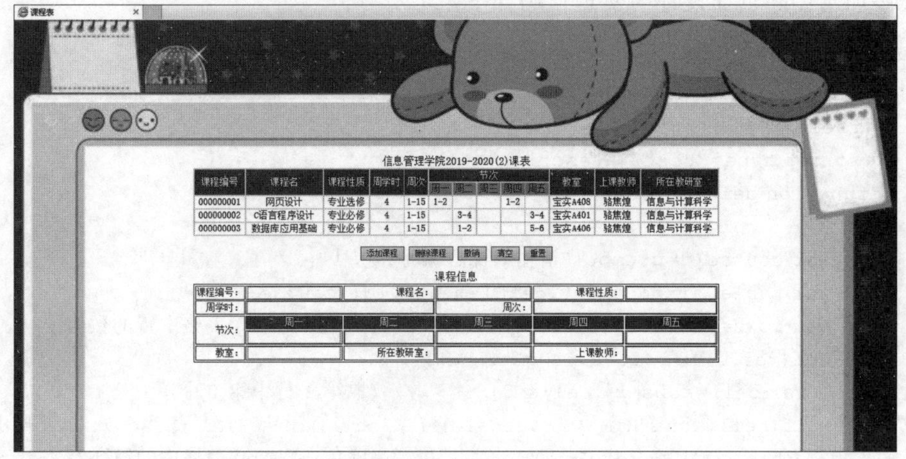

图 8-16 删除课程编号为 000000004 的记录

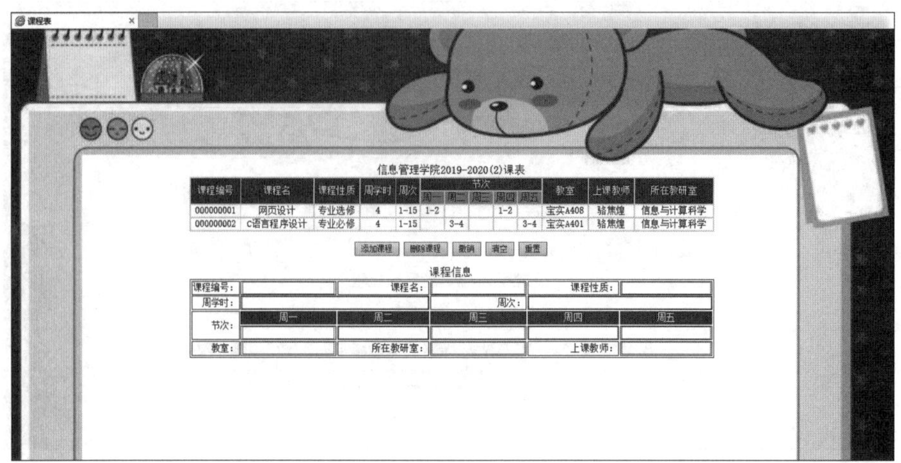

图 8-17　删除课表中的末条记录

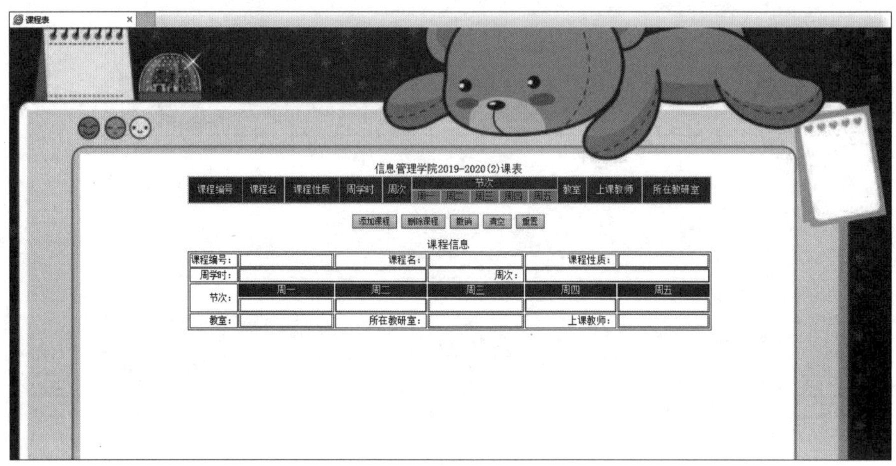

图 8-18　删除课表中的所有记录

课程表添加与删除页面设计与实现代码如下。

```
<html>
  <head>
    <title>课程表</title>
    <script type="text/javascript">
     function deleteClick()
      {
        var courseId=prompt("请输入课程编号：", "");
        var tableObj=document.getElementById("course-list");
        var rows=tableObj.rows;            //获取 tableObj 表格中行的数组
        for(var i=0; i<rows.length; i++) {
          var cell=rows[i].cells[0];        //获取第 i 行中第 0 个单元格
          if(cell.innerHTML==courseId) { //cell.innerHTML 表示 cell 单元格中的内容
            tableObj.deleteRow(i);          //删除 tableObj 表格中的第 i 行
          }
```

```
  }
}
function delAllClick(){
  var tableObj=document.getElementById("course-list");
  var rows=tableObj.rows;
  for(var i=2;i<rows.length;){
    tableObj.deleteRow(i);
  }
}
function delPreClick(){
  var tableObj=document.getElementById("course-list");
  var rows=tableObj.rows;
  for(var i=rows.length-1;i<rows.length;i++){
    if(i!=1){
      tableObj.deleteRow(i);
    }
    else{
      alert("记录已删完!");
    }
  }
}
function addToCourseList(course)
{
  var tableObj=document.getElementById("course-list");
  var pos=tableObj.rows.length;
  var row=tableObj.insertRow(pos);   //在 tableObj 表格中的 pos 位置插入一行
  row.style.background="#ffffff";   //设置背景颜色
  row.style.textAlign="center";
  var n=course.length;
  for(var i=0;i<n;i++) {
    var cell=row.insertCell(i);       //在 row 行的 i 位置插入一个单元格
    cell.innerHTML=course[i]          //设置 cell 单元格的内容
  }
}
function addClick()
{
  if (document.getElementById("course-id").value=="" || document.
  getElementById("course-name").value=="" ||document.getElementById("
  course-property").value=="" ||document.getElementById("period-of-
  week").value==""||document.getElementById("time-of-week").value==""||
  document.getElementById("room").value=="" ||document.getElementById("
  teacher").value==""||document.getElementById("institute").value==""){
      alert("请输入课程相关信息!");
  }
  else if(document.getElementById("mon").value=="" &&
  document.getElementById("tue").value=="" && document.getElementById("
  wed").value==""
  && document.getElementById("thu").value=="" && document.getElementById
  ("fri").value==""){
        alert("请输入课程相关信息!");
  }
```

```
        else{
            var course=getCourse();
            addToCourseList(course);
            document.getElementById("course-id").value=""
            document.getElementById("course-id").focus();
            document.getElementById("course-name").value=""
            document.getElementById("course-property").value=""
            document.getElementById("period-of-week").value=""
            document.getElementById("time-of-week").value=""
            document.getElementById("mon").value=""
            document.getElementById("tue").value=""
            document.getElementById("wed").value=""
            document.getElementById("thu").value=""
            document.getElementById("fri").value=""
            document.getElementById("room").value=""
            document.getElementById("teacher").value=""
            document.getElementById("institute").value="";
        }
      }
      function getCourse()
      {
        var course=new Array();
        course[0]=document.getElementById("course-id").value;
        course[1]=document.getElementById("course-name").value;
        course[2]=document.getElementById("course-property").value;
        course[3]=document.getElementById("period-of-week").value;
        course[4]=document.getElementById("time-of-week").value;
        course[5]=document.getElementById("mon").value;
        course[6]=document.getElementById("tue").value;
        course[7]=document.getElementById("wed").value;
        course[8]=document.getElementById("thu").value;
        course[9]=document.getElementById("fri").value;
        course[10]=document.getElementById("room").value;
        course[11]=document.getElementById("teacher").value;
        course[12]=document.getElementById("institute").value;
        return course;
      }
      function resetClick(){
        window.location.reload();
      }
    </script>
  </head>
  <body style="background-image:url(images/backimage1.jpg);background-repeat:
  no-repeat;background-size:100%">
    <center>
    <br><br><br><br><br><br><br><br><br><br><br><br>
    <table width="900" bgcolor="#88eeff" id="course-list">
      <caption><font size="4">信息管理学院 2019-2020(2)课表</font></caption>
      <tr align="center" bgcolor="blue" style="color:white">
        <td rowspan="2">课程编号</td>
        <td rowspan="2">课程名</td>
```

```
    <td rowspan="2">课程性质</td>
    <td rowspan="2">周学时</td>
    <td rowspan="2">周次</td>
    <td colspan="5">节次</td>
    <td rowspan="2">教室</td>
    <td rowspan="2">上课教师</td>
    <td rowspan="2">所在教研室</td>
  </tr>
  <tr align="center" bgcolor="#55aaee" >
    <td>周一</td>
    <td>周二</td>
    <td>周三</td>
    <td>周四</td>
    <td>周五</td>
  </tr>
  <tr bgcolor="#ffffff" align="center">
    <td>000000001</td>
    <td>网页设计</td>
    <td>专业选修</td>
    <td>4</td>
    <td>1-15</td>
    <td>1-2</td>
    <td> </td>
    <td> </td>
    <td>1-2</td>
    <td> </td>
    <td>宝实 A408</td>
    <td>骆焦煌</td>
    <td>信息与计算科学</td>
  </tr>
  <tr bgcolor="#ffffff" align="center">
    <td>000000002</td>
    <td>C语言程序设计</td>
    <td>专业必修</td>
    <td>4</td>
    <td>1-15</td>
    <td> </td>
    <td>3-4</td>
    <td> </td>
    <td> </td>
    <td>3-4</td>
    <td>宝实 A401</td>
    <td>骆焦煌</td>
    <td>信息与计算科学</td>
  </tr>
  <tr bgcolor="#ffffff" align="center">
    <td>000000003</td>
    <td>数据库应用基础</td>
    <td>专业必修</td>
    <td>4</td>
    <td>1-15</td>
```

```
      <td> </td>
      <td>1-2</td>
      <td> </td>
      <td> </td>
      <td>5-6</td>
      <td>宝实 A406</td>
      <td>骆焦煌</td>
      <td>信息与计算科学</td>
    </tr>
  </table>
  <br>
  <input type="button" value="添加课程" onclick="addClick()">
  <input type="button" value="删除课程" onclick="deleteClick()">
  <input type="button" value="撤销" onclick="delPreClick()">
  <input type="button" value="清空" onclick="delAllClick()">
  <input type="button" value="重置" onclick="resetClick()">
  <br><br>
  <table width="900" id="course-list1" border="1" bordercolor="blue">
    <caption><font size="4">课程信息</font></caption>
    <tr align="center">
      <td>课程编号：</td>
      <td bgcolor="#ffffff" colspan="0" style="padding:0px"><input type=
      "text" id="course-id" maxlength="9" size=22></td>
      <td align="right">课程名：</td>
      <td bgcolor="#ffffff" style="padding:0px"><input type="text" id=
      "course-name" size=22></td>
      <td align="right">课程性质：</td>
      <td bgcolor="#ffffff" style="padding:0px"><input type="text" id=
      "course-property" size=21></td>
    </tr>
    <tr>
      <td align="right">周学时：</td>
      <td colspan="2" align="center" bgcolor="#ffffff" style="padding:0px">
     <input type="text" id="period-of-week" size=46></td>
      <td align="right" >周次：</td>
      <td colspan="2" align="center" bgcolor="#ffffff" style="padding:0px">
     <input type="text" id="time-of-week" size=45></td>
    </tr>
    <tr>
      <td rowspan="2" align="right">节次：</td>
      <td align="center" bgcolor="blue"><font color="white">周一</font></td>
      <td align="center" bgcolor="blue"><font color="white">周二</font></td>
      <td align="center" bgcolor="blue"><font color="white">周三</font></td>
      <td align="center" bgcolor="blue"><font color="white">周四</font></td>
      <td align="center" bgcolor="blue"><font color="white">周五</font></td>
    </tr>
    <tr align="center">
      <td bgcolor="#ffffff" align="center" style="padding:0px"><input type=
      "text" id="mon" size=22></td>
      <td bgcolor="#ffffff" align="center" style="padding:0px"><input type=
      "text" id="tue" size=21></td>
```

```
        <td bgcolor="#ffffff" align="center" style="padding:0px"><input type=
        "text" id="wed" size=22></td>
        <td bgcolor="#ffffff" align="center" style="padding:0px"><input type=
        "text" id="thu" size=21></td>
        <td bgcolor="#ffffff" align="center" style="padding:0px"><input type=
        "text" id="fri" size=21></td>
      </tr>
      <tr align="center">
        <td align="right">教室:</td>
        <td bgcolor="#ffffff" align="center"><input type="text" id="room" size=
        22></td>
        <td align="right">所在教研室:</td>
        <td bgcolor="#ffffff" align="center"><input type="text" id="institute"
        size=22></td>
        <td align="right">上课教师:</td>
        <td bgcolor="#ffffff" align="center"><input type="text" id="teacher"
        size=21></td>
      </tr>
    </table>
  </body>
  </center>
</html>
```

8.6　制作图片水平滚动页面

图片水平滚动页面运行效果如图 8-19 所示。

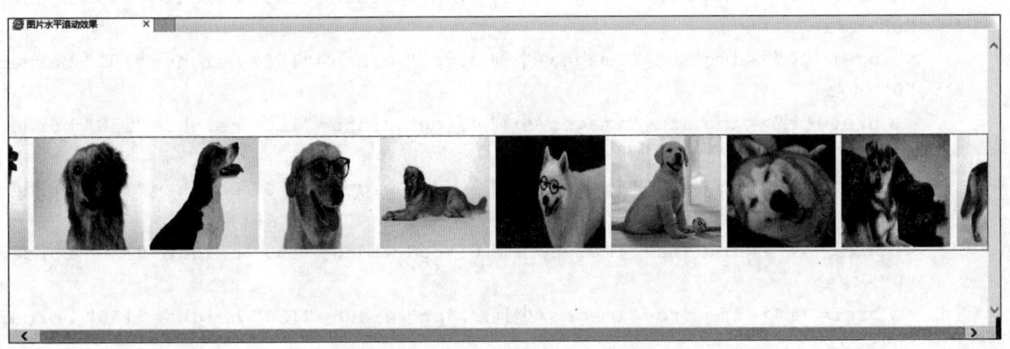

图 8-19　图片水平滚动页面效果

图片水平滚动页面设计与实现代码如下。

```
<html>
<head>
  <meta charset="gb2312">
  <title>图片水平滚动效果</title>
  <style type="text/css">
   #id1{
     position:absolute;
     background: #FFFFFF;
```

```
      overflow:hidden;
      border-width:1px;
      border-style:dashed;
      boreder-color:#CCCCCC;
      width:100%;
      top:35%;
    }
    #id2{
      float: center;
      width: 1000%;
    }
    #id3{
      float:left;
    }
    #id4{
     float:left;
     padding-left:10px;
    }
    </style>
</head>
<body>
   <center>
   <div id="id1">
    <div id="id2">
    <div id="id3">
        <a href="#"><img src="images/小狗 1.jpg" alt="fdsa "width="150" height=
        "150" border="0"></a>
        <a href="#"><img src="images/小狗 2.jpg" width="150" height="150" border=
        "0"></a>
        <a href="#"><img src="images/小狗 3.jpg" width="150" height="150" border=
        "0"></a>
        <a href="#"><img src="images/小狗 4.jpg" width="150" height="150" border=
        "0"></a>
        <a href="#"><img src="images/小狗 5.jpg" width="150" height="150" border=
        "0"></a>
        <a href="#"><img src="images/小狗 6.jpg" width="150" height="150" border=
        "0"></a>
        <a href="#"><img src="images/小狗 7.jpg" width="150" height="150" border=
        "0"></a>
        <a href="#"><img src="images/小狗 8.jpg" width="150" height="150" border=
        "0"></a>
        <a href="#"><img src="images/小狗 9.jpg" width="150" height="150" border=
        "0"></a>
      </div>
     <div id="id4"></div>
    </div>
   </div>
   </center>
</body>
<script type="text/javascript">
(function(){
```

```
    var speed=10;
    var tab=document.getElementById("id1");
    var tab1=document.getElementById("id2");
    var tab2=document.getElementById("id4");
    tab2.innerHTML=tab1.innerHTML;
    function move(){
      if(tab2.offsetWidth-tab.scrollLeft<=10){
        tab.scrollLeft=tab.scrollLeft-tab1.offsetWidth;
      }else{
        tab.scrollLeft++;
      }
    }
    var timer=setInterval(move,speed);
    tab.onmouseover=function() {clearInterval(timer)};
    tab.onmouseout=function() {timer=setInterval(move,speed)};
})();
</script>
</html>
```

8.7 制作列表导航页面

列表导航页面运行效果如图 8-20 所示，将鼠标移到导航菜单项上，显示如图 8-21 所示。

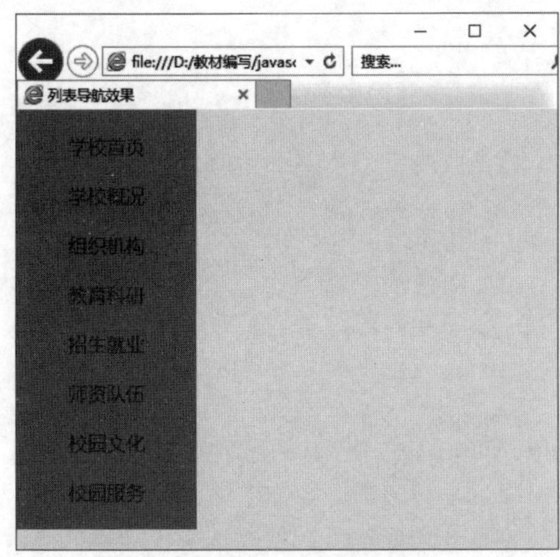

图 8-20 列表导航页面运行效果

图 8-21 导航菜单项

列表导航页面设计与实现代码如下。

```
<html>
  <head>
   <meta charset="gb2312">
    <title>列表导航效果</title>
   <script type="text/javascript">
  function navShow(){
```

```
        var nav=document.getElementById('nav');
        var navs=nav.getElementsByTagName("li");
        for(var i=0;i<navs.length;i++){
                navs[0].onmouseover=function(){
                  this.style.backgroundColor="#ffffff";
                }
                navs[2].onmouseover=function(){
                  this.style.backgroundColor="#ffffff";
                }

                navs[i].onmouseover=function(){
                 this.getElementsByTagName('dl')[0].style.display="block";
                 this.style.backgroundColor="#ffffff";
                }
                navs[0].onmouseout=function(){
                   this.style.backgroundColor="";
                }
                navs[2].onmouseout=function(){
                   this.style.backgroundColor="";
                }
                navs[i].onmouseout=function(){
                 this.getElementsByTagName('dl')[0].style.display="none";
                 this.style.backgroundColor="";
                }
        }
    }
    window.onload=navShow;
    </script>
    <style>
       *{
          font-family:Microsoft YaHei;
          margin:0;
          padding:0;
       }
       body{width:100%;background-color:#faf0e6}
       ul{list-style: none;padding-top:10;}
       a{text-decoration:none;}
       #header h3{font-size:16px;font-weight:100;}
       #nav{
           width:150px;
           height:330px;
           background:rgb(220,120,88);
           z-index:999;
       }
       #nav li{
           height:40px;
           line-height:40px;
           position:relative;
           text-align:center;
       }
       dl{
```

```
        background:rgb(220,120,88);
        text-align:center;
      }
      #nav li dl{
          position:relative;
          left:150px;
          top:-40px;
          width:150px;
          display:none;
          padding:3px 5px 5px 5px;
          text-align:center;
      }
      #nav dd a{
          display:block;
          height:30px;
          width:150px;
          font-size:16px;
          color:#fff;
          text-align:center;
      }
      #nav dd a:hover{
          text-decoration:underline;
          font-weight:bold;
          color:fef;
      }
     #nav a:hover{font-weight:bold;}
   </style>
</head>
<body>
   <div id="main">
      <div id="header">
          <div class="mycenter">
               <ul id="nav">
                   <li id="li0">
                      <h3><a href="#">学校首页</a></h3>
                   </li>
                   <li>
                      <h3><a href="#">学校概况</a></h3>
                         <dl>
                            <dd>
                               <a href="#">学校简介</a>
                               <a href="#">历史沿革</a>
                               <a href="#">学校领导</a>
                               <a href="#">学校校识</a>
                                   <a href="#">延时摄影</a>
                            </dd>
                         </dl>
                   </li>
                   <li>
                      <h3><a href="#">组织机构</a></h3>
                   </li>
```

```
<li>
   <h3><a href="#">教育科研</a></h3>
     <dl>
       <dd>
          <a href="#">本科教育</a>
          <a href="#">继续教育</a>
          <a href="#">教务管理</a>
          <a href="#">科学研究</a>
       </dd>
     </dl>
</li>
<li>
   <h3><a href="#">招生就业</a></h3>
     <dl>
       <dd>
          <a href="#">招生</a>
          <a href="#">就业</a>
       </dd>
    </dl>
</li>
<li>
   <h3><a href="#">师资队伍</a></h3>
    <dl>
       <dd>
          <a href="#">教授风采</a>
          <a href="#">人才招聘</a>
       </dd>
    </dl>
</li>
<li>
   <h3><a href="#">校园文化</a></h3>
     <dl>
        <dd>
           <a href="#">学生活动</a>
           <a href="#">社团风采</a>
          </dd>
     </dl>
</li>
<li>
   <h3><a href="#">校园服务</a></h3>
     <dl>
        <dd>
           <a href="#">办公电话</a>
           <a href="#">校历与作息</a>
           <a href="#">数字图书</a>
           <a href="#">文件服务器</a>
           <a href="#">档案查询</a>
        </dd>
     </dl>
 </li>
</ul>
```

```
        </div>
      </div>
    </div>
  </body>
</html>
```

8.8 制作图片切换页面

图片切换页面运行效果如图 8-22 所示,将鼠标移到数字按钮上,图片进行切换显示,如图 8-23 所示。

图 8-22 图片切换页面运行效果

图 8-23 切换显示图片

图片切换页面设计与实现代码如下。

```
<!DOCTYPE html>
 <html>
  <head>
   <meta charset=utf-8">
   <title>图片切换效果</title>
   <style>
    *{margin:0;padding:0;}
   ul,li{list-style:none;}
   .mid{margin:0 auto;}
   .area{width:340px;height:200px;overflow:hidden;background:#999;margin-
   top:150px;position:relative;}
   #pics{position:relative;}
   #pics li{position:absolute;visibility:hidden;}
   #pics li.show{visibility:visible;}
   #pics li img{vertical-align:middle;width:335px;margin-left:1px;margin-
   top:3px;}
  .operate {width: 340px; height: 20px; line-height: 20px; background: #ccc;
  position:absolute;bottom:0px;}
  #button{float:right;}
  #button li{float: left; width: 20px; height: 20px; text-align: center; margin: 0
  3px;font-family:"Arial";
         font-size:12px;color:#fff;background:#000;}
  #button li.current{background:#f00;cursor:pointer;}
```

```
  </style>
 </head>
 <body>
  <div class="area mid">
   <div>
    <ul id="pics">
     <li class="show" id="one"><a href="#"><img src="images/小车 1.jpg"
     width="240" height="200"></a></li>
     <li id="two"><img src="images/小车 2.jpg" width="240" height="200"/></li>
     <li id="three"><img src="images/小车 3.jpg" width="240" height="200"/></li>
     <li id="four"><img src="images/小车 4.jpg" width="240" height="200"/></li>
     <li id="five"><img src="images/小车 5.jpg" width="240" height="200"/></li>
     <li id="five"><img src="images/小车 6.jpg" width="240" height="200"/></li>
     <li id="five"><img src="images/小车 7.jpg" width="240" height="200"/></li>
     <li id="five"><img src="images/小车 8.jpg" width="240" height="200"/></li>
    </ul>
   </div>
  <div class="operate">
   <ul id="button">
    <li class="current" id="but_one">1</li>
      <li id="but_two">2</li>
      <li id="but_three">3</li>
      <li id="but_four">4</li>
      <li id="but_five">5</li>
      <li id="but_five">6</li>
      <li id="but_five">7</li>
      <li id="but_five">8</li>
   </ul>
  </div>
 </div>
<script type="text/javascript">
  var pics=document.getElementById("pics");
  var images=pics.getElementsByTagName("li");
  var button=document.getElementById("button").getElementsByTagName("li");
  function init(index){
      for(i=index;i<button.length;i++){
          //index 为图片的序号值
          mouseOver(i);
      }
  }
  function mouseOver(i){
      var picIndex=i;
      button[i].onmouseover=function change(){
       for(j=0;j<this.parentNode.childNodes.length;j++){
          this.parentNode.childNodes[j].className="";
      }
       this.className="current";
       for(m=0;m<images.length;m++){
          images[m].className="";
          if (m==picIndex){
              images[m].className="show";
```

```
            }
          }
        }
      }
      init(0);
    </script>
  </body>
</html>
```

8.9　制作模拟打字页面

模拟打字页面运行效果如图 8-24 所示，将鼠标移到“打印”链接上单击，开始模拟打字，如图 8-25 所示，继续单击“打印”链接可以加速模拟打印速度。将鼠标移到“清除”链接上单击，弹出如图 8-26 所示的对话框，单击“确定”按钮，页面中的打印内容被清除，单击“取消”按钮，则继续打印。

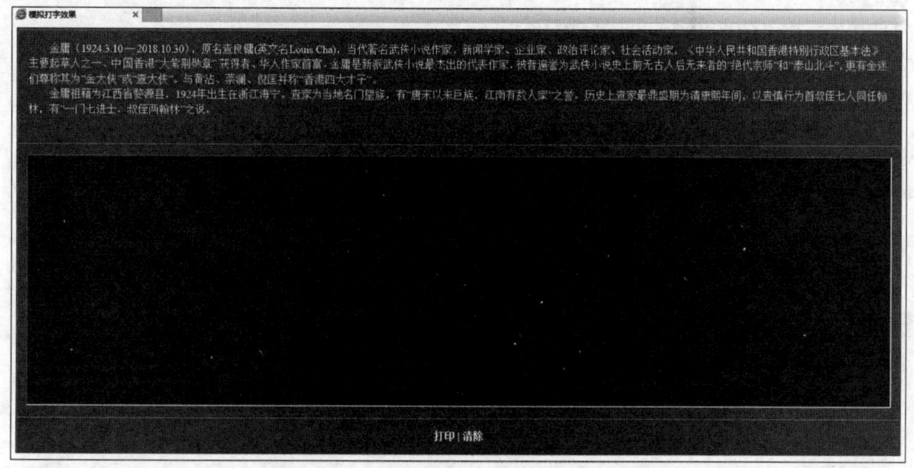

图 8-24　模拟打字页面运行效果

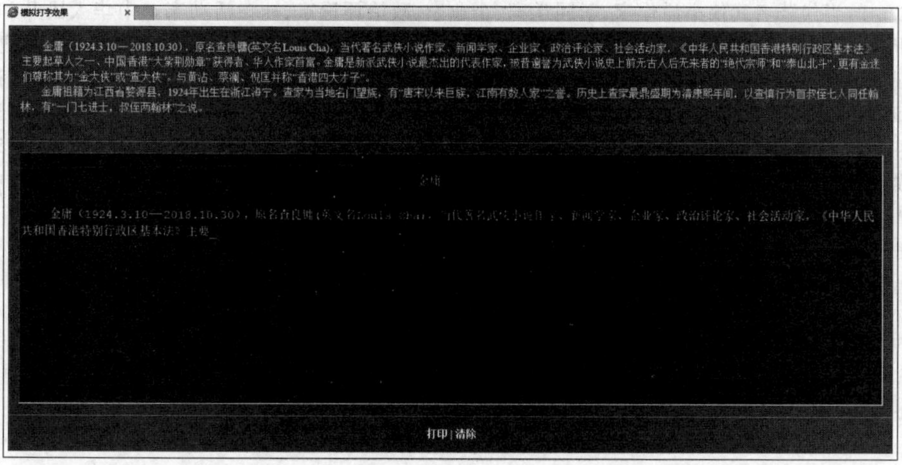

图 8-25　开始打印

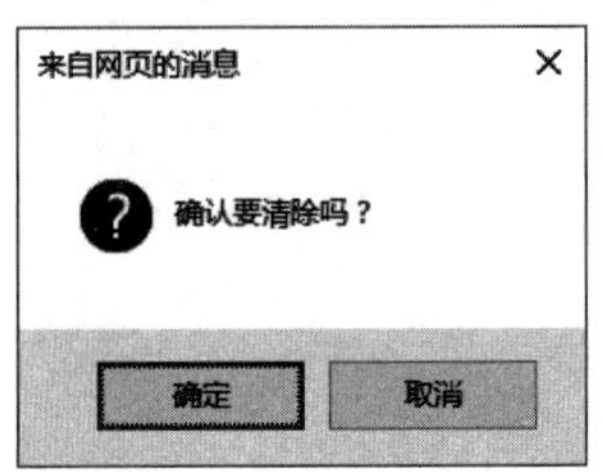

图 8-26　清除对话框

模拟打字页面设计与实现代码如下。

```
<!doctype html>
<html>
 <head>
  <meta charset="utf-8">
  <title>模拟打字效果</title>
  <style>
   a:hover{background-color:blue;}
   a:link{text-decoration:none;color:#fff}
   a:visited{color:#fff}
   textarea{background-color:#000000;
           color: #FFFFFF;overflow:auto;
           font-size:18px;
           line-height:1.4;
   }
  </style>
  <script type="text/javascript">
   var max=0,id1;
   var string;
   var flag=false;
   typeinterval=100;
   tl=new msglist(
  "\n\t\t\t\t\t\t\t金庸\n\n　　金庸(1924.3.10—2018.10.30),原名查良镛(英文名 Louis Cha),当代著名武侠小说作家、新闻学家、企业家、政治评论家、社会活动家,《中华人民共和国香港特别行政区基本法》主要起草人之一、中国香港"大紫荆勋章" 获得者、华人作家首富。金庸是新派武侠小说最杰出的代表作家,被普遍誉为武侠小说史上前无古人后无来者的"绝代宗师"和"泰山北斗",更有金迷们尊称其为"金大侠"或"查大侠"。与黄沾、蔡澜、倪匡并称"香港四大才子"。\n
　　金庸祖籍为江西省婺源县,1924 年出生在浙江海宁。查家为当地名门望族,有"唐宋以来巨族,江南有数人家"之誉。历史上查家最鼎盛期为清康熙年间,以查慎行为首叔侄七人同任翰林,有"一门七进士,叔侄两翰林"之说。");
  function msglist(){
    max=msglist.arguments.length;
    for(i=0;i<max;i++)
     this[i]=msglist.arguments[i];
  }
  var x=0;
  pos=0;
  var l=tl[0].length;
  function msgtyper() {
```

```
      document.tickform.msgbox.value=tl[x].substring(0,pos)+"_";
      string=document.tickform.msgbox.value;
        if(pos++==l){
          pos=0;
          if(++x==max){
            flag=true;
          }
          clearTimeout(id1);
          l=tl[x].length;
          id1=setTimeout("msgtyper()", typeinterval);
        }
        else{
          id1=setTimeout("msgtyper()", typeinterval);
        }
    }
    function printClick(){
      msgtyper();
    }
    function clearClick(){
      clearTimeout(id1);
      if(confirm("确认要清除吗?")==true){
        if(document.getElementById("msgbox").value!=""){
          document.getElementById("msgbox").innerHTML="";
          location.reload();
        }
        else{
          alert("没有可清除的内容。");
        }
      }
      else{
        if(flag==true){
          document.tickform.msgbox.value=string;
        }
        else{
          msgtyper();
        }
      }
    }
    </script>
  </head>
  <body text="#ffffff">
    <table border="1" width="100%" cellspacing="0" cellpadding="0"
    bordercolorlight="#000000" bgcolor="#808080" height="0" >
      <tr>
        <td width="100%"></td>
      </tr>
      <tr>
        <td style="line-height:1.4;padding:1em;">     
           金庸(1924.3.10—2018.10.30),原名查良镛(英文名 Louis Cha),当
        代著名武侠小说作家、新闻学家、企业家、政治评论家、社会活动家,《中华人民共和国香港特别行
```

```
政区基本法》主要起草人之一、中国香港"大紫荆勋章"获得者、华人作家首富。金庸是新派武侠
小说最杰出的代表作家,被普遍誉为武侠小说史上前无古人后无来者的"绝代宗师"和"泰山北
斗",更有金迷们尊称其为"金大侠"或"查大侠"。与黄沾、蔡澜、倪匡并称"香港四大才子"。<br>
        金庸祖籍为江西省婺源县,1924 年
出生在浙江海宁。查家为当地名门望族,有"唐宋以来巨族,江南有数人家"之誉。历史上查家最
鼎盛期为清康熙年间,以查慎行为首叔侄七人同任翰林,有"一门七进士,叔侄两翰林"之
说。</td>
</tr>
<tr>
 <td width="100%" height="100%">
   <form name=tickform>
    <p align="center">
     <textarea id="msgbox" rows=18 cols=120></textarea>
   </form>
 </td>
</tr>
<tr>
 <td width="100%">
   <p align="center"><b><a href="#" onclick="printClick()">打印</a></b>
   <b> | </b><b><a href="#" onclick="clearClick()">清除</a></b>
 </td>
</tr>
</table>
</body>
</html>
```

8.10 制作随机抽选号码页面

随机抽选号码页面运行效果如图 8-27 所示,在页面中输入如图 8-28 所示的信息,单击"开始"按钮,页面显示如图 8-29 所示,单击"重置"按钮,页面恢复初始状态。

图 8-27 随机抽选号码页面运行效果

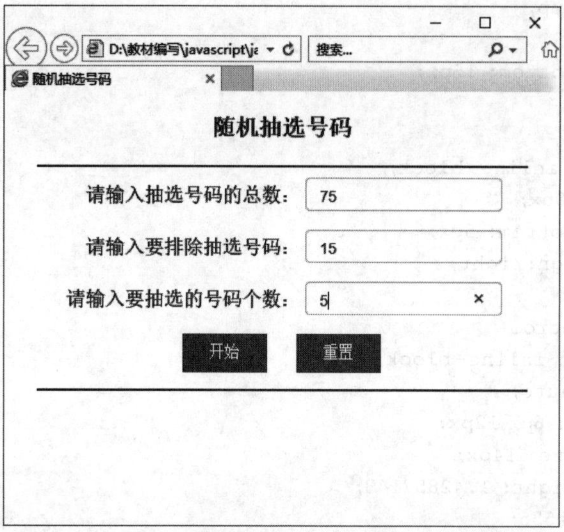

图 8-28 输入内容

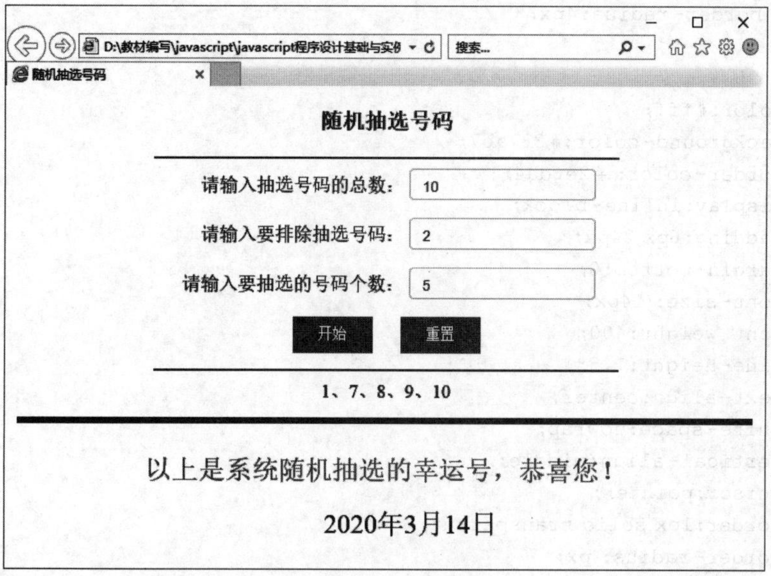

图 8-29 抽选号码

随机抽选号码页面设计与实现代码如下。

```
<!DOCTYPE HTML>
<HTML >
 <head>
    <meta charset="UTF-8">
    <title>随机抽选号码</title>
    <style>
      form{
        margin-bottom: 15px;
      }
```

```
    .form-group,
    #result {
     margin-bottom: 15px;
    }
    label {
     display: inline-block;
     width:220px;
     margin-bottom: 5px;
     text-align:right;
    }
    .form-control{
      display: inline-block;
      width: auto;
      padding: 6px 12px;
      font-size: 14px;
      line-height: 1.42857143;
      color: #555;
      background-color: #fff;
      border:1px solid #ccc;
      border-radius:4px;
    }
  .btn {
    color:#fff;
    background-color:#337ab7;
    border-color: #2e6da4;
    display:inline-block;
    padding:6px 24px;
    margin-bottom:0;
    font-size: 14px;
    font-weight:400;
    line-height:1.5;
    text-align:center;
    white-space:nowrap;
    vertical-align:middle;
    cursor:pointer;
    border:1px solid transparent;
    border-radius: px;
  }
  body{text-align:center;font-size:18px;color:blue;}
    h3{color:blue;}
 </style>
 <script>
  function reset_click(){
    document.getElementById("num").focus();
    document.getElementById("num").value="";
    document.getElementById("exclude").value="";
    document.getElementById("lottery_num").value="";
    document.getElementById("result").innerHTML="";
    document.getElementById("hr1").style.visibility="hidden";
    document.getElementById("div2").style.visibility="hidden";
    document.getElementById("div3").style.visibility="hidden";
```

```
}
function onfocus_click(){
 document.getElementById("num").focus();
 document.getElementById("hr1").style.visibility="hidden";
 document.getElementById("div2").style.visibility="hidden";
 document.getElementById("div3").style.visibility="hidden";
 var date=new Date();
 var year=date.getFullYear();
 var month=date.getMonth()+1;
 var day=date.getDate();
 var time=year+"年"+month+"月"+day+"日"
 document.getElementById("div3").innerHTML=time;
}
function get_num() {
 var result=document.getElementById("result");
 var personal=[];
 var num=document.getElementById("num").value;
 var num1=document.getElementById("exclude").value
 var num2=document.getElementById("lottery_num").value
 var num3=[];
 var num4;
 if(num1==""){
   num4=0;
 }
 else{
   num3=num1.split(",");
   num4=num3.length;
 }
 if(num==""||num2==""){
   alert("请输入抽选号码的总数和要抽选的号码个数!");
   document.getElementById("num").focus();
   document.getElementById("hr1").style.visibility="hidden";
 }
 else if(parseInt(num2)+num4>parseInt(num)){
   alert("请重新输入排除抽选号码或抽选的号码个数!");
 }
 else{
   document.getElementById("hr1").style.visibility="visible";
   document.getElementById("div2").style.visibility="visible";
   document.getElementById("div3").style.visibility="visible";
   for(var i=0;i<num;i++){
     personal[i]=i+1;
   }
   var exclude=document.getElementById("exclude").value;
   var arr_exclude=[];
   arr_exclude=exclude.split(",");
   for(var j=0; j<arr_exclude.length; j++){
     personal.splice(personal.indexOf(parseInt(arr_exclude[j])),1);
   }
   var gen_num=parseInt(document.getElementById("lottery_num").value);
   var result_num=[];
```

```
      for(var i=0; i<gen_num; i++) {
        result_num[i]=personal[Math.floor(Math.random() * personal.length)];
        personal.splice(personal.indexOf(result_num[i]), 1);
      }
      result_num.sort(function(a,b){
        return a-b;
      });
      result.innerHTML=result_num.join("、");
    }
  }
 </script>
</head>
<body onload="onfocus_click()">
   <h3>随机抽选号码</h3>
   <hr width="450px" color="blue">
   <form action="" method="post">
     <div class="form-group" id="div1">
       <label for="num">请输入抽选号码的总数：</label>
         <input type="text" class="form-control" name="num" id="num">
     </div>
     <div class="form-group">
       <label for="exclude">请输入要排除抽选号码：</label>
         <input type="text" class="form-control" name="exclude" id="exclude">
     </div>
     <div class="form-group">
       <label for="lottery_num">请输入要抽选的号码个数：</label>
         <input type="text" class="form-control" name="lottery_num" id="lottery_
         num">
     </div>
       <div class="form-group">
         <a id="start" class="btn" onclick="get_num()">开始</a>
               
         <a id="reset" class="btn" onclick="reset_click()">重置</a>
       </div>
   </form>
   <hr width="450px" color="blue">
   <div id="result"></div>
   <hr width="98%" color="blue" id="hr1" style="border:double;">
   <br>
   <div id="div2" style="font-size:26px;color:red">以上是系统随机抽选的幸运号，
   恭喜您！
   </div>
   <br>
   <div id="div3" style="font-size:26px;color:black;width:65%;text-align:
   right;">
   </div>
 </body>
</HTML>
```

参考文献

[1] 骆焦煌. 网站设计与管理项目化教程[M]. 北京：清华大学出版社，2019.

[2] 于坤. JavaScript 基础与案例开发详解[M]. 北京：清华大学出版社，2014.

[3] 杨光，孙丹. JavaScript 动态网页设计[M]. 北京：清华大学出版社，2013.

[4] 贾素玲，王强. JavaScript 程序设计[M]. 北京：清华大学出版社，2007.

[5] 李淑英，王晓华. JavaScript 程序设计案例教程[M]. 北京：人民邮电出版社，2015.

[6] 李源. JavaScript 程序设计基础教程[M]. 北京：人民邮电出版社，2017.

[7] 陈恒，贾小兵. HTML＋CSS＋JavaScript 网页设计[M]. 北京：清华大学出版社，2017.

[8] 周文洁. HTML 网页前端设计[M]. 北京：清华大学出版社，2017.

附录 A　CSS 字体样式

样式名称	样式说明	值	CSS 实例	JavaScript 实例
font-family	设置字体名称	宋体、黑体、隶书等	body{font-family:宋体;}	body.style.fontFamily="宋体";
font-size	设置字体大小	smaller(比父对象小) larger(比父对象大) length(固定值) %(父对象的百分比)	body{font-size:smaller;} body{font-size:larger;} body{font-size:10px;} body{font-size:10%;}	body.style.fontSize="smaller"; body.style.fontSize="larger"; body.style.fontSize=10; body.style.fontSize="10%";
font-style	设置字体风格	normal(标准字体) Italic(斜体) oblique(倾斜)	body{font-style:normal;} body{font-style:Italic;} body{font-style:oblique;}	body.style.fontStyle="normal "; body.style.fontStyle="Italic"; body.style.fontStyle="oblique";
font-weight	设置字体的粗细	normal(标准字体) bold(粗体字体) bolder(更粗字体) lighter(更细字体) 100～900(由粗到红黑,数字 400 等价于 normal,而 700 等价于 bold)	body{font-weight:normal;} body{font-weight:bold;} body{font-weight:bolder;} body{font-weight:lighter;} body{font-weight:100;}	body.style.fontWeight="normal"; body.style.fontWeight="bold"; body.style.fontWeight="bolder"; body.style.fontWeight="lighter"; body.style.fontWeight=200;

附录 B CSS 文本样式

样式名称	样式说明	值	CSS 实例	JavaScript 实例
color	设置文本的颜色	颜色值可以使用颜色名称、RGB 或十六进制数等	body{color:black;} body{color:rgb(0,0,0);} body{color:＃5511ff;}	body.style.color="black"; body.style.color="rgb(0,0,0)"; body.style.color="＃5511ff";

line-height	设置文本行高	normal(正常行距值)
		number(行距的倍数值)
		length(固定的行间距)
		%(行距的百分比)
			p{line-height:normal;}
			p{line-height:2.3;}
			p{line-height:16pt;}
			p{line-height:150%;}
				p.style.lineHeight="normal";
				p.style.lineHeight=2.3;
				p.style.lineHeight=16;
				p.style.lineHeight="150%";

text-decoration	向文本添加修饰	none(默认值,没有下划线) underline(添加下划线) overline(添加上划线) line-through(添加删除线)	div{text-decoration:none;} div{text-decoration:underline;} div{text-decoration:overline;} div{text-decoration:line-through;}	div.style.textDecoration="none"; div.style.textDecoration="underline"; div.style.textDecoration="overline"; div.style.textDecoration="line-through";
text-align	设置文本对齐方式	center(居中对齐) left(左对齐) right(右对齐)	div{text-align:center;} div{text-align:left;} div{text-align:right;}	div.style.textAlign="center"; div.style.textAlign="left"; div.style.textAlign="right";

续表

样式名称	样式说明	值	CSS 实例	JavaScript 实例
text-indent	设置段落首行缩进	length(固定缩进,默认 0) %(百分比缩进)	p{text-indent:none;} p{text-indent:10%;}	p.style.textIndent="none"; p.style.textIndent="10%";
letter-spacing	设置字符间距	normal(正常字符间距) length(固定字符间距)	div{letter-spacing:normal;} div{letter-spacing:-1px;}	div.style.letterSpacing="normal"; div.style.letterSpacing=-1;
direction	设置文本方向	ltr(从左向右,默认值) trl(从右向左)	input{direction:ltr;} input{direction:trl;}	input.style.input="ltr"; input.style.input="trl";
text-transform	设置英文字母样式	none(默认样式) capitalize(单词首字母大写) uppercase(全部改为大写字母) lowercase(全部改为小写字母)	p{text-transform:none;} p{text-transform:capitalize;} p{text-transform:uppercase;} p{text-transform:lowercase;}	p.style.textTransform="none"; p.style.textTransform="capitalize"; p.style.textTransform="uppercase"; p.style.textTransform="lowercase";

附录C　CSS 元素背景样式

样式名称	样式说明	值	CSS 实例	JavaScript 实例
background-color	设置元素背景颜色	color(颜色值可以使用颜色名称、RGB或十六进制数等) transparent(默认设置,背景颜色为透明)	div{background-color:black;} div{background-color:rgb(0,0,0);} div{background-color:＃5511ff;} div{background-color:transparent;}	div.style.backgroundColor="black"; div.style.backgroundColor="rgb(0,0,0)"; div.style.backgroundColor="＃5511ff"; div.style.backgroundColor="transparent";
background-image	设置元素背景图像	url("图像路径")	div{background-image:url("b.jpg");}	div.style.backgroundImage="url(b.jpg)";
background-attachment	设置背景图像固定还是随页面滚动	scroll(背景图像随页面滚动) fixed(背景图像固定)	div{background-image:url("b.jpg");} div{background-attachment:scroll;} div{background-attachment:fixed;	div.style.backgroundImage="url(b.jpg)"; div.style.backgroundAttachment="scroll"; div.style.backgroundAttachment="fixed";
background-repeat	设置背景图像是否重复及如何重复	repeat(默认背景图像在水平与垂直方向重复) repeat-x(背景图像在水平方向重复) repeat-y(背景图像在垂直方向重复) no-repeat(背景图像不重复)	div{background-image:url("b.jpg");} div{background-repeat:repeat;} div{background-repeat:repeat-x;} div{background-repeat:repeat-y;} div{background-repeat:no-repeat;}	div.style.backgroundImage="url(b.jpg)"; div.style.backgroundRepeat="repeat"; div.style.backgroundRepeat="repeat-x"; div.style.backgroundRepeat="repeat-y";

附录 D　CSS 元素样式

样式名称	样式说明	值	CSS 实例	JavaScript 实例
height	设置元素高度	auto(默认设置) length(设置固定值) %(设置百分比高度)	div{height:auto;} div{height:25px;} div{height:50%;}	div.style.height="auto"; div.style.height=25; div.style.height="50%";
width	设置元素宽度	auto(默认设置) length(设置固定值) %(设置百分比高度)	div{width:auto;} div{width:25px;} div{width:50%;}	div.style.width="auto"; div.style.width=25; div.style.width="50%";
cursor	设置指针显示类型	default(默认样式) crosshair(设置光标为十字样式) pointer(设置光标为手样式) move(设置光标为可移动样式) text(设置光标为文本输入方式) wait(设置光标为沙漏样式) help(设置光标为问号样式)	a{cursor:default} a{cursor:crosshair} a{cursor:pointer} a{cursor:move} a{cursor:text} a{cursor:wait} a{cursor:help}	a.style.cursor="default"; a.style.cursor="crosshair"; a.style.cursor="pointer"; a.style.cursor="move"; a.style.cursor="text"; a.style.cursor="wait"; a.style.cursor="help";

附录 E　CSS 元素边框样式

样式名称	样式说明	值	CSS 实例	JavaScript 实例
border-style	设置元素四个边框的样式	none(设置元素没有边框) dotted(设置元素为点状边框) dashed(设置元素为虚线边框) solid(设置元素为实线边框)	div{border-style:none;} div{border-style:dotted;} div{border-style:dashed;} div{border-style:solid;}	div.style.borderStyle="none"; div.style.borderStyle="dotted"; div.style.borderStyle="dashed"; div.style.borderStyle="solid";
border-width	设置元素四个边框的宽度	thin(设置细的边框) medium(设置中等的边框) thick(设置粗的边框) length(设置固定值的边框宽度)	div{border-style:solid; border-width:thin} div{border-style:solid; border-width:medium} div{border-style:solid; border-width:thick} div{border-style:solid; border-width:3}	div.style.borderStyle="solid"; div.style.borderWidth="thin"; div.style.borderStyle="solid"; div.style.borderWidth="medium"; div.style.borderStyle="solid"; div.style.borderWidth="thick"; div.style.borderStyle="solid"; div.style.borderWidth=3;
border-color	设置元素四个边框的颜色	color(颜色值可以使用颜色名称、RGB或十六进制数等) transparent(默认设置,背景颜色为透明)	div{border-style: solid; border-width: 3; border-color:red} div{border-style: solid; border-width: 3; border-color:transparent}	div.style.borderStyle="solid"; div.style.borderWidth=3; div.style.borderColor="red"; div.style.borderStyle="solid"; div.style.borderWidth=3; div.style.borderColor="transparent";

续表

样式名称	样式说明	值	CSS实例	JavaScript实例
border	设置元素所有边框的样式、粗细和颜色	width-style-color(一次性设置边框的所有属性)	div{border:thin solid ＃00eeff;}	div.style.borderWidth="thin"; div.style.borderStyle="solid"; div.style.borderColor="＃00eeff";

padding	设置所有内边距	top-right-bottom-left(上边右边下边左边)	div{padding:%2 1em 3px 3px;}	div.style.paddingTop="2%";
				div.style.paddingRight=1;
				div.style.paddingBottom=3;
				div.style.paddingLeft=3;

margin	设置所有外边距	top-right-bottom-left(上边右边下边左边)	div{margin:%5 5em 5px 5px;}	div.style.marginTop="5%";
				div.style.marginRight=5;
				div.style.marginBottom=5;
				div.style.marginLeft=5;